JavaScript 动态网站开发案例课堂

刘玉红　蒲　娟　编著

清华大学出版社

北　京

内 容 简 介

本书以零基础讲解为宗旨，用实例引导读者深入学习，采取 JavaScript 基础知识→JavaScript 核心技术→JavaScript 高级应用→网页特效应用案例的讲解模式，深入浅出地讲解了 JavaScript 动态网页设计和开发动态网站的各项技术及实战技能。

本书适合任何想学习 JavaScript 动态网页设计的人员，无论您是否从事计算机相关行业，无论您是否接触过 JavaScript 动态网页设计，通过学习本书内容均可快速掌握 JavaScript 动态网页设计和开发动态网站的方法和技巧。

图书在版编目(CIP)数据

JavaScript 动态网站开发案例课堂/刘玉红，蒲娟编著. --北京：清华大学出版社，2016 (2018.6 重印)
(网站开发案例课堂)
ISBN 978-7-302-43830-4

Ⅰ. ①J…　Ⅱ. ①刘…　②蒲…　Ⅲ. ①网页制作工具—JAVA 语言—程序设计　Ⅳ. ①TP393.092

中国版本图书馆 CIP 数据核字(2016)第 101720 号

责任编辑：张彦青
装帧设计：杨玉兰
责任校对：文瑞英
责任印制：宋　林

出版发行：清华大学出版社
　　　　　网　　　址：http://www.tup.com.cn，http://www.wqbook.com
　　　　　地　　　址：北京清华大学学研大厦 A 座　　　　邮　　编：100084
　　　　　社 总 机：010-62770175　　　　　　　　　　　邮　　购：010-62786544
　　　　　投稿与读者服务：010-62776969，c-service@tup.tsinghua.edu.cn
　　　　　质 量 反 馈：010-62772015，zhiliang@tup.tsinghua.edu.cn
印 刷 者：清华大学印刷厂
装 订 者：三河市铭诚印务有限公司
经　　销：全国新华书店
开　　本：190mm×260mm　　　　印　张：32.25　　　字　　数：782 千字
　　　　　(附 DVD1 张)
版　　次：2016 年 7 月第 1 版　　　　印　　次：2018 年 6 月第 3 次印刷
印　　数：4501～5500
定　　价：69.00 元

产品编号：066571-01

前　言

"网站开发案例课堂"系列图书是专门为网站开发和数据库初学者量身定做的一套学习用书，由 IT 应用实训中心的高级讲师编著，整套书涵盖网站开发、数据库设计等方面。整套书具有以下特点。

- ■　前沿科技

无论是网站建设、数据库设计还是 HTML5、CSS3，精选的是较为前沿或者用户群最多的领域，帮助大家认识和了解最新动态。

- ■　权威的作者团队

组织国家重点实验室和资深应用专家联手编著该套图书，融合了丰富的教学经验与优秀的管理理念。

- ■　学习型案例设计

以技术的实际应用过程为主线，全程采用图解和多媒体同步结合的教学方式，生动、直观、全面地剖析使用过程中的各种应用技能，降低难度，提升学习效率。

为什么要写这样一本书

随着网络的发展，很多企事业单位和广大网民对于建立网站的需求越来越强烈，另外对于大中专院校，很多学生需要做毕业设计，但是这些读者既不懂网页代码程序，又不知道从哪里下手。为此，本书针对这样的零基础读者，全面带领读者学习 JavaScript 的相关知识，读者在学习 JavaScript 中遇到的技术，本书基本上都有详细讲解。通过本书的实训，读者可以很快地进行 JavaScript 动态网页的设计，提高职业化能力，从而解决公司实际需求问题。

本书特色

- ■　零基础、入门级的讲解

无论您是否从事计算机相关行业，无论您是否接触过 JavaScript 动态网页设计和动态网站开发，都能从本书中找到最佳起点。

- ■　实用、专业的范例和项目

本书在编排上紧密结合深入学习 JavaScript 动态网页设计和开发动态网站技术的过程，从 JavaScript 基本操作开始，逐步带领读者学习 JavaScript 的各种应用技巧，侧重实战技能，使用简单易懂的实际案例进行分析和操作指导，让读者学起来简明轻松，操作起来有章可循。

■ 随时检测自己的学习成果

每章首页中均提供了学习目标，可指导读者重点学习及学后检查。

每章最后的"跟我练练手"板块均根据该章内容精选而成，读者可以随时检测自己的学习成果和实战能力，做到融会贯通。

■ 细致入微、贴心提示

本书在讲解过程中，在各章中使用了"注意"、"提示"、"技巧"等小栏目，使读者在学习过程中能更清楚地了解相关操作、理解相关概念，并轻松掌握各种操作技巧。

■ 专业创作团队和技术支持

本书由 IT 应用实训中心编著和提供技术支持。

您在学习过程中遇到任何问题，可加入智慧学习乐园 QQ 群：221376441 进行提问，随时有资深实战型讲师答疑。

本书学习最佳途径

本书以学习 JavaScript 动态网页开发的最佳制作流程来分配章节，从最初的 JavaScript 基本操作开始，讲解了 JavaScript 核心技术、JavaScript 的高级应用等，最后结合 HTML、CSS 的相关知识讲解各种经典的动态网页特效的制作方法。大致内容分配如下图所示。

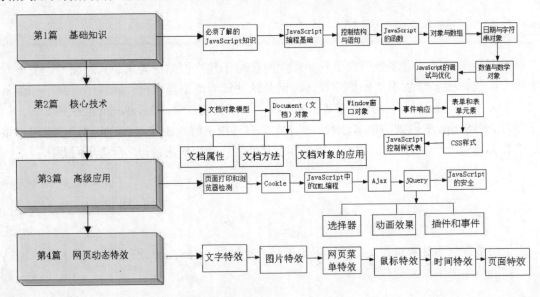

超值光盘

■ 全程同步录像教学

本书所配光盘内容涵盖了书中所有的知识点，详细讲解了每个实例的制作过程和技术点，比看书更轻松、收获更多。

■ 王牌资源大放送

赠送大量王牌资源，包括本书实例源文件、教学幻灯片、本书精品教学视频、JavaScript 函数速查手册、精选的 JavaScript 实例、jQuery 选择器和事件速查手册、HTML 标签速查表、网页样式与布局案例赏析、精彩网站配色方案赏析、CSS+DIV 布局赏析案例。

读者对象

- 没有任何 JavaScript 动态网页开发基础的初学者。
- 有一定的 JavaScript 动态网页开发和基础，想精通网站开发的人员。
- 有一定的动态网站开发基础，没有项目经验的人员。
- 正在进行毕业设计的学生。
- 大专院校及培训学校的老师和学生。

创作团队

本书由刘玉红策划，IT 应用实训中心高级组织编写，参加编写的人员有蒲娟、付红、李园、王攀登、郭广新、侯永岗、刘海松、孙若淞、王月娇、包慧利、陈伟光、胡同夫、梁云梁和周浩浩。

在编写过程中，我们虽竭尽所能将最好的讲解呈现给了读者，但难免有疏漏和不妥之处，敬请读者不吝指正。若您在学习中遇到困难或疑问，或有任何建议，可写信发送至邮箱 357975357@qq.com。

编 者

目　录

第1篇　基础知识

第 2 篇　核心技术

第 3 篇 高级应用

第 4 篇　网页特效应用案例

第1篇

基 础 知 识

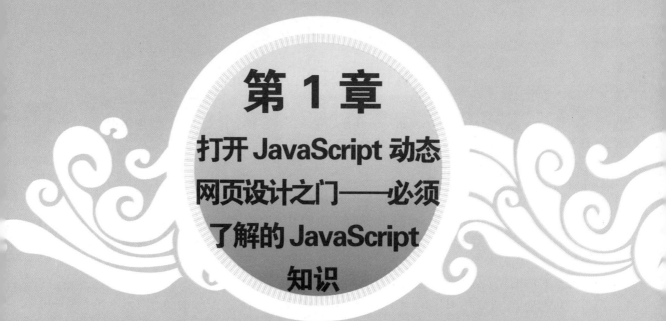

第 1 章
打开 JavaScript 动态网页设计之门——必须了解的 JavaScript 知识

JavaScript 是目前 Web 应用程序开发者使用最为广泛的客户端脚本编程语言，不仅可用来开发交互式的 Web 页面，还可将 HTML、XML 和 Java Applet、Flash 等 Web 对象有机结合起来，使开发人员能快速生成 Internet 上使用的分布式应用程序。本章将主要讲述 JavaScript 的入门知识。

本章要点(已掌握的在方框中打勾)

☐ 了解 JavaScript 的基本概念。
☐ 熟悉 JavaScript 的编写工具。
☐ 掌握 JavaScript 在 HTML 中的使用。
☐ 熟悉 JavaScript 和浏览器的关系。

1.1   认识 JavaScript

JavaScript 作为一种增强网页交互功能的脚本语言，拥有近二十年的发展历史。它简单、易学、易用的特性，使其立于不败之地。

1.1.1   什么是 JavaScript

JavaScript 最初由网景公司的 Brendan Eich 设计，是一种动态、弱类型、基于原型的语言，内置支持类。经过近二十年的发展，它已成为健壮的基于对象和事件驱动并具有相对安全性的客户端脚本语言。同时，JavaScript 也是一种广泛用于客户端 Web 开发的脚本语言，常用来给 HTML 网页添加动态功能，比如响应用户的各种操作等。

JavaScript 可弥补 HTML 语言的缺陷，实现 Web 页面客户端的动态效果，其主要作用如下。

(1)   动态改变网页内容。

HTML 语言是静态的，一旦编写，内容是无法改变的。JavaScript 则能弥补这种不足，可以将内容动态地显示在网页中。

(2)   动态改变网页的外观。

JavaScript 通过修改网页元素的 CSS 样式，达到动态地改变网页外观的目的。例如，修改文本的颜色、大小等属性，以及图片的动态效果等。

(3)   验证表单数据。

为了提高网页的效率，用户在填写表单时，可以在客户端对数据进行合法性验证，验证成功之后才能提交到服务器上，进而减少服务器的负担和网络带宽的压力。

(4)   响应事件。

JavaScript 是基于事件的语言，因此可以影响用户或浏览器产生的事件。只有事件产生时才会执行某段 JavaScript 代码，例如只有当用户在单击程序按钮时，程序才显示运行结果。

 几乎所有浏览器都支持 JavaScript，例如 Internet Explorer(IE)、Firefox、Netscape、Mozilla、Opera 等。

1.1.2   JavaScript 的特点

JavaScript 的特点主要有以下几个方面。

(1)   语法简单，易学易用。

JavaScript 语法简单、结构松散，可以使用任何一种文本编辑器进行编写。用 JavaScript 编写的程序在运行时不需要编译成二进制代码，只需要支持 JavaScript 的浏览器能够对其进行解释即可。

(2)   解释性语言。

非脚本语言编写的程序通常需要经过编写→编译→链接→运行 4 个步骤，而脚本语言

JavaScript 只需要经过编写→运行 2 个步骤。

(3) 跨平台。

由于 JavaScript 程序的运行依赖于浏览器，只要操作系统中安装有支持 JavaScript 的浏览器即可，因此 JavaScript 与平台(例如，Windows 操作系统、UNIX 操作系统、Linux 操作系统、Android 操作系统、iPhone 操作系统等)无关。

(4) 基于对象和事件驱动。

JavaScript 把 HTML 页面中的每个元素都当作一个对象来处理，并且这些对象都具有层次关系，像一棵倒立的树，这种关系被称为"文档对象模型(DOM)"。在编写 JavaScript 代码时会接触到大量对象及对象的方法和属性。可以说学习 JavaScript 的过程，就是了解 JavaScript 对象及其方法和属性的过程。因为基于事件驱动，所以 JavaScript 可以捕捉到用户在浏览器中的操作，可以将原来静态的 HTML 页面变成能跟用户交互的动态页面。

(5) 用于客户端。

尽管 JavaScript 分为服务器端和客户端两种，但目前应用最多的还是客户端。

1.1.3 JavaScript 与 Java 的区别

JavaScript 是一种嵌入式脚本文件，直接插入网页，由浏览器一边解释一边执行；而 Java 语言必须在 Java 虚拟机上运行，且事先需要进行编译。另外，Java 的语法规则要比 JavaScript 严格得多，功能也比 JavaScript 强大得多。具体来讲，JavaScript 与 Java 的主要区别如下。

1. 基于对象和面向对象

JavaScript 是一种基于对象的脚本语言，是一种基于对象和事件驱动的编程语言，因而它本身提供了非常丰富的内部对象供设计人员使用。

Java 是面向对象的，即 Java 是一种真正的面向对象的语言，即使是开发简单的程序也必须设计对象。

2. 强变量和弱变量

JavaScript 与 Java 所采取的变量是不一样的。JavaScript 中的变量声明采用弱类型，即变量在使用前不需作声明，而是解释器在运行时检查其数据类型。

Java 采用强类型变量检查，即所有变量在编译之前必须作声明。例如下面这段代码：

```
Integer x
String y
x=123456;
y=654321;
```

其中"x=123456;"，说明是一个整数；"y=654321;"，说明是一个字符串。而在 JavaScript 中变量声明则采用弱类型，即变量在使用前不需要作声明，而是解释器在运行时检查其数据类型。例如以下代码：

```
x=123456;
y="654321";
```

在上述代码中，前者说明 x 为数据型变量，而后者说明 y 为字符型变量。

3. 代码格式不同

JavaScript 与 Java 代码格式不一样。JavaScript 的代码是一种文本字符格式，可以直接嵌入 HTML 文档，并且可动态装载。编写 HTML 文档就像编辑文本文件一样方便，其独立文件的格式为*.js。

Java 是一种与 HTML 无关的格式，必须通过像 HTML 中引用外媒体那样进行装载，其代码以字节代码的形式保存在独立的文档中，其独立文件的格式为*.class。

4. 嵌入方式不同

JavaScript 与 Java 的嵌入方式不一样。在 HTML 文档中，两种编程语言的标识不同，JavaScript 使用"<Script>… </Script>"格式来标识，而 Java 使用"<applet>…</applet>"格式标识。

5. 静态联编和动态联编

JavaScript 采用动态联编，即 JavaScript 的对象引用在运行时进行检查。

Java 采用静态联编，即 Java 的对象引用必须在编译时进行，以使编译器能够实现强类型检查。

6. 浏览器执行方式不同

JavaScript 与 Java 在浏览器中的执行方式不一样。JavaScript 是一种解释性编程语言，其源代码在发往客户端执行之前无需编译，只将文本格式的字符代码发送给客户即可，也就是说 JavaScript 语句本身在随 Web 页面一起下载下来时，由浏览器解释执行。

而 Java 的源代码在传递到客户端执行之前，必须经过编译，因而在传递 Java 源代码的客户端上必须具有相应平台上的仿真器或解释器才能实现独立于某个特定平台的代码编译。

1.1.4　JavaScript 版本

1995 年 Netscape 公司开发的名字为 LiveScript 的语言在与 Sun 公司合作之后，于 1996 年更名为 JavaScript，版本为 1.0。随着网络技术的不断发展，JavaScript 的功能越来越强大与完善，至今已诞生了多个版本，各版本新增的主要功能如表 1-1 所示。

表 1-1　JavaScript 各版本新增的主要功能

版本	新增主要功能
1.0	目前基本不被使用
1.1	修正了 1.0 中的部分错误，并加入了对数组的支持
1.2	加入了对 switch 选择语句和正则表达的支持
1.3	修正了 JavaScript 1.2 与 ECMA1.0 中不兼容的部分
1.4	加入了服务器端功能
1.5	在 JavaScript 1.3 的基础上增加了异常处理程序，并与 ECMA3.0 完全兼容

版本	新增主要功能
1.6	加入了对 E4X、字符串泛型的支持以及新的数组、数据方法等新特性
1.7	在 JavaScript 1.6 的基础上加入了生成器、声明器、分配符变化、let 表达式等新特性
1.8	更新很小，它确实包含了一些向 ECMAScript 4/JavaScript 2 进化的痕迹
1.8.1	该版本只有很少的更新，主要集中在添加实时编译跟踪

JavaScript 尽管版本很多，但是受限于浏览器，并不是所有浏览器都支持 JavaScript 的各种版本。目前支持 JavaScript 版本的常用浏览器及支持情况如表 1-2 所示。

表 1-2 支持 JavaScript 的浏览器及其情况

浏览器	对 JavaScript 的支持情况
Internet Explorer 9	支持 JavaScript 1.1～JavaScript 1.3
Firefox 4.3	支持 JavaScript 1.1～JavaScript 1.8
Opera 119	支持 JavaScript 1.1～JavaScript 1.5

1.2 JavaScript 的编写工具

JavaScript 是一种以文本形式存在的脚本语言，代码不需要编译成二进制，因此任何文本编辑器都可以作为其开发工具。通常使用的 JavaScript 编辑器有记事本、Ultra Edit-32 和 Dreamweaver。

1.2.1 案例——使用记事本编写 JavaScript

记事本是 Windows 系统自带的，也是最简洁方便的文本编辑器。由于记事本的功能过于单一，所以要求开发者必须熟练掌握 JavaScript 语言的语法、对象、方法和属性等内容。对于初学者来说，使用记事本编写 JavaScript 是个极大的挑战，因此，不建议初学者使用记事本编写。但由于记事本简单方便、打开速度快，常被用来做局部修改的工具，所以下面还是简单介绍一下使用记事本编写 JavaScript。如图 1-1 所示为记事本窗口。

图 1-1 记事本窗口

在记事本中编写 JavaScript 程序的方法很简单，只需打开记事本文件，在窗口中输入相关 JavaScript 代码即可。

【例 1.1】 (实例文件：ch01\1.1.html)在记事本中编写 JavaScript 的脚本。

打开记事本文件，在窗口中输入以下代码：

```html
<html>
<body>
<script type="text/javascript">
document.write("Hello JavaScript!")
</script>
</body>
</html>
```

将记事本文件保存为.html 格式的文件，然后再使用 IE 浏览器打开该文件即可看到上述代码的运行效果，如图 1-2 所示。

图 1-2　运行效果

1.2.2　案例——使用 Dreamweaver 编写 JavaScript

Adobe Dreamweaver CS6 是一款集网页制作和管理网站于一身的所见即所得的网页编辑器，用户不需要编写复杂的代码，利用它可以轻而易举地制作出跨越平台限制和浏览器限制的充满动感的网页。

Dreamweaver 作为一款优秀的可视化网页制作工具，其工作界面继承了原版本的一贯风格，有方便编辑的窗口环境，易于辨别的工具列表，无论在使用什么功能时出现的问题，都可以找到解决的信息，非常便于初学者使用。Dreamweaver CS6 的工作界面如图 1-3 所示。

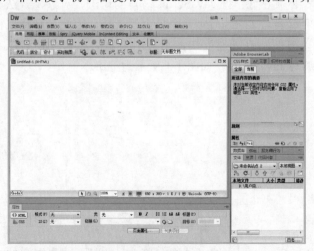

图 1-3　Dreamweaver CS6 的工作界面

提示 除了上述编辑器外，还有很多种编辑器可以用来编写 JavaScript 程序。例如 Aptana、1st JavaScript Editor、JavaScript Menu Master、Platypus JavaScript Editor、SurfMap JavaScript、JavaScript Editor 等。"工欲善其事，必先利其器"，选择一款适合自己的 JavaScript 编辑器，可以让程序员的编写工作事半功倍。

1.3　JavaScript 在 HTML 中的使用

创建好 JavaScript 脚本后，就可以在 HTML 中使用 JavaScript 脚本了。把 JavaScript 嵌入 HTML 中的形式有多种：在 HTML 网页头中嵌入、在 HTML 网页中嵌入、在 HTML 网页的元素事件中嵌入、在 HTML 中调用已经存在的 JavaScript 文件等。

1.3.1　案例——在 HTML 网页头中嵌入 JavaScript 代码

如果不是通过 JavaScript 脚本生成 HTML 网页的内容，JavaScript 脚本一般被嵌入在 HTML 网页头部的<head>与</head>标签对之间。这样 JavaScript 就不会影响整个网页的显示结果。

在 HTML 网页头部的<head>与</head>标签对之间嵌入 JavaScript 的格式如下：

```
<html>
<head>
<title>在 HTML 网页头中嵌入 JavaScript 代码<title>
<script language="JavaScript " >
<!-
…
JavaScript 脚本内容
…
//-->
</script>
</head>
<body>
…
</body>
</html>
```

在<script>与</script>标签对中添加相应的 JavaScript 脚本后，可直接在 HTML 文件中调用 JavaScript 代码，实现相应的效果。

【例 1.2】 (实例文件：ch01\1.2.html)在 HTML 网页头中嵌入 JavaScript 代码。

```
<html>
<head>
  <script language = "javascript">
    document.write("欢迎来到 javascript 动态世界");
  </script>
</head>
<body>
  <p>学习 javascript！！！
</body>
</html>
```

该实例功能是在 HTML 文档里输出一个字符串，即"欢迎来到 JavaScript 动态世界。运行程序，在 IE 浏览器中的显示效果如图 1-4 所示，可以看到网页中显示了两句话，其中第一句就是 JavaScript 中输出的语句。

图 1-4　在 HTML 网页头中嵌入 JavaScript 代码

 在 JavaScript 的语法中，分号(；)是 JavaScript 程序作为一个语句结束的标识符。

1.3.2　案例——在 HTML 网页中嵌入 JavaScript 代码

当需要使用 JavaScript 脚本生成 HTML 网页内容时(例如某些 JavaScript 实现的动态树)，就需要把 JavaScript 嵌入在 HTML 网页主题部分的<body>与</body>标签对中。
具体的代码格式如下：

```
<html>
<head>
<title>在 HTML 网页中嵌入 JavaScript 代码<title>
</head>
<body>
<script language="JavaScript " >
<!--
…
JavaScript 脚本内容
…
//-->
</script>
</body>
</html>
```

另外，JavaScript 代码可以在同一个 HTML 网页的头部与主题部分同时嵌入，并且在同一个网页中可以多次嵌入 JavaScript 代码。

【例 1.3】 (实例文件：ch01\1.3.html)在 HTML 网页中嵌入 JavaScript 代码。

```
<html>
<head>
</head>
<body>
  <p>学习 JavaScript！！！ </p>
```

```
    <script language = "javascript">
        document.write("欢迎来到 JavaScript 动态世界");
    </script>
</body>
</html>
```

该实例的功能是在 HTML 文档里输出一个字符串，即"欢迎来到 JavaScript 动态世界"。运行程序，在 IE 9.0 浏览器中的显示效果如图 1-5 所示，可以看到网页中显示了两句话，其中第二句就是 JavaScript 中输出的语句。

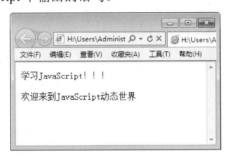

图 1-5 在 HTML 网页中嵌入 JavaScript 代码

1.3.3 案例——在 HTML 网页的元素事件中嵌入 JavaScript 代码

在开发 Web 应用程序的过程中，开发者可以给 HTML 文档设置不同的事件处理器，一般是设置某 HTML 元素的属性来引用一个脚本。这样，当需要对 HTML 网页中的该元素进行事件处理时(验证用户输入的值是否有效)，如果事件处理的 JavaScript 代码量较少，就可以直接在对应的 HTML 网页的元素事件中嵌入 JavaScript 代码。

【例 1.4】 (实例文件：ch01\1.4.html)在 HTML 网页的元素事件中嵌入 JavaScript 代码。

```
<html>
<head>
<title>判断文本框是否为空</title>
<script language="JavaScript">
function validate()
{
 var _txtNameObj = document.all.txtName;
 var _txtNameValue = _txtNameObj.value;
 if((_txtNameValue == null) || (_txtNameValue.length < 1))
 {
   window.alert("文本框内容为空，请输入内容");
     _txtNameObj.focus();
       return;
 }
}
</script>
</head>
<body>
<form method=post action="#">
<input type="text" name="txtName">
```

```
<input type="button" value="确定" onclick="validate()">
</form>
</body>
</html>
```

在上面的 HTML 文档中使用 JavaScript 脚本，其作用是当文本框失去焦点时，就会对文本框的值进行长度检验，如果值为空，则弹出"文本框内容为空，请输入内容"的提示信息。上面的 HTML 文档在 IE 9.0 浏览器中的显示结果如图 1-6 所示。直接单击其中的【确定】按钮，即可看到相应的提示信息，如图 1-7 所示。

图 1-6　显示结果

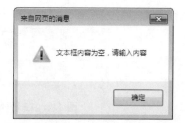

图 1-7　提示对话框

1.3.4　案例——在 HTML 中调用已经存在的 JavaScript 文件

如果 JavaScript 的内容较长，或者在多个 HTML 网页中都调用相同的 JavaScript 程序，可以将较长的 JavaScript 或者通用的 JavaScript 写成独立的.js 文件，直接在 HTML 网页中调用。

【例 1.5】(实例文件：ch01\1.5.html)在 HTML 中调用已经存在的 JavaScript 文件。

```
<html>
<head>
<title>使用外部文件</title>
<script src = "hello.js"></script>
</head>
<body>
<p>此处引用了一个 javascript 文件
</body>
</html>
```

上述 HTML 文件便是使用 JavaScript 脚本来调用外部 JavaScript 的文件。在 IE 9.0 浏览器中的显示效果如图 1-8 所示，可以看到网页弹出了一个对话框。单击【确定】按钮后，会显示网页内容。

图 1-8　导入 JavaScript 文件

由此可见，通过这种外部引用 JavaScript 文件的方式，也可以实现相应的功能，这种功能具有以下两个优点。

- 将脚本程序同现有页面的逻辑结构及浏览器结果分离。通过外部脚本，可以轻易实现多个页面完成同一功能的脚本文件，可以很方便地通过更新一个脚本内容实现批量更新。

- 浏览器可以实现对目标脚本文件的高速缓存，这样可以避免因引用同样功能的脚本代码而导致下载时间过长。

与 C 语言使用外部头文件(.h 文件等)相似，引入 JavaScript 脚本代码时使用外部脚本文件的方式符合结构化编程思想，但也有一些缺点，具体表现在以下两个方面。

- 并不是所有支持 JavaScript 脚本的浏览器都支持外部脚本，例如 Netscape2 和 Internet Explorer 3 等版本的浏览器不支持外部脚本。

- 外部脚本文件功能过于复杂，或其他原因导致的加载时间过长，则可能导致页面事件得不到处理或得不到正确的处理，程序员必须小心使用并确保脚本加载完成后，其中定义的函数才会被页面事件调用，否则浏览器会报错。

综上所述，引入外部 JavaScript 脚本文件的方法是效果与风险并存的，设计人员应该权衡其优缺点，以决定是将脚本代码嵌入到目标 HTML 文件中，还是通过引用外部脚本的方式来实现相同的功能。一般情况下，将实现通用功能的 JavaScript 脚本代码作为外部脚本文件引用；而将实现特有功能的 JavaScript 代码直接嵌入到 HTML 文件中的<head>与</head>标签对之间，使其及时并正确响应页面事件。

1.3.5　案例——通过 JavaScript 伪 URL 引入 JavaScript 脚本代码

在多数支持 JavaScript 脚本的浏览器中，可以通过 JavaScript 伪 URL 地址调用语句来引入 JavaScript 脚本代码。伪 URL 地址的格式一般是：JavaScript:alert("已点击文本框! ")。由此可知：伪 URL 地址语句一般以 JavaScript 开始，其后所跟的语句就是要执行的操作。

【例 1.6】 (实例文件：ch01\1.6.html)使用伪 URL 地址来引入 JavaScript 代码。

```
<html>
<head>
<meta http-equiv=content-type content="text/html; charset=gb2312">
<title>伪 URL 地址引入 JavaScript 脚本代码</title>
</head>
<body>
```

```
<center>
<p>使用伪 URL 地址引入 JavaScript 脚本代码</p>
<form name="Form1">
  <input type=text name="Text1" value="点击"
        onclick="JavaScript:alert('已经用鼠标点击文本框!')">
</form>
</center>
</body>
</html>
```

在 IE 浏览器中预览上面的 HTML 文件，然后用鼠标单击其中的文本框，就会看到"已经用鼠标点击文本框!"的提示信息，其显示结果如图 1-9 所示。

图 1-9 使用伪 URL 地址引入 JavaScript 脚本代码

伪 URL 地址可用在文档的任何地方，同时触发任意数量的 JavaScript 函数或对象固有的方法。由于这种方式的代码短而精且效果好，所以在表单数据合法性验证上(例如验证某些字段是否符合要求)等方面应用广泛。

1.4 JavaScript 和浏览器

与 HTML 一样，JavaScript 也需要用 Web 浏览器显示，不同浏览器的显示可能有所不同。与 HTML 相比， JavaScript 在不兼容的浏览器上显示会有很大差别，不仅文本显示不正确，而且脚本程序根本无法运行，甚至还可能会显示错误信息和浏览器崩溃现象。

1.4.1 案例——在 Internet Explorer 中调用 JavaScript 代码

Internet Explorer 内部采用了许多微软的专利技术，例如 ActiveX 等技术。这些技术的应用提高了 JavaScript 的使用范围(用户甚至可以使用 ActiveX 控件操作本地文件)，但是降低了安全性，而且这些技术有很多不符合 W3C 规范，使得在 Internet Explorer 下开发的页面在其他 Web 浏览器中无法正常显示，甚至无法使用。在 Internet Explorer 中可得到页面中 id 为 txtld、name 为 txtName、type 为 text 的对象。在页面中定义 text 对象的代码如下：

```
<input type="text" id="txtld" name="txtName" value="">
```

在 Internet Explorer 中使用 JavaScript 得到 text 对象的代码如下：

```
var _txtNameObj1 = document.forms[0].elements("txtName");
var _txtNameObj2 = document.getElementByld("txtld");
```

```
var _txtNameObj3 = document.frmTxt.elements("txtName");
var _txtNameObj4 = document.all.txtName;
```

1.4.2 案例——在 Firefox 中调用 JavaScript 代码

Firefox 浏览器是 Mozilla 基金会推出的一种自由、开放源代码的浏览器。它有一些高级特征：标签式浏览、使上网冲浪更快、可以禁止弹出式窗口、自定制工具栏、扩展管理、更好的搜索特性、快速而方便的侧栏。其最新版本是 3.0.6。该版本做了脱胎换骨的更新，代码更优秀，功能更强大，包括安装程序、界面和下载管理器都作了改进。在 Firefox 浏览器中使用 JavaScript 得到案例 8 中 text 对象的代码如下：

```
var _txtNameObj2 = document.getElementByld("txtld");
var _txtNameObj4 = document.all.txtName;
```

1.4.3 案例——在 Opera 中调用 JavaScript 代码

Opera 是一个小巧而功能强大的跨平台互联网套件，包括网页浏览、下载管理、邮件客户端、RSS 阅读器、IRC 聊天、新闻组阅读、快速笔记、幻灯显示(Operashow)等功能。Opera 支持多种操作系统，例如 Windows、Linux、Mac、FreeBSD、Solaris、BeOS、OS/2、QNX 等。此外，Opera 还有手机版本，也支持多语言，包括简体中文和繁体中文。

在 Opera 浏览器中使用 JavaScript 得到案例 8 中 text 对象的代码如下：

```
var _txtNameObj1 = document.form[0].elements("txtName");
var _txtNameObj2 = document.getElementByld("txtld");
var _txtNameObj3 = document.frmTxt.elements("txtName");
var _txtNameObj4 = document.all.txtName;
```

在不同的浏览器下，提示信息的显示效果会有所不同。对于一些经常用到的页面中关于尺寸的属性，例如 scrollTop、scrollLeft、scrollWidth、scrollHeight 等，只有 Internet Explorer 与 Firefox 会支持，Opera 则不支持。

1.4.4 案例——浏览器中的文档对象类型

不同浏览器使用 JavaScript 操作同一个页面中同一个对象的方法不同，就会造成页面无法跨平台。对象类型(DOM)正是为解决在不同浏览器中使用 JavaScript 操作对象的方法不同的问题而出现的。DOM 可访问页面中的其他标准组件，解决了 Netscape 的 JavaScript 和 Microsoft 的 JavaScript 之间的冲突，给 Web 设计师和开发者提供了一个标准的方法，让他们来访问站点中的数据、脚本和表现层对象。document.getElementById()可根据 ID 得到页面中的对象，这个方法就是 DOM 的标准方法，在这 3 种浏览器(Internet Explorer、Firefox、Opera)中都适用。

DOM 是以层次结构组织的节点或信息片段的集合。这个层次结构允许开发人员在树中寻找特定信息。分析该结构通常需要加载整个文档和构造层次结构。由于它是基于信息层次的，因而 DOM 被认为是基于树或对象的。

1.5　跟我练练手

1. 练习目标

能够熟练掌握本章所讲内容。

2. 上机练习

练习 1：JavaScript 编写工具的使用。
练习 2：JavaScript 在 HTML 中的使用。
练习 3：在浏览器中调用 JavaScript 代码。

1.6　实战演练——一个简单的 JavaScript 实例

本例是一个简单的 JavaScript 程序，主要用来说明如何编写 JavaScript 程序以及在 HTML 中使用 JavaScript 程序。本例主要实现的功能为：当页面打开时，将显示"尊敬的客户，欢迎您光临本网站"对话框；当页面关闭时将弹出"欢迎下次光临！"对话框。程序效果分别如图 1-10 和图 1-11 所示。

图 1-10　页面加载时的效果　　　　　　　图 1-11　页面关闭时的效果

具体操作步骤如下。

step 01 新建 HTML 文档，输入以下代码：

```
<!DOCTYPE html>
<html>
<head>
<title>第一个 Javascript 程序</title>
</head>
<body>
</body>
</html>
```

step 02 保存 HTML 文件。选择相应的保存位置，将文件命名为"welcome.html"。

step 03 在 HTML 文档的 head 部分，输入以下代码：

```
<script>
<script>
    //页面加载时执行的函数
    function showEnter(){
        alert("尊敬的客户，欢迎您光临本网站");
    }
    //页面关闭时执行的函数
    function showLeave(){
        alert("欢迎下次光临！");
    }
    //页面加载事件触发时调用函数
    window.onload=showEnter;
    //页面关闭事件触发时调用函数
    window.onbeforeunload=showLeave;
</script>
```

step 04 保存网页，浏览最终效果。

1.7 高手甜点

甜点 1：什么是脚本语言？

脚本语言是由传统编程语言简化而来的，它与传统编程语言既有很多相似之处，又有很多不同之处。脚本语言的最显著特点是：①它不需要编译成二进制，以文本的形式存在；②脚本语言一般都需要其他语言的调用执行，不能独立运行。

甜点 2：JavaScript 是 Java 的变种吗？

JavaScript 最初的确是受 Java 启发而开始设计的，而且设计的目的之一就是"看上去像 Java"，因此语法上有很多类似之处，许多名称和命名规范也借自 Java。但是实际上，JavaScript 的主要设计原则源自 Self 和 Scheme，它与 Java 有本质的不同。它与 Java 名称上的近似，是当时网景为了营销考虑与 Sun 公司达成协议的结果。其实从本质上讲 JavaScript 更像是一门函数式编程语言，而非面向对象的语言，它使用一些智能的语法和语义来仿真高度复杂的行为。其对象模型极为灵活、开放和强大，具有全部的反射性。

甜点 3：JavaScript 与 JScript 相同吗？

为了取得技术优势，微软推出了 JScript 来迎战 JavaScript 的脚本语言。为了互用性，Ecma 国际协会(前身为欧洲计算机制造商协会)建立了 ECMA-262 标准(ECMAScript)。现在两者都属于 ECMAScript 的实现。

甜点 4: JavaScript 是一门简单的语言吗?

尽管 JavaScript 作为非程序人员的脚本语言,而非作为程序人员的编程语言来推广和宣传,但是 JavaScript 是一门具有非常丰富特性的语言,它有着和其他编程语言一样的复杂性,或更甚复杂。实际上,你只有对 JavaScript 有了扎实的理解之后,才能用它撰写出比较复杂的程序。

第 2 章

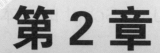

读懂JavaScript 代码
前提——JavaScript
编程基础

　　无论是传统编程语言，还是脚本语言，都具有数据类型、常量和变量、运算符、表达式、注释语句、流程控制语句等基本元素构成，这些基本元素构成了编程基础。本章将主要讲述 JavaScript 编程的基本知识。

本章要点(已掌握的在方框中打勾)

☐ 掌握 JavaScript 的基本语法。
☑ 掌握 JavaScript 的数据结构。
☐ 掌握代码中数据类型。
☐ 熟悉运算符的使用方法。
☐ 掌握 JavaScript 的表达式。

2.1 JavaScript 的基本语法

JavaScript 可以直接用记事本编写，其中包括语句、语句块及注释，具体内容如下。

2.1.1 语句执行顺序

JavaScript 程序按照在 HTML 文件中出现的顺序逐行执行。如果需要在整个 HTML 文件中执行，最好将其放在 HTML 文件的"<head>…</head>"标签中。某些代码，例如函数体内的代码，不会被立即执行，只有当所在的函数被其他程序调用时，该代码才被执行。

2.1.2 区分大小写

JavaScript 对字母的大小写很敏感，也就是说，在输入语句的关键字、函数、变量，以及其他标识符时，一定要严格区分字母的大小写。例如变量 username 与变量 userName 在 JavaScript 中就是两个不同的变量。

HTML 不区分大小写。由于 JavaScript 与 HTML 紧密相关，这一点很容易混淆。许多 JavaScript 对象和属性都与其代表的 HTML 标签或属性同名，在 HTML 中，这些名称可以以任意的大小写方式输入而不会引起混乱；但在 JavaScript 中，这些名称通常都是小写的。例如，在 HTML 中的事件处理器属性 ONCLICK 通常被声明为 onClick 或 Onclick，而在 JavaScript 中只能写作 onclick。

2.1.3 分号与空格

在 JavaScript 语句当中，分号可有可无，这一点与 Java 语言不同，JavaScript 并不要求每行必须以分号作为语句的结束标志。如果语句的结束处没有分号，JavaScript 会自动将该代码的结尾作为语句的结尾。

例如，下面的两行代码书写方式在 JavaScript 中都是正确的：

```
Alert("hello,JavaScript")
Alert("hello,JavaScript");
```

最好的编写习惯是，在每行的结尾加上分号，这样能保证每行代码的准确性。

另外，JavaScript 会忽略多余的空格，用户可通过向脚本添加空格来提高其可读性。例如下面的两行代码，一行添加了空格，另一行没有空格，但它们是等效的：

```
var name="Hello";
var name = "Hello";
```

2.1.4 对代码行进行折行

当一段代码比较长时，用户可以在文本字符串中使用反斜杠对代码行进行换行。示例代码如下：

```
document.write("Hello \
World!");
```

不过，用户不能像下面的代码那样转行：

```
document.write \
("Hello World!");
```

2.1.5 注释

注释通常用来解释程序代码的功能(增加代码的可读性)或阻止代码的执行(调试程序)，且不参与程序的执行。在 JavaScript 中注释分为单行注释和多行注释两种。

1. 单行注释

在 JavaScript 中，单行注释以双斜杠"//"开始，直到该行结束。单行注释的"//"可以放在行首或行尾，无论放在哪里，只要从"//"开始到该行结束的所有内容都不会被执行。在一般情况下，如果"//"位于行首，则表示解释的是下一行或下一段代码功能；如果"//"位于行尾，则表示解释的是当前行代码的功能；如果用来阻止一行代码的执行，也常将"//"放在行首，例如例 2.1 中所示的加粗部分。

【例 2.1】 (实例文件：ch02\2.1.html)单行注释语句。

```html
<!DOCTYPE html>
<html>
<head>
<title>date 对象</title>
<script type="text/javascript">
function disptime( )
{
  //创建日期对象 now，并实现当前日期的输出
  var now= new Date( );
  //document.write("<h1>河南旅游网</h1>");
  document.write("<H2>今天日期:"+now.getFullYear()+"年"+(now.getMonth( )+1)+
"月"+now.getDate()+"日</H2>");   //在页面上显示当前年月日
}
</script>
<body onload="disptime( )">
</body>
</html>
```

上述代码共使用三个注释语句。第一个注释语句将"//"放在了行首，通常用来解释其下一行代码的功能与作用。第二个注释语句放在了代码行的行首，阻止了该行代码的执行。第三个注释语句放在了代码行的行尾，主要是对该行的代码进行解释说明。

上述代码在 IE 9.0 浏览器中显示效果如图 2-1 所示，从中可以看出代码中的注释没有被执行。

图 2-1　程序运行结果

2．多行注释

单行注释语句只能注释一行代码，而如果在调试程序时，希望有一段代码都不被浏览器执行或者对代码的注释文字超过了一行，那么就需要使用多行注释。多行文字注释以/*开始，以*/结束。

【例 2.2】 (实例文件：ch02\2.2.html)多行注释语句。

```html
<!DOCTYPE html>
<html>
<body>
<h1 id="myH1"></h1>
<p id="myP"></p>
<script type="text/javascript">
/*
下面的这些代码会输出
一个标题和一个段落
并将代表主页的开始
*/
document.getElementById("myH1").innerHTML="Welcome to my Homepage";
document.getElementById("myP").innerHTML="This is my first paragraph.";
</script>
<p><b>注释：</b>注释块不会被执行。</p>
</body>
</html>
```

上述代码在 IE 9.0 浏览器中的显示效果如图 2-2 所示，从中可以看出代码中的注释没有被执行。

图 2-2　程序运行结果

2.1.6 语句

JavaScript 程序是语句的集合，一条 JavaScript 语句相当于英语中的一个完整句子。JavaScript 语句将表达式组合起来，完成一定的任务。一条语句由一个或多个表达式、关键字或运算符组成，语句之间用分号(;)隔开。也就是说，分号是一条 JavaScript 语句的结束符号。

例如以下 JavaScript 语句，其中一行就是一条 JavaScript 语句:

```
Name="张三";              //将"张三"赋值给 name
Var today=new Date();     //将今天的日期赋值给 today
```

【例 2.3】 (实例文件：ch02\2.3.html)操作两个 HTML 元素。

```
<!DOCTYPE html>
<html>
<body>
<h1>我的网站</h1>
<p id="demo">一个段落.</p>
<div id="myDIV">一个 div 块.</div>
<script type="text/javascript">
    document.getElementById("demo").innerHTML="Hello JavaScript";
    document.getElementById("myDIV").innerHTML="How are you?";
</script>
</body>
</html>
```

上述代码在 IE 9.0 浏览器中的显示效果如图 2-3 所示。

图 2-3　程序运行结果

2.1.7 语句块

语句块是一些语句的组合，通常语句块都会被一对大括号括起来。在调用语句块时，JavaScript 会按书写次序执行语句块中的语句。JavaScript 会把语句块中的语句看成是一个整体全部执行，语句块通常用在函数或流程控制语句中。例如以下代码就是一个语句块:

```
if (Fee < 2)
  {
    Fee = 2;    //小于 2 元时，手续费为 2 元
  }
```

语句块的作用是使语句序列一起执行。JavaScript 函数是将语句组合在块中的典型例子。

【例 2.4】 (实例文件：ch02\2.4.html)运行可操作两个 HTML 元素的函数。

```html
<html>
<body>
<h1>我的网站</h1>
<p id="myPar">我是一个段落.</p>
<div id="myDiv">我是一个 div 块.</div>
<p>
<button type="button" onclick="myFunction()">点击这里</button>
</p>
<script type="text/javascript">
function myFunction()
{
    document.getElementById("myPar").innerHTML="Hello JavaScript";
    document.getElementById("myDiv").innerHTML="How are you?";
}
</script>
<p>当您点击上面的按钮时，两个元素会改变。</p>
</body>
</html>
```

上述代码在 IE 9.0 浏览器中的显示效果如图 2-4 所示。单击【点击这里】按钮，可以看到两个元素发生了变化，如图 2-5 所示。

图 2-4　程序运行结果

图 2-5　程序运行结果

2.2　JavaScript 的数据结构

每一种计算机编程语言都有自己的数据结构，JavaScript 脚本语言的数据结构包括标识符、关键字、保留字、常量、变量等。

2.2.1　标识符

JavaScript 编写程序时，其中的变量、函数等要素定义时都要求给定名称。在定义要素时使用的字符序列被称为标识符。这些标识符必须遵循以下命名规则。

- 标识符只能由字母、数字、下划线和中文组成，而不能包含空格、标点符号、运算符等其他符号。
- 标识符的第一个字符必须是字母、下划线或者汉字。

● 标识符不能与 JavaScript 中的关键字名称相同，例如，if、else 等。

例如，以下字符为合法的标识符：

```
UserName
Int2
 File Open
Sex
```

以下字符为不合法的标识符：

```
99BottlesofBeer
Namespace
It's-All-Over
```

2.2.2 关键字

关键字用于标识 JavaScript 语句的开头或结尾。根据规定，关键字是保留的，不能用作变量名或函数名，如表 2-1 所示。

表 2-1　JavaScript 中的关键字

break	case	catch	continue
default	delete	do	else
finally	for	function	if
in	instanceof	new	return
switch	this	throw	try
typeof	var	void	while
with			

 JavaScript 中的关键字不能被作为变量名和函数名使用。

2.2.3 保留字

保留字在某种意义上是为将来的关键字而保留的单词。因此保留字不能被用作变量名或函数名，如表 2-2 所示。

表 2-2　JavaScript 中的保留字

abstract	boolean	byte	char
class	const	debugger	double
enum	export	extends	final
float	goto	implements	import
int	interface	long	native
package	private	protected	public
short	static	super	synchronized
throws	transient	volatile	

如果将保留字用作变量名、函数名或对象名，那么在浏览器执行时，会将该单词看作关键字，从而出现错误提示信息。

2.2.4 常量

简单地说，常量是字面变量，是固化在程序代码中的信息，常量的值从定义开始就是固定的。常量主要为程序提供固定和精确的值，包括数值和字符串，如数字、逻辑值真(true)、逻辑值假(false)等。

通常使用 const 来声明常量。语法格式如下：

```
const
  常量名：数据类型=值；
```

2.2.5 变量

变量，顾名思义，在程序运行过程中，其值可以改变。变量是存储信息的单元，它对应于某个内存空间，用于存储特定数据类型的数据。程序能在变量中存储值和读取值。

1. 变量的命名

实际上，变量的名称是一个标识符。在 JavaScript 当中，用标识符来命令变量和函数，变量的名称可以是任意长度。创建变量名称时，应遵循以下规则。

- 第一个字符必须是一个 ASCII 字符(大小写不限)或一个下划线 "_"，但是不能是汉字。
- 后续的字符必须是字母、数字或下划线。
- 变量名称不能是 JavaScript 的保留字。
- JavaScript 的变量名是严格区分大小写的。例如，变量名称 myCounter 与变量名称 MyCounter 不是同一个变量。

以下是一些正确的变量命名示例：

```
pagecount
Part9
Numer
```

以下是一些错误的变量命名示例：

```
12balloon          //不能以数字开头
Summary&Went       //&符号不能用在变量名称中
```

2. 变量的声明与赋值

JavaScript 是一种弱类型的程序设计语言，变量可不用声明而直接被使用。所谓声明变量即为变量指定一个名称。声明变量后，就可以把它们当作存储单元来用。

在 JavaScript 中使用关键字 var 声明变量时，该关键字之后的字符串将代表一个变量名。其格式如下：

```
var 标识符;
```

例如，声明变量 username，用来表示用户名，代码如下：

```
var username;
```

另外，一个关键字 var 也可以同时声明多个变量名，多个变量名之间必须用逗号 "," 分隔开，例如，同时声明变量 username、pwd、age，分别表示用户名、密码和年龄，其代码如下：

```
var username,pwd,age;
```

要给变量赋值，可以使用 JavaScript 中的赋值运算符，即等号 "="。

可以在声明变量名时同时赋值，例如，声明变量 username，并赋值为 "张三"，其代码如下：

```
var username= "张三";
```

声明变量之后，对变量赋值，或者对未声明的变量直接赋值。例如，声明变量 age，然后再为它赋值，直接对变量 count 赋值，其代码如下：

```
var age;      //声明变量
age=18;       //对已声明的变量赋值
count=4;      //对未声明的变量直接赋值
```

    JavaScript 中的变量如果未初始化(赋值)，其默认值为 undefind。

3. 变量的作用范围

所谓变量的作用范围是指可以访问该变量的代码区域。JavaScript 中按变量的作用范围分为全局变量和局部变量。

- 全局变量：可以在整个 HTML 文档范围中使用的变量。这种变量通常都是在函数体外定义的变量。
- 局部变量：只能在局部范围内使用的变量。这种变量通常都是在函数体内定义的变量，所以只能在函数体中有效。

    省略关键字 var 声明的变量，无论是在函数体内，还是在函数体外，都是全局变量。

【例 2.5】 (实例文件：ch02\2.5.html)创建了名为 carname 的变量，并向其赋值 "Volvo"，然后把它放入 id="demo" 的 HTML 段落中。

```
<!DOCTYPE html>
<html>
<body>
    <p>点击这里来创建变量，并显示结果。</p>
    <button onclick="myFunction()">点击这里</button>
    <p id="demo"></p>
<script type="text/javascript">
function myFunction()
```

```
{
    var carname="Volvo";
    document.getElementById("demo").innerHTML=carname;
}
</script>
</body>
</html>
```

上述代码在 IE 9.0 浏览器中的显示效果如图 2-6 所示。单击其中的【点击这里】按钮，可以看到创建了名为 "Volvo" 的变量，如图 2-7 所示。

图 2-6　程序运行结果

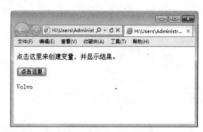

图 2-7　程序运行结果

一个好的编程习惯是在代码开始处，统一对需要的变量进行声明。

2.3　JavaScript 的数据类型

每一种计算机语言除了有自己的数据结构外，还具有自己所支持的数据类型。在 JavaScript 脚本语言当中，采用的是弱数据方式，即不必对一个数据先做声明，可以在使用或赋值时再确定其数据类型。

2.3.1　案例——typeof 运算符

typeof 运算符有一个参数，即要检查的变量或值。例如：

```
var sTemp = "test string";
alert (typeof sTemp);          //输出 "string"
alert (typeof 86);             //输出 "number"
```

对变量或值调用 typeof 运算符将返回下列值之一。
- undefined：如果变量是 Undefined 类型的。
- boolean：如果变量是 Boolean 类型的。
- number：如果变量是 Number 类型的。
- string：如果变量是 String 类型的。
- object：如果变量是一种引用类型或 Null 类型的。

【例 2.6】 (实例文件：ch02\2.6.html)typeof 运算符的使用。

```
<!DOCTYPE html>
<html>
<body>
<script type="text/javascript">
    typeof(1);
    typeof(NaN);
    typeof(Number.MIN_VALUE);
    typeof(Infinity);
    typeof("123");
    typeof(true);
    typeof(window);
    typeof(document);
    typeof(null);
    typeof(eval);
    typeof(Date);
    typeof(sss);
    typeof(undefined);
    document.write ("typeof(1): "+typeof(1)+"<br>");
    document.write ("typeof(NaN): "+typeof(NaN)+"<br>");
    document.write ("typeof(Number.MIN_VALUE):
    "+typeof(Number.MIN VALUE)+"<br>")
    document.write ("typeof(Infinity): "+typeof(Infinity)+"<br>")
    document.write ("typeof(\"123\"): "+typeof("123")+"<br>")
    document.write ("typeof(true): "+typeof(true)+"<br>")
    document.write ("typeof(window): "+typeof(window)+"<br>")
    document.write ("typeof(document): "+typeof(document)+"<br>")
    document.write ("typeof(null): "+typeof(null)+"<br>")
    document.write ("typeof(eval): "+typeof(eval)+"<br>")
    document.write ("typeof(Date): "+typeof(Date)+"<br>")
    document.write ("typeof(sss): "+typeof(sss)+"<br>")
    document.write ("typeof(undefined): "+typeof(undefined)+"<br>")
</script>
</body>
</html>
```

上述代码在 IE 9.0 浏览器中的显示效果如图 2-8 所示。

图 2-8　程序运行结果

2.3.2　案例——Undefined(未定义)类型

　　Undefined 是未定义类型的变量，表示变量还没有被赋值，例如"var a;"，或者被赋予了一个不存在的属性值，例如"var a=String.notProperty"。

此外，JavaScript 中有一种特殊类型的数字常量 NaN，表示"非数字"。当在程序中由于某种原因发生计算错误后，将产生一个没有意义的数字，此时 JavaScript 返回的数字值就是 NaN。

【例 2.7】 (实例文件：ch02\2.7.html)使用 Undefined。

```html
<!DOCTYPE html>
<html>
<body>
<script type="text/javascript">
    var person;
    document.write(person + "<br />");
</script>
</body>
</html>
```

上述代码在 IE 9.0 浏览器中的显示效果如图 2-9 所示。

图 2-9　程序运行结果

2.3.3　案例——Null(空值)类型

JavaScript 中的关键字 Null 是一个特殊的值，表示空值，用于定义空的或不存在的引用。不过，Null 不等同于空的字符串或 0。由此可见，Null 与 Undefined 的区别是：Null 表示一个变量被赋予了一个空值，而 Undefined 则表示该变量还未被赋值。

【例 2.8】 (实例文件：ch02\2.8.html)使用 null。

```html
<!DOCTYPE html>
<html>
<body>
<script type="text/javascript">
    var person;
    document.write(person + "<br />");
    var car=null
    document.write(car + "<br />");
</script>
</body>
</html>
```

上述代码在 IE 9.0 浏览器中的显示效果如图 2-10 所示。

图 2-10　程序运行结果

2.3.4　案例——Boolean(布尔)类型

布尔类型 Boolean 表示一个逻辑数值，用于表示两种可能的情况。逻辑真，用 true 表示；逻辑假，用 false 表示。通常，在代码中使用 1 表示真，使用 0 表示假。

【例 2.9】(实例文件：ch02\2.9.html)使用 Boolean 类型。

```
<!DOCTYPE html>
<html>
<body>
<script type="text/javascript">
    var b1 = Boolean("");    //返回 false, 空字符串
    var b2 = Boolean("s");    //返回 true, 非空字符串
    var b3 = Boolean(0);      //返回 false, 数字 0
    var b4 = Boolean(1);      //返回 true, 非 0 数字
    var b5 = Boolean(-1);     //返回 true, 非 0 数字
    var b6 = Boolean(null);  //返回 false
    var b7 = Boolean(undefined);    //返回 false
    var b8 = Boolean(new Object()); //返回 true, 对象
    document.write(b1 + "<br>")
    document.write(b2 + "<br>")
    document.write(b3 + "<br>")
    document.write(b4 + "<br>")
    document.write(b5 + "<br>")
    document.write(b6 + "<br>")
    document.write(b7 + "<br>")
    document.write(b8 + "<br>")
</script>
</body>
</html>
```

上述代码在 IE 9.0 浏览器中的显示效果如图 2-11 所示。

图 2-11　程序运行结果

2.3.5 案例——Number(数值)类型

JavaScript 的数值类型可以分为 4 类，即整数、浮点数、内部常量和特殊值。整数可以为正数、0 或者负数；浮点数可以包含小数点，也可以包含一个 e(大小写均可，在科学记数法中表示"10 的幂")，或者同时包含这两项。整数可以以 10(十进制)、8(八进制)和 16(十六进制)作为基数来表示。

【例 2.10】 (实例文件：ch02\2.10.html)输出数值。

```html
<!DOCTYPE html>
<html>
<body>
<script type="text/javascript">
    var x1=36.00;
    var x2=36;
    var y=123e5;
    var z=123e-5;
    document.write(x1 + "<br />")
    document.write(x2 + "<br />")
    document.write(y + "<br />")
    document.write(z + "<br />")
</script>
</body>
</html>
```

上述代码在 IE 9.0 浏览器中的显示效果如图 2-12 所示。

图 2-12　程序运行结果

2.3.6 案例——String(字符串数据)类型

字符串由一对单引号(' ')或双引号(" ")和引号中的部分构成。一个字符串是 JavaScript 中的一个对象，有专门的属性。引号中间的部分可以是任意多的字符，如果没有，则是一个空字符串。如果要在字符串中使用双引号，则应该将其包含在使用单引号的字符串中，使用单引号时则反之。

【例 2.11】 (实例文件：ch02\2.11.html)输出字符串。

```html
<!DOCTYPE html>
<html>
<body>
```

```
<script type="text/javascript">
   var string1="Bill Gates";
   var string2='Bill Gates';
   var string3="Nice to meet you!";
   var string4="He is called 'Bill'";
   var string5='He is called "Bill"';
   document.write(string1 + "<br>")
   document.write(string2 + "<br>")
   document.write(string3 + "<br>")
   document.write(string4 + "<br>")
   document.write(string5 + "<br>")
</script>
</body>
</html>
```

上述代码在 IE 9.0 浏览器中的显示效果如图 2-13 所示。

图 2-13　程序运行结果

2.3.7　案例——Object(对象数据)类型

前面介绍的 5 种数据类型是 JavaScript 的原始数据类型，而 Object 则是对象类型。该数据类型中包括 Object、Function、String、Number、Boolean、Array、Regexp、Date、Globel、Math、Error，以及宿主环境提供的 Object 类型。

【例 2.12】(实例文件：ch02\2.12.html)Object 数据类型的使用。

```
<!DOCTYPE html>
<html>
<body>
<script type="text/javascript">
   person=new Object();
   person.firstname="Bill";
   person.lastname="Gates";
   person.age=56;
   person.eyecolor="blue";
   document.write(person.firstname + " is " + person.age + " years old.");
</script>
</body>
</html>
```

上述代码在 IE 9.0 浏览器中的显示效果如图 2-14 所示。

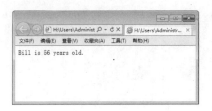

图 2-14　程序运行结果

2.4　JavaScript 的运算符

在 JavaScript 的程序中要完成各种各样的运算，都离不开运算符。它用于将一个或几个值进行运算而得出所需要的结果值。在 JavaScript 中，运算符可以分为算术运算符、比较运算符、位运算符、逻辑运算符、赋值运算符和条件运算符等。

2.4.1　案例——算术运算符

算术运算符是最简单、最常用的运算符，所以有时也称它为简单运算符，可以使用它们进行通用的数学计算。

JavaScript 中提供的算术运算符有+、−、*、/、%、++、--共 7 种，分别表示加、减、乘、除、求余数、自增和自减，如表 2-3 所示。其中+、−、*、/、%为二元运算符，表示对运算符左右两边的操作数作算术运算，其运算规则与数学中的运算规则相同，即先乘除后加减。++和--都是一元运算符，其结合性为自右向左，在默认情况下表示对运算符右边变量的值增 1 或减 1，它们的优先级比其他算术运算符高。

表 2-3　算术运算符

运算符	说　明	示　例
+	加法运算符，用于对两个数字进行求和	x+100、100+1000、+100
−	减法运算符或负值运算符	100−60、−100
*	乘法运算符	100*6
/	除法运算符	100/50
%	求模运算符，也就是算术中的求余	100%30
++	将变量值加 1 后再将结果赋值给该变量	x++表示在参与其他运算之前先将自己加 1 后，再用新的值参与其他运算；++x 表示先用原值与其他值运算后，再将自己加 1
--	将变量值减 1 后再将结果赋值给该变量	x--、--x，与++的用法相同

【例 2.13】(实例文件：ch02\2.13.html)通过 JavaScript 在页面中定义变量，再通过运算符计算变量的运行结果。

```
<!DOCTYPE html>
<html>
<head>
<title>运用 JavaScript 运算符</title>
</head>
<body>
<script type="text/javascript">
    var num1=120,num2 = 25;                              //定义两个变量
    document.write("120+25=" + (num1+num2)+"<br>");      //计算两个变量的和
    document.write("120-25="+(num1-num2)+"<br>");        //计算两个变量的差
    document.write("120*25="+(num1*num2)+"<br>");        //计算两个变量的积
    document.write("120/25="+(num1/num2)+"<br>");        //计算两个变量的余数
    document.write("(120++)="+(num1++)+"<br>");          //自增运算
    document.write("++120="+(++num1)+"<br>");
</script>
</body>
</html>
```

上述代码在 IE 9.0 浏览器中的显示效果如图 2-15 所示。

图 2-15　程序运行结果

2.4.2　案例——比较运算符

比较运算符用于对运算符的两个表达式进行比较，然后根据比较结果返回布尔类型的值 true 或 false。例如，比较两个值是否相同或比较两个数字值的大小等。如表 2-4 所示列出的是 JavaScript 支持的比较运算符。

表 2-4　比较运算符

运算符	说　　明	示　　例
==	判断左右两边表达式是否相等，当左边表达式等于右边表达式时返回 true；否则返回 false	Number == 100 Number1 == Number2
!=	判断左边表达式是否不等于右边表达式，当左边表达式不等于右边表达式时返回 true；否则返回 false	Number != 100 Number1 != Number2
>	判断左边表达式是否大于右边表达式，当左边表达式大于右边表达式时返回 true；否则返回 false	Number > 100 Number1 > Number2
>=	判断左边表达式是否大于等于右边表达式，当左边表达式大于等于右边表达式时返回 true；否则返回 false	Number >= 100 Number1 >= Number2

续表

运算符	说　明	示　例
<	判断左边表达式是否小于右边表达式，当左边表达式小于右边表达式时返回 true；否则返回 false	Number < 100 Number1 < Number2
<=	判断左边表达式是否小于等于右边表达式，当左边表达式小于等于右边表达式时返回 true；否则返回 false	Number <= 100 Numer <= Number2

【例 2.14】 (实例文件：ch02\2.14.html)使用比较运算符比较两个数值的大小。

```html
<!DOCTYPE html>
<html>
<head>
<title>比较运算符的使用</title>
</head>
<body>
<script type="text/javascript">
    var age = 25;                                    //定义变量
    document.write("age 变量的值为: "+age+"<br>");   //输出变量值
    document.write("age>=20: "+(age>=20)+"<br>");    //实现变量值比较
    document.write("age<20: "+(age<20)+"<br>");
    document.write("age!=20: "+(age!=20)+"<br>");
    document.write("age>20: "+(age>20)+"<br>");
</script>
</body>
</html>
```

上述代码在 IE 9.0 浏览器中的显示效果如图 2-16 所示。

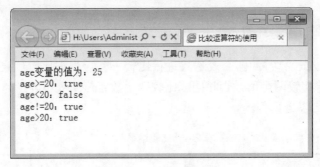

图 2-16　程序运行结果

2.4.3　案例——位运算符

任何信息在计算机中都是以二进制的形式保存的，位运算符就是对数据按二进制位进行运算的运算符。JavaScript 语言中的位运算符有：&(与)、|(或)、^(异或)、~(取补)、<<(左移)、>>(右移)，如表 2-5 所示。其中，~运算符为一元运算符，而其他的位运算符都是二元运算符。这些运算都不会产生溢出。位运算符的操作数为整型或者是可以转换为整型的任何其他类型。

表 2-5　位运算符

运算符	描　述
&	与运算。操作数中的两个位都为 1，结果为 1，两个位中有一个为 0，结果为 0
|	或运算。操作数中的两个位都为 0，结果为 0，否则，结果为 1
^	异或运算。两个操作位相同时，结果为 0，不相同时，结果为 1
~	取补运算，操作数的各个位取反，即 1 变为 0，0 变为 1
<<	左移位。操作数按位左移，高位被丢弃，低位顺序补 0
>>	右移位。操作数按位右移，低位被丢弃，其他各位顺序一次右移

【例 2.15】 (实例文件：ch02\2.15.html)输出十进制数 18 的二进制数。

```html
<!DOCTYPE html>
<html>
<body>
<h1>输出十进制 18 的二进制数</h1>
<script type="text/javascript">
    var iNum = 18;
    alert(iNum.toString(2));
</script>
</body>
</html>
```

上述代码在 IE 9.0 浏览器中的显示效果如图 2-17 所示。18 的二进制数只用了前 5 位，它们是这个数字的有效位。把数字转换成二进制字符串，就能看到有效位。这段代码只输出"10010"，而不是 18 的 32 位表示。这是因为其他的数位并不重要，仅使用前 5 位即可确定这个十进制数值。

图 2-17　程序运行结果

2.4.4　案例——逻辑运算符

逻辑运算符通常用于执行布尔运算，它们常和比较运算符一起使用。这些运算涉及的变量通常不止一个，而且常用于 if、while 和 for 语句中。表 2-6 列出了 JavaScript 支持的逻辑运算符。

表 2-6　逻辑运算符

运算符	说　明	示　例
&&	逻辑与，若两边表达式的值都为 true，则返回 true；任意一个值为 false，则返回 false	100>60 &&100<200 返回 true 100>50&&10>100 返回 false
||	逻辑或，只有表达式的值都为 false 时，才返回 false	100>60||10>100 返回 true 100>600||50>60 返回 false
!	逻辑非，若表达式的值为 true，则返回 false，否则返回 true	!(100>60)返回 false !(100>600)返回 true

【例 2.16】 (实例文件：ch02\2.16.html)逻辑运算符的使用。

```
<!DOCTYPE html>
<html>
<body>
<h1>逻辑运算符的使用</h1>
<script type="text/javascript">
    var a=true,b=false;
    document.write(!a);
    document.write("<br />");
    document.write(!b);
    document.write("<br />");
    a=true,b=true;
    document.write(a&&b);
    document.write("<br />");
    document.write(a||b);
    document.write("<br />");
    a=true,b=false;
    document.write(a&&b);
    document.write("<br />");
    document.write(a||b);
    document.write("<br />");
    a=false,b=false;
    document.write(a&&b);
    document.write("<br />");
    document.write(a||b);
    document.write("<br />");
    a=false,b=true;
    document.write(a&&b);
    document.write("<br />");
    document.write(a||b);
</script>
</body>
</html>
```

上述代码在 IE 9.0 浏览器中的显示效果如图 2-18 所示。

图 2-18　程序运行结果

从运行结果可以看出逻辑运算符的规律如下。

- true 的!为 false；false 的!为 true。
- a&&b：a、b 全 true 则表达式为 true；否则表达式为 false。
- a||b：a、b 全 false 则表达式为 false；否则表达式为 true。

2.4.5　案例——条件运算符

除了上面介绍的常用运算符外，JavaScript 还支持条件表达式运算符"?"。该运算符是一个三元运算符，包括 3 个部分：一个计算值的条件和两个根据条件返回的真假值。其格式如下：

```
条件 ? 表示式 1 : 表达式 2
```

在使用条件运算符时，如果条件为真，则表达值使用表达式 1 的值，否则使用表达式 2 的值。示例如下：

```
( x > y ) ? 100*3 : 11
```

如果 x 的值大于 y 值，则表达式的值为 300；否则 x 的值小于或等于 y 值时，其表达式的值为 11。

【例 2.17】 (实例文件：ch02\2.17.html)条件运算符的使用。

```
<!DOCTYPE html>
<html>
<body>
<h1>条件运算符的使用</h1>
<script type="text/javascript">
    var a=3;
    var b=5;
    var c=b-a;
     document.write(c+"<br>");
    if(a>b)
        { document.write("a 大于 b<br>");}
    else
        { document.write("a 小于 b<br>");}
    document.write(a>b?"2":"3");
```

```
    </script>
  </body>
</html>
```

上述代码创建了 a 和 b 两个变量，变量 c 的值是 b 和 a 的差；紧接着使用 if 语句判断 a 和 b 的大小，并输出结果。最后使用了一个三元运算符，如果 a>b，则输出 2，否则输出 3。
表示在网页中换行，"+"是一个连接字符串。

上述代码在 IE 9.0 浏览器中的显示效果如图 2-19 所示，可以看到网页输出了 JavaScript 语句的执行结果。

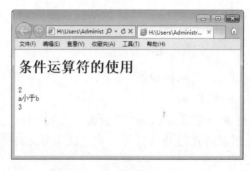

图 2-19　条件运算符的使用

2.4.6　案例——赋值运算符

赋值就是把一个数据赋值给一个变量。例如，myName="张三"的作用是执行一次赋值操作，即把常量"张三"赋值给变量 myName。赋值运算符为二元运算符，要求运算符两侧的操作数类型必须一致。JavaScript 中提供的简单赋值运算符和复合赋值运算符，如表 2-7 所示。

表 2-7　赋值运算符

运算符	说　明	示　例
=	将右边表达式的值赋值给左边的变量	Username="Bill"
+=	将运算符左边的变量加上右边表达式的值后，赋值给左边的变量	a+=b //相当于 a=a+b
-=	将运算符左边的变量减去右边表达式的值后，赋值给左边的变量	a-=b //相当于 a=a-b
*=	将运算符左边的变量乘以右边表达式的值后，赋值给左边的变量	a*=b //相当于 a=a*b
/=	将运算符左边的变量除以右边表达式的值后，赋值给左边的变量	a/=b //相当于 a=a/b
%=	将运算符左边的变量用右边表达式的值求模，并将结果赋给左边的变量	a%=b //相当于 a=a%b
&=	将运算符左边的变量与右边表达式的变量进行逻辑与运算，将结果赋给左边的变量	a&=b //相当于 a=a&b
|=	将运算符左边的变量与右边表达式的变量进行逻辑或运算，将结果赋给左边的变量	a|=b //相当于 a=a||b
^=	将运算符左边的变量与右边表达式的变量进行逻辑异或运算，将结果赋给左边的变量	a^=b //相当于 a=a^b

> 提示　在书写复合赋值运算符时，两个符号之间一定不能有空格，否则将会出错。

【例 2.18】 (实例文件：ch02\2.18.html)赋值运算符的使用。

```html
<!DOCTYPE html>
<html>
<body>
    <h3>赋值运算符的使用规则</h3>
    <p><strong>如果把数字与字符串相加，结果将成为字符串。</strong></p>
    <script type="text/javascript">
    x=5+5;
    document.write(x);
    document.write("<br />");
    x="5"+"5";
    document.write(x);
    document.write("<br />");
    x=5+"5";
    document.write(x);
    document.write("<br />");
    x="5"+5;
    document.write(x);
    document.write("<br />");
    </script>
</body>
</html>
```

上述代码在 IE 9.0 浏览器中的显示效果如图 2-20 所示。

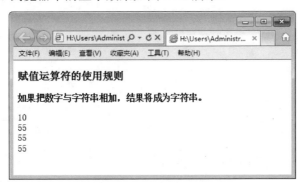

图 2-20　程序运行结果

2.4.7　案例——运算符优先级

运算符的种类非常多，通常不同的运算符又构成了不同的表达式，甚至一个表达式中又包含有多种运算符，因此运算符的运算方法有一定的规律性。JavaScript 语言规定了各类运算符的运算级别及结合性等，如表 2-8 所示。

表 2-8　运算符优先级别列表

优先级(1 最高)	说　明	运　算　符	结 合 性
1	括号	( )	从左到右
2	自加/自减运算符	++/--	从右到左
3	乘法运算符、除法运算符、取模运算符	*、/、%	从左到右
4	加法运算符、减法运算符	+、-	从左到右
5	小于、小于等于、大于、大于等于	<、<=、>、>=	从左到右
6	等于、不等于	==、!=	从左到右
7	逻辑与	&&	从左到右
8	逻辑或	||	从左到右
9	赋值运算符	=、+=、*=　/=、%=、-=	从右到左

　　建议在书写表达式的时候，如果无法确定运算符的有效顺序，则应尽量采用括号来保证运算的顺序，这样也使得程序一目了然，而且自己在编程时能够思路清晰。

　　【例 2.19】　(实例文件：ch02\2.19.html)运算符的优先级。

```
<!DOCTYPE html>
<html>
<head>
<title>运算符的优先级</title>
</head>
<body>
<script language="javascript">
    var a=1+2*3;              //按自动优先级计算
    var b=(1+2)*3;            //使用 () 改变运算优先级
    alert("a="+a+"\nb="+b);   //分行输出结果
</script>
</body>
</html>
```

上述代码在 IE 9.0 浏览器中的显示效果如图 2-21 所示。

图 2-21　程序运行结果

2.5　JavaScript 的表达式

表达式是一个语句的集合，像一个组一样，其计算结果是一个单一的值，且该结果被 JavaScript 归入下列数据类型之一：布尔、数字、字符串、对象等。

一个表达式本身可以是一个数字或者变量，或者它可以包含许多连接在一起的变量关键字以及运算符。例如，表达式 x/y，分别使自由变量 x 和 y 定值为 10 和 5，则其输出为数字 2；但在 y 值为 0 时则没有定义。因此一个表达式的赋值和算符的定义以及数值的定义域是有关联的。

2.5.1　案例——赋值表达式

在 JavaScript 中，赋值表达式的一般语法形式为"变量　赋值运算符　表达式"，在计算中按照自右而左结合。其中有简单的赋值表达式，例如"i=1"，也有定义变量时，给变量赋初始值的赋值表达式，例如"var str="Happy World！";"还有使用比较复杂的赋值运算符连接的赋值表达式，例如"k+=18"。

【例 2.20】 (实例文件：ch02\2.20.html)赋值表达式的用法。

```
<!DOCTYPE html>
  <html>
  <head>
  <title>赋值表达式</title>
  <body>
  <script language="javascript">
  <!--
    var x = 15;
    document.write("<p>目前变量 x 的值为：x="+ x);
    x+=x-=x*x;
    document.write("<p>执行语句"x+=x-=x*x"后，变量 x 的值为：x="+ x);
    var y = 15;
    document.write("<p>目前变量 y 的值为：y="+ y);
    y+=(y-=y*y);
    document.write("<p>执行语句"y+=(y-=y*y)"后，变量 y 的值为：y=" +y);
  //-->
  </script>
  </body>
  </head>
  </html>
```

在上述代码中，表达式 x+=x-=x*x 的运算流程如下：先计算 x=x-(x*x)，得到 x=-210，再计算 x=x+(x-=x*x)，得到 x=-195。同理，表达式"y+=(y-=y*y)"的结果为 x=-195，如图 2-22 所示。

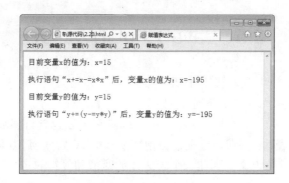

图 2-22　程序运行结果

提示　　由于运算符的优先级规定较多并且容易混淆，为提高程序的可读性，在使用多操作符进行运算时，尽量使用括号()来保证程序的正常运行。

2.5.2　案例——算术表达式

算术表达式就是用算术运算符连接的 JavaScript 语句。例如 i+j+k;、20-x;、a*b;、j/k;、sum%2; 等即为合法的算术运算符的表达式。算术运算符的两边都必须是数值，若在"+"运算中存在字符或字符串，则该表达式将是字符串表达式，因为 JavaScript 会自动将数值型数据转换成字符串型数据。例如，表达式"好好学习"+i+"天天向上"+j;将被看作是字符串表达式。

2.5.3　案例——布尔表达式

布尔表达式一般用来判断某个条件或者表达式是否成立，其结果只能为 true 或 false。

【例 2.21】　(实例文件：ch02\2.21.html)布尔表达式的用法。

```
<!DOCTYPE html>
<html>
<head>
<title>布尔表达式</title>
<body>
<script language="javascript" type="text/javaScript">
<!--
function checkYear()
{
    var txtYearObj = document.all.txtYear; //文本框对象
    var txtYear = txtYearObj.value;
    if((txtYear == null) || (txtYear.length < 1)||(txtYear < 0))
    { //文本框值为空
        window.alert("请在文本框中输入正确的年份！");
        txtYearObj.focus();
        return;
    }
    if(isNaN(txtYear))
    { //用户输入不是数字
        window.alert("年份必须为整型数字！");
```

```
        txtYearObj.focus();
        return;
    }
    if(isLeapYear(txtYear))
    window.alert(txtYear + "年是闰年！");
    else
        window.alert(txtYear + "年不是闰年！");
}
function isLeapYear(yearVal) //*判断是否闰年
{
    if((yearVal % 100 == 0) && (yearVal % 400 == 0))
        return true;
    if(yearVal % 4 == 0) return true;
    return false;
}
//-->
</script>
<form action="#" name="frmYear">
请输入当前年份：
    <input type="text" name="txtYear">
    <p>请单击按钮以判断是否为闰年：
    <input type="button" value="按钮" onclick="checkYear()">
</form>
</body>
</head>
</html>
```

在上述代码中多次使用布尔表达式进行数值的判断。运行该段代码，在显示的文本框中输入 2010，单击【按钮】按钮后，系统先判断文本框是否为空，再判断文本框输入的数值是否合法，最后判断其是否为闰年并弹出相应的提示框，如图 2-23 所示。

同理，当输入值为 2012 时，具体的显示效果则如图 2-24 所示。

图 2-23　程序运行结果

图 2-24　程序运行结果

2.5.4　案例——字符串表达式

字符串表达式是操作字符串的 JavaScript 语句。JavaScript 的字符串表达式只能使用"+"与"+="两个字符串运算符。如果在同一个表达式中既有数字又有字符串，同时还没有将字符串转换成数字的方法，则返回值一定是字符串型。

【例 2.22】(实例文件：ch02\2.22.html)字符串表达式的用法。

```html
<!DOCTYPE html>
<html>
<head>
<title>字符串表达式</title>
<body>
<script language="javascript">
<!--
  var x = 10;
  document.write("<p>目前变量 x 的值为：x="+ x);
  x=1+4+8;
  document.write("<p>执行语句"x=1+4+8"后，变量 x 的值为：x="+ x);
  document.write("<p>此时，变量 x 的数据类型为："+ (typeof x));
  x=1+4+'8';
  document.write("<p>执行语句"x=1+4+'8'"后，变量 x 的值为：x="+ x);
  document.write("<p>此时，变量 x 的数据类型为："+ (typeof x));
//-->
</script>
</body>
</head>
</html>
```

运行上述代码，对于一般表达式"1+4+8"，将三者相加，和为 13；而在表达式"1+4+'8'"中，表达式按照从左至右的运算顺序，先计算数值 1、4 的和，结果为 5；再将之后的和转换成字符串型，与最后的字符串连接；最后得到的结果是字符串"58"，如图 2-25 所示。

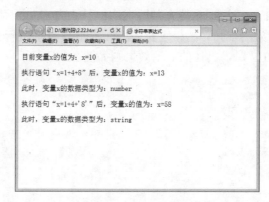

图 2-25　程序运行结果

2.5.5　案例——类型转换

相对于强类型语言，JavaScript 的变量没有预定类型，其类型取决于包含值的类型。当对不同类型的值进行运算时，JavaScript 解释器将自动把数据类型逐一改变(强制转换)为另一种数据类型，再执行相应的运算。除自动类型转换外，为避免自动转换或不转换产生的不良后果，有时需要手动进行显式的类型转换，此时可利用 JavaScript 提供的进行类型转换的工具，例如 parseInt()方法和 parseFloat()方法等。

【例 2.23】(实例文件：ch02\2.23.html)字符串型转换为逻辑型数据。

```
<!DOCTYPE html>
<html>
<head>
<title>类型转换</title>
<body>
<script language="javascript">
<!--
var x = "happy";  // x值为非空字符串
if (x)
  {
    alert("字符串型变量 x 转换为逻辑型后，结果为 true");
  }
  else
  {
    alert("字符串型变量 x 转换为逻辑型后，结果为 false");
  }
//-->
</script>
</body>
</head>
</html>
```

上述代码运行结果如图 2-26 所示。对于非空字符串变量 x，按照数据类型转换规则，自动转换为逻辑型后结果为 true。

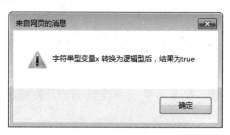

图 2-26　程序运行结果

2.6　实战演练——局部变量和全局变量的优先级

在函数内部，局部变量的优先级高于同名的全局变量。也就是说，如果存在与全局变量名称相同的局部变量，或者在函数内部声明了与全局变量同名的参数，则该全局变量将不再起作用。

【例 2.24】(实例文件：ch02\2.24.html)变量的优先级。

```
<!DOCTYPE html>
<html>
<head>
<title>变量的优先级</title>
<body>
<script language="javascript">
<!--
```

```
    var scope="全局变量";              //声明一个全局变量
    function checkscope()
  {
      var scope="局部变量";            //声明一个同名的局部变量
      document.write(scope);        //使用的是局部变量，而不是全局变量
    }
    checkscope();//调用函数，输出结果
//-->
</script>
</body>
</head>
</html>
```

上述代码在 IE 9.0 浏览器中的显示效果如图 2-27 所示。

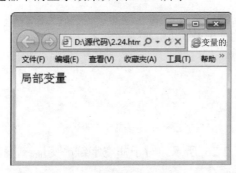

图 2-27　程序运行结果

> 注意　虽然在全局作用域中可以不使用 var 声明变量，但声明局部变量时，一定要使用 var 语句。

JavaScript 没有块级作用域，函数中的所有变量无论是在哪里声明的，在整个函数中都有意义。

【例 2.25】(实例文件：ch02\2.25.html)JavaScript 无块级作用域。

```
<!DOCTYPE html>
<html>
<head>
<title>变量的优先级</title>
<body>
<script language="javascript">
<!--
  var scope="全局变量";          //声明一个全局变量
  function checkscope()
  {
      alert(scope);             //调用局部变量，将显示"undefined"而不是"局部变量"
      var scope="局部变量";      //声明一个同名的局部变量
      alert(scope);             //使用的是局部变量，将显示"局部变量"
  }
  checkscope();                 //调用函数，输出结果
//-->
</script>
```

```
</body>
</head>
</html>
```

上述代码程序运行结果如图 2-28 所示。单击【确定】按钮，弹出如图 2-29 所示的结果。

图 2-28　程序运行结果

图 2-29　程序运行结果

在例 2-25 中，用户可能认为因为声明局部变量的 var 语句还没有被执行而调用全局变量 scope，但由于"无块级作用域"的限制，局部变量在整个函数体内是有定义的。这就意味着在整个函数体中都隐藏了同名的全局变量，因此，输出的并不是"全局变量"。虽然局部变量在整个函数体内都是有定义的，但在执行 var 语句之前不会被初始化。

2.7　跟我练练手

1. 练习目标

能够熟练掌握本章所讲内容。

2. 上机练习

练习 1：JavaScript 基本语法的使用。
练习 2：JavaScript 数据结构的使用。
练习 3：JavaScript 数据类型的使用。
练习 4：JavaScript 运算符的使用。
练习 5：JavaScript 表达式的使用。

2.8　高 手 甜 点

甜点 1：变量名有哪些命名规则？

①变量名以字母、下划线或美元符号($)开头。例如，txtName 与_txtName 都是合法的变量名，而 1txtName 和&txtName 都是非法的变量名。②变量名只能由字母、数字、下划线和美元符号($)组成，其中不能包含标点，且运算符不能用汉字做变量名。例如，txt%Name、名称文本、txt-Name 都是非法变量名。③不能用 JavaScript 保留字做变量名。例如，var、 enum、const 都是非法变量名。④JavaScript 对大小写敏感。例如，变量 txtName 与 txtname 是两个不同的变量，两个变量不能混用。

甜点 2：声明变量具有哪几种规则？

可以使用一个关键字 var 同时声明多个变量，例如语句"var x,y;"就同时声明了 x 和 y 两个变量。可以在声明变量的同时对其赋值(称为初始化)，例如"var president = "henan";var x=5,y=12;"声明了 3 个变量 president、x 和 y，并分别对其进行了初始化。如果出现重复声明的变量，且该变量已有一个初始值，则此时的声明相当于对变量的重新赋值。如果只是声明了变量，并未对其赋值，其值默认为 undefined。var 语句可以用作 for 循环和 for/in 循环的一部分，这样可使得循环变量的声明成为循环语法自身的一部分，使用起来较为方便。

甜点 3：比较运算符 "=="与赋值运算符"="的不同之处在于什么地方？

在各种运算符中，比较运算符 "=="与赋值运算符"="完全不同。运算符"="是用于给操作数赋值；而比较运算符 "=="则是用于比较两个操作数的值是否相等。如果在需要比较两个表达式的值是否相等的情况下，错误地使用赋值运算符"="，则会将右操作数的值赋给左操作数。

第3章
改变程序执行方向
——程序控制结构
与语句

JavaScript 编程中对程序流程的控制主要通过条件判断、循环控制语句及 continue、break 来完成。其中，条件判断按预先设定的条件执行程序，包括 if 语句和 switch 语句；而循环控制语句则可以重复完成任务，包括 while 语句、"do...while" 语句及 for 语句。本章将主要讲述 JavaScript 的程序控制结构与相关的语句。

本章要点(已掌握的在方框中打勾)

☐ 熟悉赋值语句的使用方法。

☐ 掌握条件判断语句的使用方法。

☐ 掌握循环控制语句的使用方法。

☐ 掌握跳转语句的使用方法。

3.1 基本处理流程

对数据结构的处理流程，称为基本处理流程。在 JavaScript 中，基本处理流程包含 3 种结构，即顺序结构、选择结构和循环结构。

顺序结构是 JavaScript 脚本程序中最基本的结构，它按照语句出现的先后顺序依次执行，如图 3-1 所示。

选择结构按照给定的逻辑条件来决定执行顺序，有单向选择、双向选择和多向选择之分，但程序在执行过程中都只执行其中一条分支。单向选择和双向选择结构如图 3-2 所示。

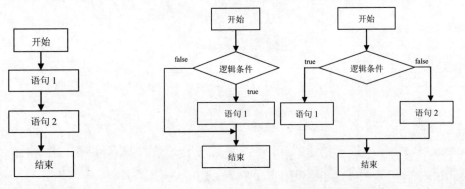

图 3-1　顺序结构　　　　　　图 3-2　单向选择和双向选择结构

循环结构即根据代码的逻辑条件来判断是否重复执行某一段程序，若逻辑条件为 true，则进入循环重复执行，否则结束循环。循环结构可分为条件循环和计数循环，如图 3-3 所示。

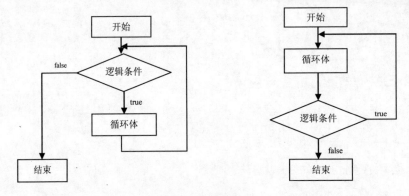

图 3-3　循环结构

一般而言，在 JavaScript 脚本语言中，程序总体是按照顺序结构执行的，而在顺序结构中又可以嵌入选择结构和循环结构。

3.2　赋　值　语　句

赋值语句是 JavaScript 程序中最常用的语句。在程序中，往往需要大量的变量来存储程序中用到的数据，所以用来对变量进行赋值的赋值语句也会在程序中大量出现。赋值语句的语法格式如下：

```
变可量名=表达式
```

当使用关键字 var 声明变量时，可以同时使用赋值语句对声明的变量进行赋值。例如，声明一些变量，并分别给这些变量赋值，代码如下：

```
var username="Rose"
var bue=true
var variable="开怀大笑，益寿延年"
```

3.3 条件判断语句

条件判断语句是对语句中不同条件的值进行判断，进而根据不同的条件执行不同的语句。条件判断语句主要包括两大类，分别是 if 判断语句和 switch 多分支语句。

3.3.1 案例——if 语句

if 语句是使用最为普遍的条件选择语句。每一种编程语言都有一种或多种形式的 if 语句，在编程中它经常被用到。

If 语句的格式如下：

```
if(条件语句)
{
    执行语句;
}
```

其中，"条件语句"可以是任何一种逻辑表达式。如果"条件语句"的返回结果为 true，则程序先执行后面大括号{}中的"执行语句"，然后执行它后面的其他语句。如果"条件语句"的返回结果为 false，则程序跳过"条件语句"后面的"执行语句"，直接去执行程序后面的其他语句。大括号的作用就是将多条语句组合成一个复合语句，作为一个整体来处理。如果大括号中只有一条语句，那么这对大括号{}就可以省略。

【例 3.1】(实例文件：ch03\3.1.html)if 语句的使用。

```
<!DOCTYPE html>
<html>
<body>
<p>如果时间早于 20:00，会获得问候"Good day"。</p>
<button onclick="myFunction()">点击这里</button>
<p id="demo"></p>
<script type="text/javascript">
function myFunction()
{
    var x="";
    var time=new Date().getHours();
    if (time<20)
    {
```

```
      x="Good day";
  }
 document.getElementById("demo").innerHTML=x;
 }
</script>
</body>
</html>
```

上述代码在 IE 9.0 浏览器中的显示效果如图 3-4 所示。单击页面中的【点击这里】按钮，可以看到按钮下方显示出"Good day"问候语，如图 3-5 所示。

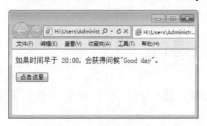

图 3-4　程序运行结果

图 3-5　程序运行结果

请使用小写的 if，如果使用大写字母(IF)则会生成 JavaScript 错误。另外，在这个语法中，没有 else，因此，用户已经告诉浏览器只有在指定条件为 true 时才执行代码。

3.3.2　案例——"if…else"语句

"if…else"语句通常用于一个条件需要两个程序分支来执行的情况。"if…else"语句语法格式如下所示。

```
if (条件)
 {
 当条件为 true 时执行的代码
 }
else
 {
 当条件不为 true 时执行的代码
 }
```

如果在该格式 if 从句后面再添加一个 else 从句，当条件语句返回结果为 false 时，那么程序将执行 else 后面的从句。

【例 3.2】 (实例文件：ch03\3.2.html) "if…else"语句的使用。

```
<html>
<head>
  <script type="text/javascript">
        var a="john";
        if(a!="john")
            {
                document.write("<h1 style='text-align:center;color:red;'>欢
                迎 JOHN 光临</h1>");
```

```
            }
        else{
            document.write("<p style='font-size:15px;font-
                weight:bolder;color:blue'>请重新输入名称</p>");
        }
    </script>
</head>
<body>
</body>
</html>
```

上述代码中使用了"if...else"语句，对变量 a 的值进行判断，如果 a 值不等于"john"则输出红色标题，否则输出蓝色信息。

上述代码在 IE 9.0 浏览器中的显示效果如图 3-6 所示，可以看到网页输出了蓝色信息"请重新输入名称"。

图 3-6　"if...else"语句判断

3.3.3　案例——"if...else if"语句

使用"if...else if"语句来选择多个代码块之一来执行。"if...else if"语句的语法格式如下：

```
if (条件1)
    {
    当条件1为true时执行的代码
    }
else if (条件2)
    {
    当条件2为true时执行的代码
    }
else
    {
    当条件1和条件2都不为true时执行的代码
    }
```

【例 3.3】 (实例文件：ch03\3.3.html)使用"if...else if"语句输出问候语。

```
<!DOCTYPE html>
<html>
<body>
<p> if...else if语句的使用</p>
<script type="text/javascript">
var d = new Date()
var time = d.getHours()
```

```
if (time<10){
    document.write("<b>Good morning</b>")}
else if (time>=10 && time<16)
    {document.write("<b>Good day</b>") }
else{document.write("<b>Hello World!</b>")}
</script>
</body>
</html>
```

上述代码在 IE 9.0 浏览器中的显示效果如图 3-7 所示。

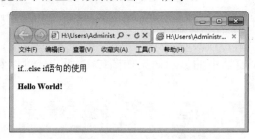

图 3-7　"if...else if" 语句判断结果

3.3.4　案例——if 语句的嵌套

if 语句可以嵌套使用。当 if 语句的从句部分(大括号中的部分)是另外一个完整的 if 语句时，外层 if 语句的{}部分的从句内容可以省略。但是，在使用 if 语句的嵌套应用时，最好使用{}来确定层次关系。否则，由于使用{}的位置不同，可能会导致程序代码的含义不同，从而输出不同的结果。例如下面的两个实例，由于{}位置的不同，导致输出结果不同。

【例 3.4】 (实例文件：ch03\3.4.html)if 语句的嵌套。

```
<!DOCTYPE html>
<html>
<body>
<script type="text/javascript">
 var x=20;y=x;                //x，y 值都为 20
 if(x<1)                      //x 为 20，不满足此条件，故其下面的代码不会被执行
 {
   if(y==5)
   alert("x<1&&y==5");
   else
   alert("x<1&&y!==5");
 }
 else if(x>15)               //x 满足条件，继续执行下面的语句
 {
   if(y==5)                   //y 为 20，不满足此条件，故其下面的代码不会被执行
   alert("x>15&&y==5");
   else                       //y 满足条件，继续执行下面的语句
   alert("x>15&&y!==5");      //这里是程序输出的结果
 }
</script>
</body>
</html>
```

上述代码在 IE 9.0 浏览器中的显示效果如图 3-8 所示。

图 3-8　程序运行结果

【例 3.5】　(实例文件：ch03\3.5.html)调整嵌套语句中{}的位置。

```
<!DOCTYPE html>
<html>
<body>
<script type="text/javascript">
  var x=20;y=x;              //x、y 值都为 20
  if(x<1)                    //x 为 20，不满足此条件，故其下面的代码不会被执行
  {
    if(y==5)
    alert("x<1&&y==5");
    else
    alert("x<1&&y!==5");
  }
  else if(x>15)             //x 满足条件，继续执行下面的语句
  {
    if(y==5)                //y 为 20,不满足此条件，故其下面的代码不会被执行
    alert("x>15&&y==5");
  }
  else                     //x 已满足前面的条件，这里的语句不会被执行
  alert("x>50&&y!==1");    //由于没有满足的条件，故没有可执行的语句，也就没有输出结果
</script>
</body>
</html>
```

运行该程序，则不会出现任何结果，如图 3-9 所示。可以看出，由于使用{}的位置不同，造成程序代码的含义完全不同。因此，在嵌套使用时，最好使用{}对程序代码的层次关系进行界定。

图 3-9　程序运行结果

3.3.5　案例——switch 语句

switch 选择语句用于将一个表达式的结果同多个值进行比较，并根据比较结果选择执行

语句。switch 语句的语法格式如下：

```
switch (表达式)
{
    case 取值1 :
        语句块1;break;
    case 取值2 :
        语句块2;break;
...
    case 取值n;
  语句块n;break;
    default :
        语句块n+1;
}
```

case 语句只是相当于定义一个标记位置，程序根据 switch 条件表达式的结果，直接跳转到第一个匹配的标记位置处，开始顺序执行后面的所有程序代码，包括后面的其他 case 语句下的代码，直到碰到 break 语句或函数返回语句为止。default 语句是可选的，它匹配上面所有 case 语句定义的值以外的其他值，也就是前面所有取值都不满足时，就执行 default 后面的语句块。

【例 3.6】 (实例文件：ch03\3.6.html)应用 switch 语句判断当前是星期几。

```
<!DOCTYPE html>
<html>
<head>
<title>应用 switch 判断当前是星期几</title>
<script language="javascript">
var now=new Date();          //获取系统日期
var day=now.getDay();        //获取星期
var week;
switch (day){
    case 1:
        week="星期一";
    break;
case 2:
        week="星期二";
    break;
case 3:
        week="星期三";
    break;
case 4:
        week="星期四";
    break;
case 5:
        week="星期五";
    break;
case 6:
        week="星期六";
    break;
default:
        week="星期日";
    break;
}
```

```
document.write("今天是"+week);      //输出中文的星期
</script>
</head>
<body>
</body>
</html>
```

上述代码在 IE 9.0 浏览器中的显示效果如图 3-10 所示。可以看到在页面中显示了当前是星期几。

图 3-10　程序运行结果

 　　在程序开发的过程中，要根据实际情况选择使用 if 语句和 switch 语句，不要因为 switch 语句的效率高而一味地使用它，也不要因为 if 语句常用而不使用 switch 语句。一般情况下，对于判断条件较少的程序可以使用 if 语句，在实现一些多条件判断的程序中，应该使用 switch 语句。

3.4　循环控制语句

顾名思义，循环语句就是在满足条件的情况下反复执行某个操作的语句。循环控制语句主要包括 while 语句、"do…while"语句和 for 语句。

3.4.1　案例——while 语句

while 语句既是循环语句，也是条件判断语句。while 语句的语法格式如下：

```
while(条件表达式语句)
{
  执行语句块
}
```

当"条件表达式语句"的返回值为 true 时，则执行{}中的语句块；当执行完{}中的语句块后，再次检测条件表达式的返回值，如果返回值还为 true，则重复执行{}中的语句块，直到返回值为 false 时，结束整个循环过程，接着执行 while 代码段后面的程序代码。

【例 3.7】 (实例文件：ch03\3.7.html)计算 1～100 之间所有整数的和。

```
<!DOCTYPE html>
<html>
<head>
```

```
  <title>while 语句的使用</title>
</head>
<body>
  <script type="text/javascript">
  var i=0;
  var iSum=0;
  while(i<=100)
  {
     iSum+=i;
     i++;
  }
  document.write("1～100 的所有数之和为"+iSum);
  </script>
</body>
</html>
```

上述代码在 IE 9.0 浏览器中的显示效果如图 3-11 所示。

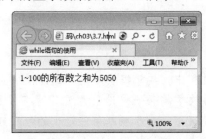

图 3-11　程序运行结果

使用 while 语句时应注意以下事项。

● 应使用{}包含多条语句(一条语句最好也用{})。

● 在循环体中应包含使循环退出的语句，例如上例的 i++(否则循环将无休止的运行)。

● 注意循环体中语句的顺序，例如上例中如果改变了"iSum+=i;"与"i++;"语句的顺序，结果将完全不一样。

　不要忘记增加条件中所用变量的值，如果不增加变量的值，该循环永远不会结束，可能会导致浏览器崩溃。

3.4.2　案例——"do…while"语句

"do…while"语句的功能和 while 语句差不多，只不过它是在执行完第一次循环之后才检测条件表达式的值，这意味着包含在 {}中的代码块至少要被执行一次。另外，"do…while"语句结尾处的 while 条件语句的括号后有一个分号";"，该分号一定不能省略。

"do…while"语句的语法格式如下：

```
do
{
  执行语句块
}while(条件表达式语句);
```

【**例 3.8**】 (实例文件：ch03\3.8.html)计算 1～100 之间所有整数的和。

```html
<!DOCTYPE html>
<html>
<head>
<title>JavaScript do...while 语句示例</title>
</head>
<body>
  <script type="text/javascript">
  var i=0;
  var iSum=0;
  do
    {
      iSum+=i;
      i++;
    }while(i<=100)
    document.write("1-100 的所有数之和为"+iSum);
  </script>
</body>
</html>
```

上述代码在 IE 9.0 浏览器中的显示效果如图 3-12 所示。

图 3-12　程序运行结果

由实例可知，while 与 "do...while" 的区别如下。

(1) "do...while" 将先执行一遍{}中的语句，再判断表达式的真假。这是它与 while 的本质区别。

(2) "do...while" 与 while 是可以互相转化的。

如果上面例子中 i 的初始值大于 100，iSum 的值将与示例的结果不同，这是因为 "do...while" 语句先执行了循环体中语句的缘故。

3.4.3　案例——for 循环语句

for 语句通常由两部分组成，一部分的条件控制部分，另一部分为循环部分。for 语句的语法格式如下：

```
for(初始化表达式；循环条件表达式；循环后的操作表达式)
{
  执行语句块
}
```

在使用 for 循环语句前要先设定一个计数器变量，该变量可以在 for 循环之前预先定义，也可以在使用时直接进行定义。在上述语法格式中，"初始化表达式"表示计数器变量的初始值；"循环条件表达式"是一个计数器变量的表达式，决定了计数器的最大值；"循环后的操作表达式"表示循环的步长，也就是每循环一次，计数器变量值的变化，该变化可以是增大的，也可以是减小的，或进行其他运算。for 循环语句可以嵌套使用，也就是在一个循环里还可以有另一个循环。

【例 3.9】 (实例文件：ch03\3.9.html)for 循环语句的使用。

```
<!DOCTYPE html>
<html>
<head>
  <script type="text/javascript">
        for(var i=0;i<5;i++){
                document.write("<p style='font-size:"+i+"0px'>欢迎学习
                javascript</p>");
            }
  </script>
</head>
<body>
</body>
</html>
```

上述代码使用 for 循环输出了字号大小不同的语句，在 IE 9.0 浏览器中的显示效果如图 3-13 所示。

图 3-13　for 循环语句运行结果

3.5　跳　转　语　句

JavaScript 支持的跳转语句主要有 continue 语句和 break 语句。continue 语句与 break 语句的主要区别是：break 是彻底结束循环；而 continue 是结束本次循环。

3.5.1　案例——break 语句

break 语句用于退出包含在最内层的循环或者退出一个 switch 语句。break 语句通常用在for、while、"do…while"或 switch 语句当中。break 语句的语法格式如下：

```
break;
```

【**例 3.10**】 (实例文件：ch03\3.10.html)break 语句的使用。

在 I have a dream 字符串中找到第一个 d 的位置。

```
<!DOCTYPE html>
<html>
<head>
  <script type="text/javascript">
    var sUrl = "I have a dream";
    var iLength = sUrl.length;
    var iPos = 0;
    for(var i=0;i<iLength;i++)
    {
      if(sUrl.charAt(i)=="d")  //判断表达式 2
      {
            iPos=i+1;
            break;
      }
    }
  document.write("字符串"+sUrl+"中的第一个 d 字母的位置为"+iPos);
 </script>
</head>
<body>
</body>
</html>
```

上述代码在 IE 9.0 浏览器中的显示效果如图 3-14 所示。

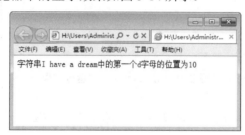

图 3-14 break 语句运行结果

3.5.2 案例——continue 语句

continue 语句和 break 语句类似，不同之处在于，continue 语句用于中止本次循环，并开始下一次循环，其语法格式如下：

```
continue;
```

注
意

continue 语句只能用在 while、for、"do…while" 和 switch 语句当中。

【**例 3.11**】 (实例文件：ch03\3.10.html)continue 语句的使用。

打印出 I have a dream 字符串中小于字母 d 的字符。

```
<!DOCTYPE html>
```

```
<html>
<head>
 <script type="text/javascript">
  var sUrl = "i have a dream";
  var iLength = sUrl.length;
  var iCount = 0;
  for(var i=0;i<iLength;i++)
 {
     if(sUrl.charAt(i)>="d") //判断表达式2
     {
          continue;
     }
     document.write(sUrl.charAt(i));
 }
 </script>
</head>
<body>
</body>
</html>
```

上述代码在 IE 9.0 浏览器中的显示效果如图 3-15 所示。

图 3-15　Continue 语句运行结果

3.6　案例——使用对话框

在 JavaScript 中有提示、确认和输入 3 种对话框，分别对应的函数是：alert、confirm 和 prompt。

(1) alert：该对话框只用于提醒，不能对脚本产生任何改变。它只有一个参数，即显示需要提示的信息，没有返回值。

(2) confirm：该对话框一般用于确认信息。它只有一个参数，返回值为 true 或者 false。

(3) prompt：该对话框可以进行输入，并返回用户输入的字符串。它有两个参数，第一个参数显示提示信息，第二个参数用于显示输入框(和默认值)。

【例 3.12】 (实例文件：ch03\3.11.html)3 种对话框的使用方法。

```
<!DOCTYPE html>
<head>
<title>三种弹出对话框的用法实例</title>
<script language="javascript">
function ale()
{//弹出一个提醒的对话框
```

```
        alert("呵呵，演示一完毕");
}
function firm()
{//利用对话框返回 true 或者 false
    if(confirm("你确信要转去百度首页？"))
    {//如果是 true ，那么就把页面转向百度首页
        location.href="http://www.baidu.com";
    }
    else
    {
        alert("按了【取消】按钮后，系统返回 false");
    }
}
function prom()
{
    var name=prompt("请输入您的名字","");//将输入的内容赋给变量 name
    if(name)//如果返回的有内容
    {
        alert("欢迎您："+ name)
    }
}
</script>
</head>
<body>
<p>对话框有三种</p>
<p>1：只是提醒，不能对脚本产生任何改变；</p>
<p>2：一般用于确认，返回 true 或者 false </p>
<p>3：一个带输入的对话框，可以返回用户填入的字符串 </p>
<p>下面我们分别演示：</p>
<p>演示一：提醒对话框</p>
<p>
  <input type="submit" name="Submit" value="提交" onclick="ale()" />
</p>
<p>演示二：确认对话框 </p>
<p>
  <input type="submit" name="Submit2" value="提交" onclick="firm()" />
</p>
<p>演示三：要求用户输入，然后给个结果</p>
<p>
<input type="submit" name="Submit3" value="提交" onclick="prom()" />
</p>
</body>
</html>
```

运行上述代码，结果如图 3-16 所示。单击页面中演示一下的【提交】按钮，系统将弹出如图 3-17 所示的提示对话框。

单击页面中的演示二下的【提交】按钮，系统将弹出如图 3-18 所示的确认对话框。此时如果继续单击【确定】按钮，则打开百度首页；如果单击【取消】按钮，则弹出提示对话框，如图 3-19 所示。

单击页面中的演示三下的【提交】按钮，在弹出的对话框中输入如图 3-20 所示的信息后单击【确定】按钮，则弹出如图 3-21 所示的对话框。

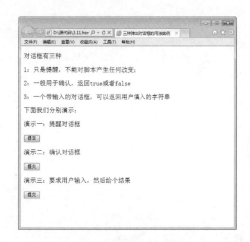

图 3-16   对话框用法示例

图 3-17   提醒对话框

图 3-18   确认对话框

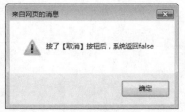

图 3-19   取消对话框

图 3-20   输入对话框

图 3-21   单击【确定】按钮后
的对话框

3.7   实战演练——在页面中显示距离
2016 年元旦节的天数

在学习了 JavaScript 的基本语句之后，即可实现多态效果。本实例将通过 JavaScript 实现在页面中显示距离 2016 年元旦的天数。

具体操作步骤如下。

step 01   定义 JavaScript 的函数，实现判断系统当前时间与 2016 年元旦相距天数的功能，代码如下：

```
function countdown(title,Intime,divId){
var online= new Date(Intime);                        //根据参数定义时间对象
var now = new Date();                                //定义当前系统时间对象
var leave = online.getTime() - now.getTime();        //计算时间差
var day = Math.floor(leave / (1000 * 60 * 60 * 24))+1;
if (day > 1){
    if(document.all){
        divId.innerHTML="<b>——距"+ title+"还有"+day +"天！</b>";//页面显示信息
}
}else{
  if (day == 1) {
```

```
    if(document.all){
        divId.innerHTML="<b>——明天就是"+title+"啦!</b>";
    }
}else{
    if (day == 0) {divId.innerHTML="<b>今天就是"+title+"呀! </b>";
    }else{
        if(document.all){
            divId.innerHTML="<b>——唉呀! "+title+"已经过了! </b>";
        }
    }
  }
 }
}
```

step 02 在页面中定义相关表格,用于显示当前时间距离 2016 年元旦的天数。代码如下:

```
<table width="350" height="450" border="0" align="center" cellpadding="0"
cellspacing="0">
  <tr>
    <td valign="bottom" ><table width="346" height="418" border="0"
        cellpadding="0" cellspacing="0">
    <tr>
      <td width="76"> </td>
      <td width="270">
        <div id="countDown">
          <b>—</b></div>
          <script language="javascript">
            countdown("2016 年元旦","1/1/2015",countDown);  <!--调用
              JavaScript 函数-->
          </script>
      </td>
    </tr>
  </table></td>
  </tr>
</table>
```

step 03 运行相关程序,最终效果如图 3-22 所示。

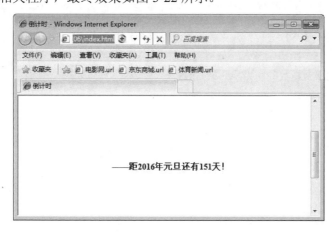

图 3-22 程序运行结果

3.8　跟我练练手

1. 练习目标

能够熟练掌握本章所讲内容。

2. 上机练习

练习 1：赋值语句的使用。
练习 2：条件判断语句的使用。
练习 3：循环控制语句的使用。
练习 4：跳转语句的使用。
练习 5：在 JavaScript 中使用对话框。

3.9　高 手 甜 点

甜点 1：为什么会出现死循环？

在使用 for 循环语句时，需要保证循环可以正常结束，也就是保证循环条件的结果为 true 的情况，否则循环体会无限地执行下去，最终出现死循环。例如下面的代码：

```
for(i=2;i>=2;i++)
{
    alert(i);
}
```

甜点 2：如何计算 200 以内所有奇数的和？

使用 for 循环语句可以解决计算奇数和的问题。代码如下：

```
<script type="text/javascript">
var sum=0;
for(var i=1;i<10;i+=2){
    sum=sum+i;
}
alert("200 以内所有奇数的和为："+sum);
</script>
```

第 4 章
JavaScript 语言
代码中的密码
——函数

　　函数实质上就是可以作为一个逻辑单元对待的一组 JavaScript 代码。使用函数可以使代码更为简洁，从而提高代码的重用性。在 JavaScript 中，大约有 95%的代码都包含在函数当中，可见，函数在 JavaScript 中非常重要。本章将主要讲述 JavaScript 中函数的使用方法。

本章要点(已掌握的在方框中打勾)

☐ 熟悉函数的基本概念。

☑ 掌握定义函数的使用方法。

☐ 掌握函数的调用方法。

☐ 掌握 JavaScript 中常用的函数使用方法。

☐ 掌握购物简易计算器的制作方法。

4.1 函数的简介

所谓函数是指在程序设计中，将一段经常使用的代码"封装"起来，在需要时直接调用，这种"封装"叫函数。JavaScript 中可以使用函数来响应网页中的事件。函数有很多种分类方法，常用的分类方法有以下几种。

- 按参数个数划分：有参数函数和无参数函数。
- 按返回值划分：有返回值函数和无返回值函数。
- 按编写函数的对象划分：预定义函数(系统函数)和自定义函数。

综上所述，函数有以下几个优点。

(1) 代码灵活性较强。通过传递不同的参数，可以让函数应用更广泛。例如，在对两个数据进行运算时，运算结果取决于运算符；如果把运算符当作参数，那么不同的用户在使用函数时，只需要给定不同的运算符，都能得到自己想要的结果。

(2) 代码利用性强。函数一旦定义，任何地方都可以调用，而无须再次编写。

(3) 响应网页事件。JavaScript 中的事件模型主要是函数和事件的配合使用。

4.2 定 义 函 数

使用函数前，必须先定义函数。定义函数时要使用关键字 function。JavaScript 中常用的定义函数的方法有不指定函数名和指定函数名两种。

4.2.1 不指定函数名

函数其实就是语句的集体，即语句块。语句块就是把一个语句或多个语句使用一对大括号({})包裹起来，大括号内的语句，被称为函数体。对于无函数名的函数定义非常简单，只需要使用关键字 function 和可选参数，后面跟一对大括号即可。其语法格式如下：

```
function([参数1,参数2…]){
    //函数体语句
}
```

细心的读者会发现，上述语句在定义函数时，没有给函数命名，即没有函数名。需要说明的是这样的语法是不能直接写成 JavaScript 代码的。对于不指明函数名的函数，一般应用在以下几个场合中。

(1) 把函数直接赋值给变量。例如：

```
var myFun= function([参数1,参数2…]){
    //函数体语句
};
```

其中，变量 myFun 将作为函数的名字。这种方法的本质是把函数当作数据赋值给变量，正如前面所说的，函数是一种复合数据类型。把函数直接赋值给变量的代码如下：

```
<!DOCTYPE html>
<html>
<head>
<title>函数直接赋值给变量</title>
<script>
var myFun=function(){
    document.write("这是一个没有函数名的函数")
}
//执行函数
myFun();
</script>
</head>
<body>
</body>
</html>
```

(2) 网页事件直接调用函数。例如：

```
window.onload= function([参数1,参数2…]){
    //函数体语句
};
```

其中，window.onload 是指网页加载时触发的事件，即加载网页时将执行后面函数中的代码。这种方法的缺陷是函数不能被反复使用。

总体而言，使用不指定函数名这种方法定义函数比较简单，一般适用于网页事件直接调用函数。

4.2.2 指定函数名

指定函数名定义函数是应用最广泛，也是最常用的方法，语法格式如下：

```
function 函数名([参数1,参数2…]){
    //函数体语句
[return 表达式]
}
```

说明：

- function 为关键字，在此用来定义函数。
- 函数名必须是唯一的，要通俗易懂，最好能使用户看其名就能知其意。
- 使用[ ]括起来的是可选部分，可有可无。
- 可以使用 return 将值返回。
- 参数是可选的，可以不带任何参数，也可以带多个参数(多个参数之间用逗号隔开)。

4.2.3 函数参数的使用

函数的参数主要是为了提高函数的灵活性和可重用性。在定义函数方法时，函数名后面的圆括号中的变量名称为"形参"；在使用函数时，函数名后面圆括号中的表达式被称为"实参"。由此可知，形参和实参都是函数的参数，它们的区别是：一个表示声明时的参数，相当于定义的变量；另一个表示调用时的参数。调用带参数方法时，实现了实参为形参赋值的过程。

在 JavaScript 中定义函数的完成格式如下：

```
functions 自定义函数的名称(形参1,形参2,…)
{
        函数体
}
</script>
```

如果定义的函数有参数，那么调用该函数的语法格式如下：

```
函数名(实参1,实参2,…)
```

通常，在定义函数时使用了多少个形参，在函数调用时也必须给出多少个实参。关于形参与实参的注意事项主要有以下几点。

- 在未调用函数时，形参并不占用存储单元。只有在发生方法调用时，才会给函数中的形参分配内存单元。在调用结束后，形参所占的内存单元也自动释放。
- 实参可以是常量、变量或表达式；形参必须是声明的变量，由于 JavaScript 是弱类型语言，所以不需要指定类型。
- 在函数调用中，实参列表中参数的数量、类型和顺序与形参列表中的参数可以不匹配。如果形参个数大于实参个数，那么多出的形参值为 undefind；反之，多出的实参将忽略。
- 实参对形参的数据传递是单向传递，即只能由实参传给形参，而不能由形参传回给实参。

4.2.4　案例——函数返回值

如果希望函数执行完毕后给调用函数者返回一个值，那么可以使用 return 语句。如果函数没有使用 return 语句返回一个值，那么系统将默认返回 undefined。当程序执行到 return 语句时，将结束函数，因此 return 语句一般都位于函数体内的最后一行。return 语句的格式如下：

```
return [返回值]
```

return 语句中的返回值可以是常量、变量、表达式等，其类型可以是前面介绍的任意类型。如果省略返回值，就代表结束函数。

【例 4.1】 (实例文件：ch04\4.1.html)编写函数 calcF，实现输入一个值，计算其一元二次方程式的结果。$f(x)=4x^2+3x+2$，单击【计算】按钮，使用户通过提示对话框输入 x 的值，在对话框中显示相应的计算结果。

具体操作步骤如下。

step 01　创建 HTML 文档，结构如下：

```
<!DOCTYPE html>
<html>
<head>
<title>计算一元二次方程函数</title>
```

```
</head>
<body>
 <input type="button" value="计  算">
</body>
</html>
```

step 02 在 HTML 文档的 head 部分，增加以下 JavaScript 代码：

```
<script type="text/javascript">
function calcF(x){
var result;                    //声明变量，存储计算结果
result=4*x*x+3*x+2;            //计算一元二次方程值
alert("计算结果: "+result);   //输出运算结果
}
</script>
```

step 03 为计算判断按钮添加单击(onclick)事件，调用计算函数(calcF)。将 HTML 文件中
 <input type="button" value="计 算">这一行代码修改成以下代码：

```
<input type="button" value="计  算" onClick="calcF(prompt('请输入一个数值:
'))">
```

本例主要用到了参数，增加了参数之后，就可以计算任意数的一元二次方程值。试想，如果没有该参数，函数的功能将会非常单一。prompt 方法是系统内置的一个调用输入对话框的方法，该方法可以带参数，也可以不带参数。

step 04 运行代码，显示效果如图 4-1 所示。

step 05 单击【计算】按钮，弹出一个信息提示框，在其中输入数值，如图 4-2 所示。

图 4-1 加载网页效果

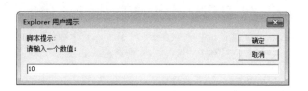

图 4-2 输入数值

step 06 单击【确定】按钮，即可得出计算结果，如图 4-3 所示。

图 4-3 显示计算结果

4.3 函数的调用

定义函数的目的是为了在后续的代码中使用函数。在 JavaScript 中调用函数的方法有简单调用、在表达式中调用、在事件响应中调用几种。

4.3.1 案例——函数的简单调用

函数的简单调用又称直接调用。该方法一般比较适合没有返回值的函数。此时相当于执行函数中的语句集合。直接调用函数的语法格式如下：

```
函数名([实参1,…])
```

调用函数时的参数取决于定义该函数时使用的参数。如果定义时该函数带有参数，那么这时就需要给该函数增加实参。

如果希望例 4.1 的例子，在加载页面时就开始计算，可以修改成如下代码。

【例 4.2】 (实例文件：ch04\4.2.html)在浏览器加载页面时开始计算方程值。代码如下：

```html
<!DOCTYPE html>
<html>
<head>
<title>计算一元二次方程函数</title>
<script type="text/javascript">
function calcF(x){
    var result;                    //声明变量，存储计算结果
    result=4*x*x+3*x+2;            //计算一元二次方程值
    alert("计算结果："+result);    //输出运算结果
}
var inValue = prompt('请输入一个数值：')
calcF(inValue);
</script>
</head>
<body>
</body>
</html>
```

上述代码在 IE 9.0 浏览器中的显示效果如图 4-4 所示，可以看到在加载页面的同时，信息提示框就出现了。在文本框中输入相关数值，然后单击【确定】按钮，即可得出计算结果，如图 4-5 所示。

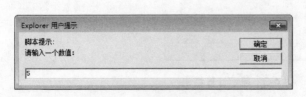

图 4-4　程序运行结果

图 4-5　显示计算结果

4.3.2　案例——在表达式中调用函数

在表达式中调用函数的方式，一般比较适合带有返回值的函数，函数的返回值参与表达式的计算。通常该方式还会和输出语句(alert、document 等)配合使用。

【例 4.3】 (实例文件：ch04\4.3.html)判断给定的年份是否为闰年。

```html
<!DOCTYPE html>
<html>
<head>
<title>在表达式中使用函数</title>
<script type="text/javascript">
//函数 isLeapYear 判断给定的年份是否为闰年，如果是则返回指定年份为闰年的字符串，否则返回
平年字符串
function isLeapYear(year){
    //判断闰年的条件
    if(year%4==0&&year%100!=0||year%400==0)
    {
        return year+"年是闰年";
    }
    else
    {
        return year+"年是平年";
    }
}
document.write(isLeapYear(2014));
</script>
</head>
<body>
</body>
</html>
```

上述代码在 IE 9.0 浏览器中的显示效果如图 4-6 所示。

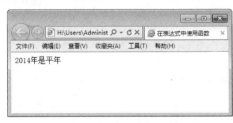

图 4-6　显示计算结果

4.3.3　案例——在事件响应中调用函数

JavaScript 是基于事件模型的程序语言，页面加载、用户单击、移动光标都会产生事件。当事件产生时，JavaScript 可以调用某个函数来响应这个事件。

【例 4.4】 (实例文件：ch04\4.4.html)在事件响应中调用函数。

```html
<!DOCTYPE html>
<html>
```

```
<head>
<title>在事件响应中使用函数</title>
<script type="text/javascript">
function showHello()
{
  var count=document.myForm.txtCount.value ;  //文档框中输入的显示次数
  for(i=0; i<count; i++){
              document.write("<H2>HelloWorld</H2>"); //按指定次数输出HelloWorld
        }
}
</script>
</head>
<body>
<form name="myForm">
 <input type="text" name="txtCount" />
 <input type="submit" name="Submit" value="显示HelloWorld"
onClick="showHello()">
</form>
</body>
</html>
```

上述代码在 IE 9.0 浏览器中的显示效果，如图 4-7 所示，在文本框中输入显示"HelloWorld"的次数，这里输入3。

单击【显示HelloWorld】按钮，即可在页面中看到显示了3个HelloWorld，如图4-8所示。

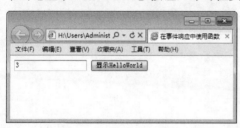

图4-7　程序运行结果

图4-8　调用函数结果

4.3.4　案例——通过链接调用函数

函数除了可以在事件响应中调用外，还可以通过链接调用。在<a>标签中的href标记中使用"JavaScript:关键字"链接来调用函数，当用户单击该链接时，相关函数就会被执行。

【例4.5】 (实例文件：ch04\4.5.html)通过链接调用函数。

```
<!DOCTYPE html>
<html>
<head>
<title>通过链接调用函数</title>
<script language="javascript">
function test(){
 alert("从零开始学JavaScript");
}
</script>
</head>
```

```
<body>
<a href="javascript:test();">学习 JavaScript 的好书籍</a>
</body>
</html>
```

上述代码在 IE 9.0 浏览器中的显示效果如图 4-9 所示。单击页面中的超级链接，即可调用自定义的函数，如图 4-10 所示。

图 4-9 程序运行结果

图 4-10 调用函数结果

4.4 JavaScript 中常用的函数

在了解了什么是函数以及函数的调用方法外，下面再来介绍一下 JavaScript 中常用的函数。例如嵌套函数、递归函数、内置函数等。

4.4.1 案例——嵌套函数

顾名思义，嵌套函数就是在函数的内部再定义一个函数。这样定义的优点在于可以使用内部函数轻松获得外部函数的参数以及函数的全局变量。

嵌套函数的语法格式如下：

```
function 外部函数名(参数1,参数2){
  function 内部函数名() {
函数体
}
}
```

【例 4.6】 (实例文件：ch04\4.6.html)嵌套函数的使用。

```
<!DOCTYPE html >
<html>
<head>
<title>嵌套函数的应用</title>
<script type="text/javascript">
var outter=20;                              //定义全局变量
function add(number1,number2){              //定义外部函数
  function innerAdd(){                      //定义内部函数
    alert("参数的和为: "+(number1+number2+outter));  //取参数的和
  }
  return innerAdd();                        //调用内部函数
}
```

```
</script>
</head>
<body>
<script type="text/javascript">
add(20,20);                                    //调用外部函数
</script>
</body>
</html>
```

上述代码在 IE 9.0 浏览器中的显示效果如图 4-11 所示。

图 4-11　程序运行结果

 嵌套函数在 JavaScript 语言中的功能非常强大，但是使用嵌套函数会使程序的可读性降低。

4.4.2　案例——递归函数

递归是一种重要的编程技术，它用于让一个函数从其内部调用其自身。但是，如果递归函数处理不当，就会使程序进入"死循环"。为了防止"死循环"的出现，可以设置一个做自加运算的变量，用于记录函数自身调用的次数，如果次数太多就使它自动退出。

递归函数的语法格式如下。

```
function 递归函数名(参数 1){
        递归函数名(参数 2);
}
```

【例 4.7】 (实例文件：ch04\4.7.html)递归函数的使用。

```
<!DOCTYPE html>
<html>
<head>
<title>函数的递归调用</title>
<script type="text/javascript">
<!--
var msg="\n 函数的递归调用 : \n\n";
//响应按钮的 onclick 事件处理程序
function Test()
{
  var result;
  msg+="调用语句 : \n";
  msg+="        result = sum(20);\n";
  msg+="调用步骤 : \n";
```

```
  result=sum(20);
  msg+="计算结果 : \n";
  msg+="          result = "+result+"\n";
  alert(msg);
}
//计算当前步骤的和值
function sum(m)
{
 if(m==0)
   return 0;
 else
 {
   msg+="          语句 : result = " +m+ "+sum(" +(m-2)+"); \n";
   result=m+sum(m-2);
 }
 return result;
}
-->
</script>
</head>
<body>
<center>
<form>
<input type=button value="测试" onclick="Test()">
</form>
</center>
</body>
</html>
```

在上述代码中，为了求取 20 以内的偶数而定义了递归函数 sum(m)。函数 Test()对其进行调用，并利用 alert 方法弹出相应的提示信息。

上述代码在 IE 9.0 浏览器中的显示效果如图 4-12 所示。单击【测试】按钮，即可在弹出的信息提示框中查看递归函数的使用，如图 4-13 所示。

图 4-12　程序运行结果

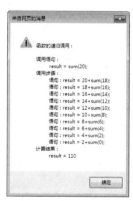

图 4-13　递归函数的使用情况

注意

在定义递归函数时，需要两个必要条件：一个结束递归的条件；一个递归调用的语句。

4.4.3 案例——内置函数

JavaScript 中有两种函数：一种是语言内部事先定义好的函数叫内置函数；另一种是自己定义的函数。使用 JavaScript 的内置函数，可提高编程效率。常用的内置函数有以下 6 种。

1. eval 函数

eval(expr)函数可以把一个字符串当作一个 JavaScript 表达式一样去执行。具体来说，就是 eval 接受一个字符串类型的参数，将这个字符串作为代码在上下文环境中执行，并返回执行结果。其中，expr 参数是包含有效 JavaScript 代码的字符串值，这个字符串将由 JavaScript 分析器进行分析和执行。

在使用 eval 函数时需要注意以下两点。

(1) 它是有返回值的，如果参数字符串是一个表达式，就会返回表达式的值。如果参数字符串不是表达式，没有值，那么将返回 undefined。

(2) 参数字符串作为代码执行时，是和调用 eval 函数的上下文相关的，即其中出现的变量或函数调用，必须在调用 eval 的上下文环境中可用。

【例 4.8】 (实例文件：ch04\4.8.html)使用 eval 函数。

```html
<!DOCTYPE html>
<html>
<head>
<title>eval 函数应用示例</title>
</head>
<script type="text/javascript">
<!--
function computer(num)
{
   return eval(num)+eval(num);
}
document.write("执行语句 return eval(123)+eval(123)后结果为：");
document.write(computer('123'));
-->
</script>
</html>
```

上述代码在 IE 9.0 浏览器中的显示效果如图 4-14 所示。

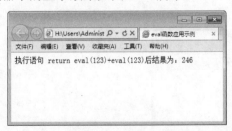

执行语句 return eval(123)+eval(123)后结果为：246

图 4-14 程序运行结果

2. isFinite 函数

isFinite(number)是用来确定参数是否是一个有限数值的函数。其中 number 参数为必选项，但可以是任意的数值。如果该参数为非数字、正无穷数或负无穷数，则返回 false，否则返回 true。如果该参数是字符串类型的数字，则将会自动转化为数字型。

【例 4.9】 (实例文件：ch04\4.9.html)使用 isFinite 函数。

```html
<!DOCTYPE html>
<html>
<head>
<title>isFinite 函数应用示例</title>
</head>
 <script type="text/javascript">
<!--
document.write("执行语句 isFinite(123)后，结果为")
document.write(isFinite(123)+ "<br/>")
document.write("执行语句 isFinite(-3.1415)后，结果为")
document.write(isFinite(-3.1415)+ "<br/>")
document.write("执行语句 isFinite(10-4)后，结果为")
document.write(isFinite(10-4)+ "<br/>")
document.write("执行语句 isFinite(0)后，结果为")
document.write(isFinite(0)+ "<br/>")
document.write("执行语句 isFinite(Hello word! )后，结果为")
document.write(isFinite("Hello word! ")+ "<br/>")
document.write("执行语句 isFinite(2009/1/1)后，结果为")
document.write(isFinite("2009/1/1")+ "<br/>")
-->
</script>
</html>
```

上述代码在 IE 9.0 浏览器中的显示效果如图 4-15 所示。

图 4-15　程序运行结果

3. isNaN 函数

isNaN(num)函数用于指明提供的值是否是保留值 NaN：如果值是 NaN，那么 isNaN 函数将返回 true；否则返回 false。参数 num 为被检查是否为 NAN 的值，当参数是字符串类型的数字时，将会自动转化为数字型。使用 isNaN(num)函数的典型情况是检查 parseInt 和 parseFloat 方法的返回值。还有一种办法，变量可以与它自身进行比较。如果比较的结果不等，那么它就是 NaN。这是因为 NaN 是唯一与自身不等的值。

【例 4.10】 (实例文件：ch04\4.10.html)使用 isNaN 函数。

```html
<!DOCTYPE html>
<html>
<head>
<title>isNaN 函数应用示例</title>
```

```
</head>
<script type="text/javascript">
<!--
document.write("执行语句isNaN(123)后，结果为")
document.write(isNaN(123)+ "<br/>")
document.write("执行语句isNaN(-3.1415)后，结果为")
document.write(isNaN(-3.1415)+ "<br/>")
document.write("执行语句isNaN(10-4)后，结果为")
document.write(isNaN(10-4)+ "<br/>")
document.write("执行语句isNaN(0)后，结果为")
document.write(isNaN(0)+ "<br/>")
document.write("执行语句isNaN(Hello word! )后，结果为")
document.write(isNaN("Hello word! ")+ "<br/>")
document.write("执行语句isNaN(2009/1/1)后，结果为")
document.write(isNaN("2009/1/1")+ "<br/>")
-->
</script>
</html>
```

上述代码在 IE 9.0 浏览器中的显示效果如图 4-16 所示。

图 4-16　程序运行结果

4. parseInt 和 parseFloat 函数

parseInt 和 parseFloat 函数都是将数字字符串转化为一个数值，但它们也存在着区别：在 parseInt(str[radix])函数中，str 参数是必选项，是要转换成数字的字符串，例如"11"；radix 参数为可选项，用于确定 str 的进制数。如果 radix 参数缺省，则前缀为 '0x' 的字符串被当作十六进制；前缀为 '0' 的字符串被当作八进制；其他字符串都被当作十进制；当第一个字符不能转换为基于基数的数字时，则返回 NaN。

【例 4.11】 (实例文件：ch04\4.11.html)使用 parseInt 函数。

```
<!DOCTYPE html>
<html>
<head>
<title>parseInt 函数应用示例</title>
</head>
<body>
<center>
<h3>parseInt 函数应用示例</h3>
<script type="text/javascript">
<!--
document.write("<br/>"+"执行语句parseInt('10')后，结果为：") ;
document.write(parseInt("10")+"<br/>") ;
```

```
document.write("<br/>"+"执行语句 parseInt('21',10)后，结果为：") ;
document.write(parseInt("21",10)+"<br/>") ;
document.write("<br/>"+"执行语句 parseInt('11',2)后，结果为：") ;
document.write(parseInt("11",2)+"<br/>") ;
document.write("<br/>"+"执行语句 parseInt('15',8)后，结果为：") ;
document.write(parseInt("15",8)+"<br/>") ;
document.write("<br/>"+"执行语句 parseInt('1f',16)后，结果为：") ;
document.write(parseInt("1f",16)+"<br/>") ;
document.write("<br/>"+"执行语句 parseInt('010')后，结果为：") ;
document.write(parseInt("010")+"<br/>") ;
document.write("<br/>"+"执行语句 parseInt('abc')后，结果为：") ;
document.write(parseInt("abc")+"<br/>") ;
document.write("<br/>"+"执行语句 parseInt('12abc')后，结果为：") ;
document.write(parseInt("12abc")+"<br/>") ;
-->
</script>
</center>
</body>
</html>
```

上述代码在 IE 9.0 浏览器中的显示效果如图 4-17 所示。从结果中可以看出，表达式 parseInt('15',8)将会把八进制的 15 转换成十进制的数值，其计算结果为 13。

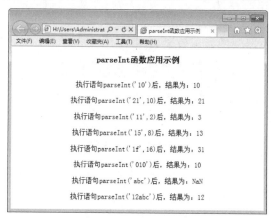

图 4-17 程序运行结果

parseFloat(str)函数返回由字符串转换得到的浮点数，其中字符串参数是包含浮点数的字符串，即如果 str 的值为'11'，那么计算结果就是 11，而不是 3 或 B。如果处理的字符不是以数字开头，则返回 NaN。当字符后面出现非字符部分时，则只取前面数字部分。

【例 4.12】 (实例文件：ch04\4.12.html)使用 parseFloat 函数。

```
<!DOCTYPE html>
<html>
<head>
<title>parseFloat 函数应用示例</title>
</head>
<body>
<center>
<h3>parseFloat 函数应用示例</h3>
```

```
<script type="text/javascript">
<!--
document.write("<br/>"+"执行语句parseFloat('10')后，结果为：") ;
document.write(parseFloat("10")+"<br/>") ;
document.write("<br/>"+"执行语句parseFloat('21.001')后，结果为：") ;
document.write(parseFloat("21.001")+"<br/>") ;
document.write("<br/>"+"执行语句parseFloat('21.999')后，结果为：") ;
document.write(parseFloat("21.999")+"<br/>") ;
document.write("<br/>"+"执行语句parseFloat('314e-2')后，结果为：") ;
document.write(parseFloat("314e-2")+"<br/>") ;
document.write("<br/>"+"执行语句parseFloat('0.0314E+2')后，结果为：") ;
document.write(parseFloat("0.0314E+2")+"<br/>") ;
document.write("<br/>"+"执行语句parseFloat('010')后，结果为：") ;
document.write(parseFloat("010")+"<br/>") ;
document.write("<br/>"+"执行语句parseFloat('abc')后，结果为：") ;
document.write(parseFloat("abc")+"<br/>") ;
document.write("<br/>"+"执行语句parseFloat('1.2abc')后，结果为：") ;
document.write(parseFloat("1.2abc")+"<br/>") ;
-->
</script>
</center>
</body>
</html>
```

上述代码在 IE 9.0 浏览器中的显示效果如图 4-18 所示。

图 4-18　程序运行结果

5. Number 和 String 函数

在 JavaScript 中，Number 和 String 函数主要用来将对象转换为数字或字符串。其中，Number 函数的转换结果为数值型，例如 Number("1234")的结果是 1234；String 函数的转换结果为字符型，例如 String(1234)的结果是""1234""。

【例 4.13】(实例文件：ch04\4.13.html)使用 Number 和 String 函数。

```
<!DOCTYPE html>
<html>
```

```
<head>
<title>Number 和 String 应用示例</title>
</head>
<body>
<center>
<h3>Number 和 String 应用示例</h3>
<script type="text/javascript">
<!--
document.write("<br/>"+"执行语句 Number('1234')+Number('1234')后，结果为：") ;
document.write(Number('1234')+Number('1234')+"<br/>") ;
document.write("<br/>"+"执行语句 String('1234')+String('1234')后，结果为：") ;
document.write(String('1234')+String('1234')+"<br/>") ;
document.write("<br/>"+"执行语句 Number('abc')+Number('abc')后，结果为：") ;
document.write(Number('abc')+Number('abc')+"<br/>") ;
document.write("<br/>"+"执行语句 String('abc')+String('abc')后，结果为：") ;
document.write(String('abc')+String('abc')+"<br/>") ;
-->
</script>
</center>
</body>
</html>
```

运行上述代码，结果如图 4-19 所示。从中可以看出，语句"Number('1234')+Number('1234')"首先将"1234"转换为数值型并进行数值相加，结果为 2468；而语句 String('1234')+String('1234')则是按照字符串相加的规则将"1234"合并，结果为 12341234。

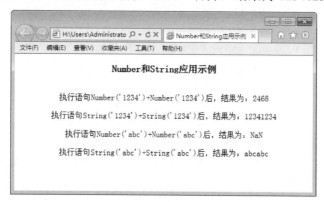

图 4-19　程序运行结果

6. escape 和 unescape 函数

escape(charString)函数主要用于对 String 对象进行编码，以使其能在所有计算机上可读。其中 charString 参数为必选项，表示要编码的任意 String 对象或文字。它返回一个包含了 charString 内容的字符串值(Unicode 格式)。除了个别诸如"*@"之类的符号外，其余所有空格、标点、重音符号，以及其他非 ASCII 字符均可用%xx 编码代替，其中 xx 等于表示该字符的十六进制数。

【例 4.14】 (实例文件：ch04\4.14.html)使用 escape 函数。

```
<!DOCTYPE html>
<html>
```

```
<head>
<title>escape 应用示例</title>
</head>
<body>
<center>
<h3>escape 应用示例</h3>
</center>
<script type="text/javascript">
<!--
document.write("由于空格符对应的编码是%20，感叹号对应的编码符是%21，"+"<br/>") ;
document.write("<br/>"+"故，执行语句 escape('hello world!')后，"+"<br/>") ;
document.write("<br/>"+"结果为: "+escape("hello world!")) ;
-->
</script>
</body>
</html>
```

运行上述代码，结果如图 4-20 所示。由于空格符对应的编码是%20，感叹号对应的编码符是%21，因此执行语句 escape("hello world!")后的显示结果为 hello%20world%21。

图 4-20　程序运行结果

unescape(charString)函数用于返回指定值的 ASCII 字符串。其中，charString 参数为必选项，表示需要解码的 String 对象。与 escape(charString)函数相反，unescape(charString)函数返回一个包含 charstring 内容的字符串值，所有以%xx 十六进制形式编码的字符都用 ASCII 字符集中等价的字符代替。

【例 4.15】 (实例文件：ch04\4.15.html)使用 unescape 函数。

```
<!DOCTYPE html>
<html>
<head>
<title>unescape 函数应用示例</title>
</head>
<body>
<center>
<h3>unescape 函数应用示例</h3>
</center>
<script type="text/javascript">
<!--
document.write("由于空格符对应的编码是%20，感叹号对应的编码符是%21，"+"<br/>") ;
document.write("<br/>"+"故，执行语句 unescape('hello%20world%21')后，"
```

```
"+"<br/>") ;
document.write("<br/>"+"结果为: "+unescape('hello%20world%21')) ;
-->
</script>
</body>
</html>
```

上述代码在 IE 9.0 浏览器中的显示效果如图 4-21 所示。

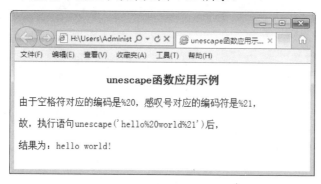

图 4-21　程序运行结果

4.5　实战演练——购物简易计算器

编写如图 4-22 所示的效果。编写具有能对两个操作数进行加、减、乘、除法运算的简易计算器：加法运算效果，如图 4-23 所示；减法运算效果，如图 4-24 所示；乘法运算效果，如图 4-25 所示；除法运算效果，如图 4-26 所示。本例中涉及本章所学的数据类型、变量、流程控制语句、函数等知识，请读者注意，该示例中还涉及少量后续章节的知识，例如事件模型。不过，前面的案例中也有使用，请读者先掌握其用法，详见对象部分。

图 4-22　程序效果图

图 4-23　加法运算

图 4-24　减法运算

图 4-25　乘法运算　　　　　　　　　　　　图 4-26　除法运算

具体操作步骤如下。

step 01 新建 HTML 文档，输入代码如下：

```
<!DOCTYPE html>
<html>
<head>
<meta charset="utf-8" />
<title>购物简易计算器</title>
<style>
/*定义计算器块信息*/
section{
    background-color:#C9E495;
    width:260px;
    height:320px;
    text-align:center;
    padding-top:1px;
}
/*细边框的文本输入框*/
.textBaroder
{
    border-width:1px;
    border-style:solid;
}

</STYLE>
</head>
<body>
<section>
<h1><img src="images/logo.gif" width="240" height="31" >欢迎您来淘宝！</h1>
 <form action="" method="post" name="myform" id="myform">
<h3><img src="images/shop.gif" width="54" height="54">购物简易计算器</h3>
  <p>第一个数<input name="txtNum1" type="text" class="textBaroder"
id="txtNum1" size="25"></p>
  <p>第二个数<input name="txtNum2" type="text" class="textBaroder"
id="txtNum2" size="25"></p>
```

```
    <p><input name="addButton2" type="button" id="addButton2" value=" + "
onClick="compute('+')">
<input name="subButton2" type="button" id="subButton2" value=" - ">
<input name="mulButton2" type="button" id="mulButton2" value=" × ">
<input name="divButton2" type="button" id="divButton2" value=" ÷ ">
<p>计算结果<INPUT name="txtResult" type="text" class="textBaroder"
id="txtResult" size="25"></p>
</form>
</section>
</body>
</html>
```

step 02 保存 HTML 文件。选择相应的保存位置，设置文件名为"综合示例—购物简易
计算器.html"。

step 03 在 HTML 文档的 head 部分，输入以下代码：

```
<script>
  function compute(op)
  {
    var num1,num2;
    num1=parseFloat(document.myform.txtNum1.value);
    num2=parseFloat(document.myform.txtNum2.value);
    if (op=="+")
       document.myform.txtResult.value=num1+num2;
    if (op=="-")
       document.myform.txtResult.value=num1-num2;
    if (op=="*")
       document.myform.txtResult.value=num1*num2;
    if (op=="/"  && num2!=0)
       document.myform.txtResult.value=num1/num2;
  }
</script>
```

step 04 修改+按钮，-+按钮，×按钮，÷按钮，代码如下：

```
<input name="addButton2" type="button" id="addButton2" value=" + "
onClick="compute('+')">
<input name="subButton2" type="button" id="subButton2" value=" - "
onClick="compute('-')">
<input name="mulButton2" type="button" id="mulButton2" value=" × "
onClick="compute('*')">
<input name="divButton2" type="button" id="divButton2" value=" ÷ "
onClick="compute('/')">
```

step 05 保存网页，然后预览效果。

4.6 跟我练练手

1. 练习目标

能够熟练掌握本章所讲内容。

2. 上机练习

练习 1：定义函数的使用方法。

练习 2：函数的调用方法。

练习 3：JavaScript 中常用的函数使用方法。

练习 4：购物简易计算器的制作方法。

4.7 高手甜点

甜点 1：如果浏览器不支持 JavaScript，但又要使用该浏览器，怎样才能保证网页的美观性不变影响？

现在浏览器种类、版本繁多，不同浏览器对 JavaScript 代码的支持度均不一样。为了保证浏览器不支持部分的代码，不影响网页的美观，可以使用 HTML 注释语句将其注释，这样便不会在网页中输出这些代码。HTML 注释语句使用 "<!--" 和 "-->" 标记 JavaScript 代码。

甜点 2：函数 Number 和 parseInt 都可以将字符串转换成整数，二者有何区别？

函数 Number 和 parseInt 都可以将字符串转换成整数，它们的区别如下。

函数 Number 不但可以将数字字符串转换成整数，还可以转换成浮点数。它的作用是将数字字符串直接转换成数值。而 parseInt 函数只能将数字字符串转换成整数。

函数 Number 在转换时，如果字符串中包括非数字字符，转换将会失败；而 parseInt 函数只要开头第 1 个是数字字符即可转换成功。

第 5 章
JavaScript 语言基础—— 对象与数组

    对象是 JavaScript 最基本的数据类型之一，是一种将多种数据类型集中在一个数据单元中，同时允许通过对象名来存取这些数据值的数据类型。数组是 JavaScript 中唯一用来存储和操作有序数据集的数据结构。本章将主要介绍对象与数组的基本概念和基础知识。

本章要点(已掌握的在方框中打勾)

☐ 熟悉对象的基本概念。

☐ 掌握对象访问语句的使用方法。

☐ 掌握数组的使用方法。

☐ 掌握常用的数组对象的使用方法。

☐ 掌握创建和使用自定义对象的使用方法。

5.1 了解对象

在 JavaScript 中，对象包括内置对象、自定义对象等多种类型，使用这些对象可大大简化 JavaScript 程序的设计。

5.1.1 什么是对象

对象(object)是一件事、一个实体、一个名词，可以是获得的东西，可以是想象有自己标识的任何东西。对象是类的实例化。一些对象是活的，一些对象不是。若以自然人为例，构造一个对象，其中 Attribute 表示对象状态，Method 表示对象行为，如图 5-1 所示。

在计算机语言中也存在对象，可以将其看作是相关变量和方法的软件集。对象主要由下面两部分组成：

- 一组包含各种类型数据的属性；
- 允许对属性中的数据进行操作且有相关方法。

以 HTML 文档中的 document 对象为例，其中包含各种方法和属性，如图 5-2 所示。

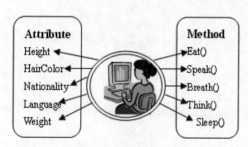

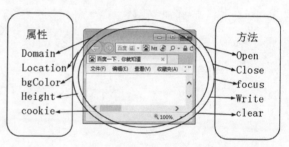

图 5-1 对象状态和行为　　　　　图 5-2 HTML 文档中的 document 构造的对象

凡是能够提取一定度量数据，并通过某种方式对度量数据实施操作的客观存在都可以构成一个对象。

- 属性：用来描述对象的状态，通过定义属性值定义对象的状态。在图 5-1 中，用字符串 Nationality 表示人的国籍，所以 Nationality 成为人的某个属性。
- 方法：针对对象行为的复杂性，对象的某些行为可以用通用的代码来处理，这些代码就是方法。在图 5-2 中，用方法 Open()来处理文件的打开情况，此时 Open()就是方法。
- 事件：由于对象行为的复杂性，对象的某些行为不能使用通用的代码来处理，需要用户根据实际情况来编写处理该行为的代码，该代码就被称为事件。

JavaScript 是基于对象的编程语言，除循环和关系运算符等语言构造之外，其所有的特征几乎都是按照对象的处理方法进行的。

JavaScript 支持的对象主要包括以下 4 种。

- JavaScript 核心对象：包括同基本数据类型相关的对象(例如 String、Boolean、Number)、允许创建用户自定义和组合类型的对象(例如 Object、Array)和其他能简化

JavaScript 操作的对象(例如 Math、Date、RegExp、Function)。

- 浏览器对象：包括不属于 JavaScript 语言本身但被绝大多数浏览器所支持的对象，例如控制浏览器窗口和用户交互界面的 Window 对象、提供客户端浏览器配置信息的 Navigator 对象。
- 用户自定义对象：Web 应用程序开发者用于完成特定任务而创建的自定义对象，可自由设计对象的属性、方法和事件处理程序，编程灵活性较大。
- 文本对象：由文本域构成的对象，在 DOM 中定义，同时赋予很多特定的处理方法，例如 insertData()、appendData()等。

5.1.2　面向对象编程

面向对象程序设计(Object-Oriented Programming，OOP)是一种起源于 20 世纪 60 年代的 Simula 语言，其自身理论现已十分完善，并被多种面向对象程序设计语言实现。面向对象编程的基本原则是：计算机程序由单个能够起到子程序作用的单元或对象组合而成。面向对象编程具有 3 个最基本的特点：重用性、灵活性和扩展性。这种方法将软件程序中的每一个元素作为一个对象看待，同时定义对象的类型、属性和描述对象的方法。为了实现整体操作，每个对象都应该能够接收信息、处理数据和向其他对象发送信息。

面向对象编程主要包含有以下 3 个重要的概念。

1. 继承

继承性是子类自动共享父类数据结构和方法的机制，这是类之间的一种关系。在定义和实现一个类的时候，可以在一个已经存在的类的基础之上来进行，把这个已经存在的类所定义的内容作为自己的内容，并加入若干新内容。继承性是面向对象程序设计语言不同于其他语言的最重要的特点，是其他语言所没有的。

继承主要分为以下两种类型：

- 在类层次中，如果子类只继承一个父类的数据结构和方法，则该继承被称为单重继承。
- 在类层次中，如果子类继承了多个父类的数据结构和方法，则该继承被称为多重继承。

在软件开发中，类的继承性使所建立的软件具有开放性、可扩充性。这是信息组织与分类行之有效的方法，简化了对象、类的创建工作量，增加了代码可重性。采用继承性，提供了类规范的等级结构。通过类的继承关系，使公共的特性能够共享，提高了软件的重用性。

2. 封装

封装的作用是将对象的实现过程通过函数等方式封装起来，使用户只能通过对象提供的属性、方法和事件等接口去访问对象，而不需要知道对象的具体实现过程。封装的目的是增强安全性和简化编程，用户不必了解具体的实现细节，只需通过外部接口——以特定的访问权限来使用类的成员。

封装允许对象运行的代码相对于调用者来说是完全独立的，调用者通过对象及相关接口参数来访问此接口。只要对象的接口不变，即使对象的内部结构或实现方法发生了改变，程序的其他部分也不用改变。

3. 多态

多态性是指相同的操作或函数、过程可作用于多种类型的对象，并获得不同的结果。不同的对象，收到同一消息可以产生不同的结果，这种现象称为多态性。多态性允许每个对象以适合自身的方式去响应共同的消息。多态性增强了软件的灵活性和重用性。

需要说明的是：定位 JavaScript 脚本是基于对象的脚本编程语言，而不是面向对象和编程语言。其原因在于：JavaScript 是以 DOM 和 BOM 中定义的对象模型及操作方法为基础，但又不具备面向对象编程语言所必具备的显著特征，例如分类、继承、封装、多态、重载等。所以，用户只能通过嵌入其他面向对象编程语言，诸如 Java 生成的 Java Applet 组件等来实现相应的功能。另外，JavaScript 还支持 DOM 和 BOM 提供的对象模型，用于根据其对象模型层次结构来访问目标对象的属性并对对象施加相应的操作。

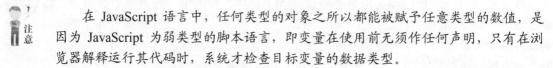

在 JavaScript 语言中，任何类型的对象之所以都能被赋予任意类型的数值，是因为 JavaScript 为弱类型的脚本语言，即变量在使用前无须作任何声明，只有在浏览器解释运行其代码时，系统才检查目标变量的数据类型。

5.1.3 JavaScript 的内部对象

JavaScript 的内部对象按照使用方式可以分为静态对象和动态对象两种。在引用动态对象的属性和方法时，必须使用 new 关键字来创建一个对象实例，然后才能使用"对象实例名.成员"的方式来访问其属性和方法；在引用静态对象属性和方法时，不需要使用 new 关键字来创建对象实例，直接使用"对象名.成员"的方式来访问其属性和方法。

JavaScript 中常见的内部对象如表 5-1 所示。

表 5-1

对 象 名	功 能	静态动态性
Object 对象	使用该对象可以在程序运行时为 JavaScript 对象随意添加属性	动态对象
String 对象	用于处理或格式化文本字符串，以及确定和定位字符串中的子字符串	动态对象
Date 对象	使用 Date 对象执行各种日期和时间的操作	动态对象
Event 对象	用来表示 JavaScript 的事件	静态对象
FileSystemObiect 对象	主要用于实现文件操作功能	动态对象
Drive 对象	主要用于收集系统中的物理或逻辑驱动器资源中的内容	动态对象
File 对象	用于获取服务器端指定文件的相关属性	静态对象
Folder 对象	用于获取服务器端指定文件的相关属性	静态对象

5.2 对象访问语句

在 JavaScript 中，用于对象访问的语句有两种，分别是"for…in"循环语句和 with 语句。下面详细介绍这两种语句的用法。

5.2.1 案例——"for…in"循环语句

"for…in"循环语句和 for 语句十分相似，该语句用来遍历对象的每一个属性。每次都会将属性名作为字符串保存在变量中。

"for…in"语句的语法格式如下：

```
for(variable in object){
    ...statement
}
```

上述语法中的参数说明如下。

- variable：该参数是一个变量名，声明一个变量的 var 语句、数组的一个元素或者对象的一个属性。
- Object：该参数是一个对象名，或者是计算结果为对象的表达式。
- statement：该参数通常是一个原始语句或者语句块，由它构建循环的主体。

【例 5.1】 (实例文件：ch05\5.1.html) "for…in"语句的使用。代码如下：

```
<!DOCTYPE>
<head>
<title>使用 for in 语句</title>
</head>
<body>
<script type="text/javascript">
var myarray = new Array()
myarray[0] = "星期一"
myarray[1] = "星期二"
myarray[2] = "星期三"
myarray[3] = "星期四"
myarray[4] = "星期五"
myarray[5] = "星期六"
myarray[6] = "星期日"
for (var i in myarray)
{
document.write(myarray[i] + "<br />")
}
</script>
</body>
</html>
```

上述代码在 IE 9.0 浏览器中的显示效果如图 5-3 所示。

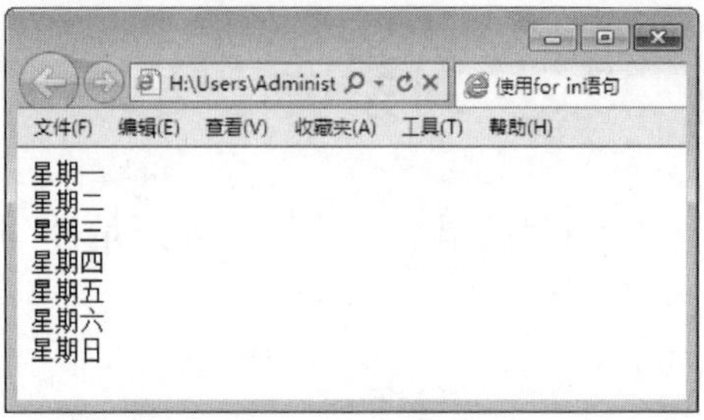

图 5-3 程序运行结果

5.2.2 案例——with 语句

有了 with 语句，在存取对象属性和方法时就不用重复指定参考对象，在 with 语句块中，凡是 JavaScript 不识别的属性和方法都和该语句块指定的对象有关。

With 语句的语法格式如下：

```
with object {
    statements
}
```

对象指明了当语句组中对象缺省时的参考对象，这里我们用较为熟悉的 Document 对象对 with 语句举例。例如，当使用与 Document 对象有关的 write( )或 writeln( )方法时，往往使用以下形式：

```
document.writeln("Hello!")
```

如果需要显示大量数据时，就会多次使用同样的 document.writeln()语句，这时就可以像下面的程序那样，把所有以 Document 对象为参考对象的语句放到 with 语句块中，从而达到减少语句量的目的。

【例 5.2】 (实例文件：ch05\5.2.html)with 语句的使用。代码如下：

```
<!DOCTYPE>
<html>
  <head>
  <title>with 语句的使用</title>
  </head>
  <body>
<script type ="text/javascript">
var date time=new Date();
with(date_time){
var a=getMonth()+1;
    alert(getFullYear()+"年"+a+"月"+getDate()+"日
    "+getHours()+":"+getMinutes()+":"+getSeconds());
}
var date time=new Date();
alert(date_time.getFullYear()+"年"+date_time.getMonth()+1+"月
"+date_time.getDate()+"日
"+date time.getHours()+":"+date time.getMinutes()+":"+date time.getSeconds(
));
```

```
</script>
</body>
</html>
```

上述代码在 IE 9.0 浏览器中的显示效果如图 5-4 所示。

图 5-4　程序运行结果

5.3　JavaScript 中的数组

数组是有序数据的集合，JavaScript 中允许数组元素来自不同的数据类型。用数组名和下标可以唯一地确定数组中的元素。

5.3.1　案例——创建和访问数组对象

数组是具有相同数据类型的变量集合，这些变量都可以通过索引进行访问。数组中的变量被称为数组元素。数组能够容纳元素的数量被称为数组的长度。数组中的每个元素都具有唯一的索引(或称为下标)与其相对应。在 JavaScript 中数组的索引从零开始。

Array 对象是常用的内置动作脚本对象，它将数据存储在已编号的属性中，而不是已命名的属性中。数组元素的名称叫作索引。数组用于存储和检索特定类型的信息，例如学生列表或游戏中的一系列元素。Array 对象类似 String 和 Date 对象，需要使用 new 关键字和构造函数来创建。

可以在创建一个 Array 对象时初始化它：

```
myArray=new Array()
myArray=new Array([size])
myArray=new Array([element0[,element1[, …[, elementN]]]])
```

其中各个参数的含义如下。

- size：可选，指定一个整数表示数组的大小；
- "element0,…,elementN"：可选，是要放到数组中的元素。创建数组后，能够用 [ ] 符号访问数组单个元素。

由上述可知，创建数组对象有 3 种方法。

(1) 新建一个长度为零的数组，格式如下：

```
var 数组名=new Array( );
```

例如，声明数组为 myArr1，长度为 0，代码如下：

```
var myArr1=new Array();
```

(2) 新建一个长度为 n 的数组，格式如下：

```
var 数组名=new Array( n );
```

例如，声明数组为 myArr2，长度为 6，代码如下：

```
var myArr2=new Array(6);
```

(3) 新建一个指定长度的数组，并赋值，格式如下：

```
var 数组名=new Array(元素1,元素2,元素3,…);
```

例如，声明数组为 myArr3，并且分别赋值为 1，2，3，4，代码如下：

```
var myArr3=new Array(1,2,3,4);
```

上述代码，创建了一个数组 myArr3，并且包含 4 个元素：myArr3[0]、myArr3[1]、myArr3[2]、myArr3[3]，这 4 个元素值分别为 1、2、3、4。

【例 5.3】 (实例文件：ch05\5.3.html)构造一个长度为五的数组，为其添加元素后，使用 for 循环语句枚举其元素。代码如下：

```
<!DOCTYPE HTML>
<html>
<head>
<script language=JavaScript>
myArray=new Array(5);
      myArray[0]="a";
          myArray[1]="b";
          myArray[2]="c";
          myArray[3]="d";
        myArray[4]="e";
for (i = 0; i < 5; i++){
   document.write(myArray[i]+"<br>");
}
</script>
<META content="MSHTML 6.00.2900.5726" name=GENERATOR>
</head>
<body>
</body>
</html>
```

上述代码在 IE 9.0 浏览器中的显示效果如图 5-5 所示。

图 5-5　显示构造的数组

只要构造了一个数组，就可以使用[ ]，通过索引和位置(它也是基于 0 的)来访问它的元素。每个数组对象实体都可被看作是一个对象，因为每个数组都是由它所包含的若干个数组元素组成的；每个数组元素都可被看作是这个数组对象的一个属性，用表示数组元素位置的数字来标识。也就是说，数组对象使用数组元素的下标来进行区分，数组元素的下标从零开始索引，第一个下标为 0，后面依次加 1。访问数据的语法格式如下：

```
document.write(mycars[0])
```

【例 5.4】 (实例文件：ch05\5.4.html)使用方括号访问并直接构造数组。代码如下：

```
<!DOCTYPE HTML>
<html>
<head>
<META http-equiv=Content-Type content="text/html; charset=gb2312">
<script language=JavaScript>
    myArray=[["a1","b1","c1"],["a2","b2","c2"],["a3","b3","c3"]];
    for (var i=0; i <= 2; i++){
       document.write( myArray[i])
       document.write("<br>");
}
document.write("<hr>");
for (i=0;i<3;i++){
     for (j=0;j<3;j++){
      document.write(myArray[i][j]+"  ");
    }
    document.write("<br>");
    }
</script>
<META content="MSHTML 6.00.2900.5726" name=GENERATOR>
</head>
<body>
</body>
</html>
```

上述代码在 IE 9.0 浏览器中的显示效果如图 5-6 所示。

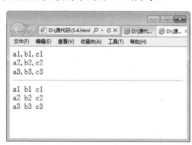

图 5-6　访问构造的数组

5.3.2　案例——使用"for…in"语句控制数组

在 JavaScript 中使用"for…in"语句来控制循环输出数组中的元素，且不需要事先知道对象属性的个数。其具体的语法格式为：for (key in myArray)。其中，myArray 表示数组名。

【例 5.5】 (实例文件：ch05\5.5.html) "for...in" 语句的使用。代码如下：

```
<!DOCTYPE HTML>
<html>
<head>
<META http-equiv=Content-Type content="text/html; charset=gb2312">
<script language=JavaScript>
    myArray=new Array(5);
    myArray[0]="a";
    myArray[1]="b";
    myArray[2]="c";
    myArray[3]="d";
    myArray[4]="e";
    for (key in myArray){
    document.write(myArray[key]+"<br>");
    }
</script>
<META content="MSHTML 6.00.2900.5726" name=GENERATOR>
</head>
<body>
</body>
</html>
```

上述代码在 IE 9.0 浏览器中的显示效果如图 5-7 所示。

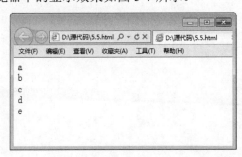

图 5-7　循环输出数组中的数据

5.3.3　案例——Array 对象的常用属性和方法

JavaScript 提供了一个 Array 内部对象来创建数组，通过调用 Array 对象的各种方法，可以方便地对数组进行排序、删除、合并等操作。

1. Array 对象常用的属性

Array 对象的属性有两个，分别是 length 属性和 prototype 属性。

(1) length 属性。

该属性的作用是指定数组中元素数量的非从零开始的整数。当将新元素添加到数组中时，此属性会自动更新。其语法格式为：my_array.length。

【例 5.6】 (实例文件：ch05\5.6.html)更新 length 属性。代码如下：

```
<!DOCTYPE HTML>
<html>
```

```
<head>
<META http-equiv=Content-Type content="text/html; charset=gb2312">
<script language=JavaScript>
   my_array = new Array();
   document.write(my_array.length+"<br>"); // 初始长度为 0
   my array[0] = 'a';
   document.write(my_array.length+"<br>"); // 将长度更新为 1
   my array[1] = 'b';
   document.write(my array.length+"<br>"); //将长度更新为 2
   my_array[9] = 'c';
   document.write(my array.length+"<br>"); //将长度更新为 10
</script>
</head>
<body>
</body>
</html>
```

上述代码在 IE 9.0 浏览器中的显示效果如图 5-8 所示。

图 5-8　给数组指定相应的整数

(2) prototype 属性。

该属性是所有 JavaScript 对象所共有的属性，和 Date 对象的 prototype 属性一样，其作用是将新定义的属性或方法添加到 Array 对象中，从而使该对象的实例能够调用该属性或方法。其语法格式为：Array.prototype.methodName=functionName。

其中，各个参数含义如下。

● methodName：必选项，新增方法的名称。

● functionName：必选项，要添加到对象中的函数名称。

【例 5.7】 (实例文件：ch05\5.7.html) 为 Array 象添加返回数组中最大元素值的方法，且必须声明该函数，并将它加入 Array.prototype，并使用它。代码如下：

```
<!DOCTYPE HTML>
<html>
<head>
<META http-equiv=Content-Type content="text/html; charset=gb2312">
<script>
  //添加一个属性，用于统计删除的元素个数
  Array.prototype.removed=0;
  //添加一个方法，用于删除指定索引的元素
```

```
Array.prototype.removeAt=function(index)
{
  if(isNaN(index)||index<0)
    {return false;}
  if(index>=this.length)
    {index=this.length-1}
  for(var i=index;i<this.length;i++)
  {
    this[i]=this[i+1];
  }
  this.length-=1
  this.removed++;
}
//添加一个方法，输出数组中的全部数据
Array.prototype.outPut=function(sp)
{
  for(var i=0;i<this.length;i++)
  {
    document.write(this[i]);
    document.write(sp);
  }
  document.write("<br>");
}
//定义数组
var arr=new Array(1,2,3,4,5,6,7,8,9);
//测试添加的方法和属性
arr.outPut(" ");
document.write("删除一个数据<br>");
arr.removeAt(2);
arr.outPut(" ");
arr.removeAt(4);
document.write("删除一个数据<br>");
arr.outPut(" ")
document.write("一共删除了"+arr.removed+"个数据");
</script>
</head>
<body>
</body>
</html>
```

上述代码在 IE 9.0 浏览器中的显示效果如图 5-9 所示。

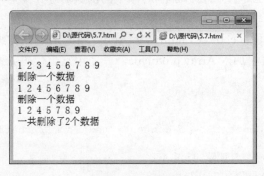

图 5-9 显示效果

这段代码利用 prototype 属性分别向 Array 对象中添加了两个方法和一个属性，分别实现了删除指定索引处的元素、输出数组中的所有元素和统计删除元素个数的功能。

2. Array 对象常用的方法

Array 对象常用的方法有连接方法 concat、分隔方法 join、追加方法 push、倒转方法 reverse、切片方法 slice 等。

(1) concat 方法。

该方法的作用是把当前数组和指定的数组连接起来，返回一个新的数组，且该数组中含有前面两个数组的全部元素，其长度为两个数组的长度之和。其基本的语法格式为 array1.concat (array2)。其中各参数的含义如下。

● array1：必选项，数组名称。
● array2：必选项，数组名称，该数组中的元素将被添加到数组 array1 中。

【例 5.8】 (实例文件：ch05\5.8.html)定义两个数组 array1 和 array2，然后把这两个数组连接并将值赋给数组 array。代码如下：

```
<!DOCTYPE HTML>
<html>
<head>
<META http-equiv=Content-Type content="text/html; charset=gb2312">
<script language=JavaScript>
   var array1=new Array(1,2,3,4,5,6);
    var array2=new Array(7,8,9,10);
    var array=array1.concat(array2);
    //自定义函数，输出数组中所有数据
    function writeArr(arrname,sp)
    {
      for(var i=0;i<arrname.length;i++)
      {
        document.write(arrname[i]);
        document.write(sp);
      }
      document.write("<br>");
    }
    document.write("数组 1：");
    writeArr(array1,",");
    document.write("数组 2：");
    writeArr(array2,",");
    document.write("数组 3：");
    writeArr(array,",");
   </script>
</head>
<body>
</body>
</html>
```

上述代码在 IE 9.0 浏览器中的显示效果如图 5-10 所示。

图 5-10　链接数组

(2)　join 方法。

该方法与 String 对象的 split 方法的作用相反，该方法的作用是将数组中所有元素连接成一个字符串。如果数组中的元素不是字符串，则该元素将首先被转化为字符串，且各个元素之间将以指定的分隔符进行连接。其语法格式为：array.jion(separator)。其中，array(必选项，数组的名称)，而 separator(必选项，连接各个元素之间的分隔符)。

【例 5.9】　(实例文件：ch05\5.9.html) 对比 split 方法和 jion 方法。代码如下：

```
<!DOCTYPE HTML>
<html>
<head>
<META http-equiv=Content-Type content="text/html; charset=gb2312">
<script language=JavaScript>
    var str1="this ia a test";
    var arr=str1.split(" ");
    var str2=arr.join(",");
    with(document){
      write(str1);
      write("<br>分割为数组，数组长度"+arr.length+",重新连接如下：<br>");
      write(str2);
    }
  </script>
</head>
<body>
</body>
</html>
```

上述代码在 IE 9.0 浏览器中的显示效果如图 5-11 所示。

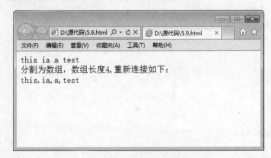

图 5-11　显示效果

上述代码首先使用 split 方法以空格为分隔符将字符串分割存储到数组中，再调用 join 方法以逗号为分隔符，将数组中的各个元素重新连接为一个新字符串。

(3) push 方法。

该方法可以将所指定的一个或多个数据添加到数组中，该方法的返回值为添加新数据后数组的长度。其语法格式为 array.push([data1[,data2[,...[,datan]]]])。其中，各参数的含义如下。

- array：必选项，数组名称。
- data1、data2、datan：可选参数，将被添加到数组中的数据。

【例 5.10】 (实例文件：ch05\5.10.html)利用 push 方法向数组中添加新数据。代码如下：

```
<!DOCTYPE HTML>
<html>
<head>
<META http-equiv=Content-Type content="text/html; charset=gb2312">
<script language=JavaScript>
var arr=new Array();
    document.write("向数组中写入数据: "); //单个数据写入数组
    for (var i=1;i<=5;i++)
    {
        var data=arr.push(Math.ceil(Math.random()*10));
        document.write(data);
        document.write("个,");
    }
    document.write("<br>");//批量写入数组
    var data=arr.push("a",4.15,"hello");
    document.write("批量写入，数组长度已为"+data+"<br>");
    var newarr=new Array(1,2,3,4,5);
    document.write("向数组中写入另一个数组<br>"); //写入新数组
    arr.push(newarr);
    document.write("全部数据如下:<br>");
    document.write(arr.join(","));
</script>
</head>
<body>
</body>
</html>
```

上述代码在 IE 9.0 浏览器中的显示效果如图 5-12 所示。上述代码分别使用 push 方法，向数组中逐个和批量添加数据。

图 5-12　使用 push 方法向数组添加数据的效果

(4) reverse 方法。

该方法可以将数组中的元素反序排列，数组中所包含的内容和数组的长度不会改变。其语法格式为：array.reverse()。其中 array 为数组的名称。

【例 5.11】 (实例文件：ch05\5.11.html)将数组中的元素反序排列。代码如下：

```html
<!DOCTYPE HTML>
<html>
<head>
<META http-equiv=Content-Type content="text/html; charset=gb2312">
<script>
    var arr=new Array(1,2,3,4,5,6);
  with (document)
  {
    write("数组为:");
    write(arr.join(","));
    arr.reverse();
    write("<br>反序后的数组为:")
    write(arr.join("-"));
  }
</script>
</head>
<body>
</body>
</html>
```

上述代码在 IE 9.0 浏览器中的显示效果如图 5-13 所示。

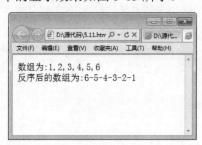

图 5-13　将数组中的元素反序排列

(5) slice 方法。

该方法将提取数组中的一个片段或子字符串，并将其作为新数组返回，且不修改原始数组。返回的数组包括 start 元素到 end 元素(但不包括该元素)的所有元素。

其语法格式为：my_array.slice([start [, end]])。其中各个参数的含义如下。

- start：指定片段起始点索引的数字。
- end：指定片段终点索引的数字。如果省略此参数，则片段包括数组中从开头 start 到结尾的所有元素。

【例 5.12】 (实例文件：ch05\5.12.html)将数组中的一个片段或子字符串作为新数组返回，且不修改原始数组。代码如下：

```html
<!DOCTYPE HTML>
<html>
```

```
<head>
<META http-equiv=Content-Type content="text/html; charset=gb2312">
<Script language="JavaScript">
   var myArray = [1, 2, 3, 4, 5, 6,7];
   newArray = myArray.slice(1, 6);
   document.write(newArray);
   document.write("<br>");
   newArray = myArray.slice(1);
   document.write(newArray);
</Script>
</head>
<body>
</body>
</html>
```

上述代码在 IE 9.0 浏览器中的显示效果如图 5-14 所示。

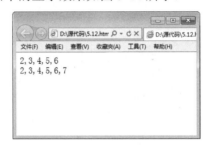

图 5-14　将其作为新数组返回后的效果

(6)　sort 方法。

该方法对数组中的所有元素按 Unicode 编码进行排序，并返回经过排序后的数组。sort 方法默认按升序进行排列，但也可以通过指定对比函数来实现特殊的排序要求。对比函数的格式为：comparefunction(arg1,arg2)。其中，comparefunction 为排序函数的名称。该函数必须包含两个参数 arg1 和 arg2，分别代表了两个将要进行对比的字符。该函数的返回值决定了如何对 arg1 和 arg2 进行排序。如果返回值为负，则 arg2 将排在 arg1 的后面；返回值为 0，arg1、arg2 时视为相等；返回值为正时，表示 arg2 将排在 arg1 的前面。

sort 方法的语法格式为：array.sort([cmpfun(arg1,arg2)])。各参数的含义如下。

● 　array：必选项，数组名称。

● 　cmpfun：可选项，比较函数。

● 　arg1，arg2：可选项，比较函数的两个参数。

【例 5.13】 (实例文件：ch05\5.13.html)使用 sort 方法对数组中的数据进行排序。代码如下：

```
<!DOCTYPE HTML>
<html>
<head>
<META http-equiv=Content-Type content="text/html; charset=gb2312">
<Script language="JavaScript">
   var arr=new Array(1,6,3,40,1,"a","b","A","B");
   writeArr("排序前",arr);
   writeArr("升序排列",arr.sort());
   writeArr("降序排列,字母不分大小写",arr.sort(desc));
```

```
writeArr("严格降序排列",arr.sort(desc1));
//自定义函数输出提示信息和数组元素
function writeArr(str,array)
{
   document.write(str+":");
   document.write(array.join(","));
   document.write("<br>");
}
//按降序排列,字母不区分大小写
function desc(a,b)
{
   var a=new String(a);
   var b=new String(b);
   //如果a大于b，则返回-1，所以a排在前b排在后
   return -1*a.localeCompare(b) ;
}
//严格降序
function desc1(a,b)
{
     var stra=new String(a);
     var strb=new String(b);
     var ai=stra.charCodeAt(0);
     var bi=strb.charCodeAt(0);
     if( ai>bi )
       return -1;
     else
       return 1;
}
</script>
</head>
<body>
</body>
</html>
```

上述代码在 IE 9.0 浏览器中的显示效果如图 5-15 所示。这段代码中定义了两个对比函数，其中 desc 定义降序排列，但字母不区分大小写；desc1 定义严格降序排列。

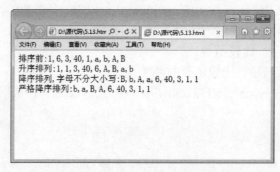

图 5-15　对数组进行排序后的效果

(7) splice 方法。

该方法通过指定起始索引和数据个数，删除或替换数组中的部分数据。该方法的返回值

为被删除或替换掉的数据。其语法格式为 array.splice(start,count[,data1[,data2,[,…
[,datacount]]]])。其中，各参数的含义如下。

array：必选项，数组名称。

start：必选项，整数，起始索引。

count：必选项，整数，要删除或替换的数组的个数。

data：可选项，用于替换指定数据的新数据。

如果没有指定 data 参数，则该指定的数据将被删除；如果指定了 data 参数，则数组中的
数据将被替换。

【例 5.14】 (实例文件：ch05\5.14.html)上述代码在 IE 9.0 浏览器中的显示效果如图 5-16
所示。使用 splice 方法替换和删除数组中指定数目的数据。代码如下：

```html
<!DOCTYPE HTML>
<html>
<head>
<META http-equiv=Content-Type content="text/html; charset=gb2312">
<Script language="JavaScript">
  var arr=new Array(0,1,2,3,4,5,6,7,8,9,10);
  var rewith=new Array("a","b","c");
  var tmp1=arr.splice(2,5,rewith);
  with(document)
  {
    writeArr("替换了 5 个数据",tmp1);
    writeArr("替换为: ",rewith);
    writeArr("替换后",arr);
    var tmp2=arr.splice(5,2);
    writeArr("删除 2 个数据",tmp2);
    writeArr("替换后",arr);      }
  //自定义函数输出提示信息和数组元素
  function writeArr(str,array)
  {
    document.write(str+":");
    document.write(array.join(","));
    document.write("<br>");
  }
</script>
</head>
<body>
</body>
</html>
```

图 5-16　显示效果

5.4　详解常用的数组对象方法

在 JavaScript 中，使用数组对象的方法有 14 种。下面将详细介绍常用的数组对象方法的使用。

5.4.1　案例——连接其他数组到当前数组

使用 concat()方法可以连接两个或多个数组。该方法不会改变现有的数组，只是返回被连接数组的一个副本。其语法格式如下：

```
arrayObject.concat(array1,array2,...,arrayN)
```

其中 arrayN 是必选项，该参数可以是具体的值，也可以是数组对象，可以是任意多个。

【例 5.15】 (实例文件：ch05\5.15.html)使用 concat()方法连接 3 个数组。代码如下：

```html
<html>
<body>
<script type="text/javascript">
    var arr = new Array(3)
    arr[0] = "北京"
    arr[1] = "上海"
    arr[2] = "广州"
    var arr2 = new Array(3)
    arr2[0] = "西安"
    arr2[1] = "天津"
    arr2[2] = "杭州"
    var arr3 = new Array(2)
    arr3[0] = "长沙"
    arr3[1] = "温州"
    document.write(arr.concat(arr2,arr3))
</script>
</body>
</html>
```

上述代码在 IE 9.0 浏览器中的显示效果如图 5-17 所示。

图 5-17　程序运行结果

5.4.2 案例——将数组元素连接为字符串

使用 join()方法可以把数组中的所有元素放入一个字符串。其语法格式如下：

```
arrayObject.join(separator)
```

其中 separator 为可选项，用于指定要使用的分隔符。如果省略该参数，则使用逗号作为分隔符。

【例 5.16】 (实例文件：ch05\5.16.html)使用 join()方法将数组元素连接为字符串。代码如下：

```
<html>
<body>
<script type="text/javascript">
    var arr = new Array(3);
    arr[0] = "河北"
    arr[1] = "石家庄"
    arr[2] = "廊坊"
    document.write(arr.join());
    document.write("<br />");
    document.write(arr.join("."));
</script>
</body>
</html>
```

上述代码在 IE 9.0 浏览器中的显示效果如图 5-18 所示。

图 5-18 程序运行结果

5.4.3 案例——移除数组中最后一个元素

使用 pop()方法可以移除并返回数组中最后一个元素。其语法格式如下：

```
arrayObject.pop()
```

 pop()方法将移除 arrayObject 的最后一个元素，把数组长度减 1，并且返回它移除的元素的值。如果数组本身为空，则 pop()不改变数组，此时返回的值为 undefined。

111

【例5.17】 (实例文件：ch05\5.17.html)使用 pop ()方法移除数组中的最后一个元素。代码如下：

```
<html>
<html>
<body>
<script type="text/javascript">
    var arr = new Array(3)
    arr[0] = "河南"
    arr[1] = "郑州"
    arr[2] = "洛阳"
    document.write("数组中原有元素："+arr)
    document.write("<br />")
    document.write("被移除的元素："+arr.pop())
    document.write("<br />")
    document.write("移除元素后的数组元素："+arr)
</script>
</body>
</html>
```

上述代码在 IE 9.0 浏览器中的显示效果如图 5-19 所示。

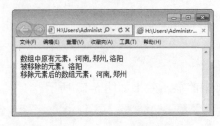

图 5-19　程序运行结果

5.4.4　案例——将指定的数值添加到数组中

使用 push()方法可向数组的末尾添加一个或多个元素，并返回新的长度。其语法格式如下：

```
arrayObject.push(newelement1,newelement2,...,newelementN)
```

其中，arrayObject 为必选项，该参数为数组对象。newelement1 为可选项，表示添加到数组中的元素。

提示　　　push()方法可把它的参数顺序添加到 arrayObject 的尾部。它直接修改 arrayObject，而不是创建一个新的数组。push()方法和 pop()方法使用数组提供的"先进后出栈"的功能。

【例5.18】 (实例文件：ch05\5.18.html)使用 push ()方法将指定数值添加到数组中。代码如下：

```
<html>
<body>
<script type="text/javascript">
```

```
    var arr = new Array(3)
    arr[0] = "河南"
    arr[1] = "河北"
    arr[2] = "江苏"
    document.write("原有的数组元素: "+arr)
    document.write("<br />")
    document.write("添加元素后数组的长度: " +arr.push("吉林"))
    document.write("<br />")
    document.write("添加数值后的数组: " +arr)
</script>
</body>
</html>
```

上述代码在 IE 9.0 浏览器中的显示效果如图 5-20 所示。

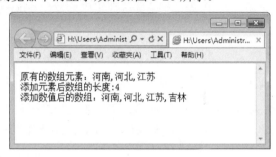

图 5-20 程序运行结果

5.4.5 案例——反序排列数组中的元素

使用 reverse()方法可以颠倒数组中元素的顺序。其语法格式如下:

```
arrayObject.reverse()
```

该方法会改变原来的数组,而不会创建新的数组。

【**例 5.19**】 (实例文件:ch05\5.19.html)使用 reverse ()方法颠倒数组中的元素顺序。代码
如下:

```
<html>
<body>
<script type="text/javascript">
    var arr = new Array(3)
    arr[0] = "张三"
    arr[1] = "李四"
    arr[2] = "王五"
    document.write(arr + "<br />")
    document.write(arr.reverse())
</script>
</body>
</html>
```

上述代码在 IE 9.0 浏览器中的显示效果如图 5-21 所示。

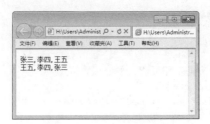

图 5-21　程序运行结果

5.4.6　案例——删除数组中的第一个元素

使用 shift()方法可以把数组中的第一个元素从数组中删除，并返回第一个元素的值。其语法格式如下：

```
arrayObject.shift()
```

其中，arrayObject 为必选项，是数组对象。

　　　如果数组是空的，那么 shift()方法将不进行任何操作，返回的值为 undefined。注意，该方法不创建新数组，而是直接修改原有的 arrayObject。

【例 5.20】 (实例文件：ch05\5.20.html)使用 shift ()方法删除数组中的第一个元素。代码如下：

```html
<html>
<body>
<script type="text/javascript">
    var arr = new Array(4)
    arr[0] = "北京"
    arr[1] = "上海"
    arr[2] = "广州"
    arr[3] = "天津"
    document.write("原有数组元素为："+arr)
    document.write("<br />")
    document.write("删除数组中的第一个元素为："+arr.shift())
    document.write("<br />")
    document.write("删除元素后的数组为："+arr)
</script>
</body>
</html>
```

上述代码在 IE 9.0 浏览器中的显示效果如图 5-22 所示。

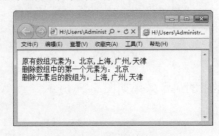

图 5-22　程序运行结果

5.4.7 案例——获取数组中的一部分数据

使用 slice()方法可从已有的数组中返回选定的元素。其语法格式如下：

```
arrayObject.slice(start,end)
```

其中，arrayObject 为必选项，为数组对象，start 为必选项，表示开始元素的位置，是从 0 开始计算的索引。end 为可选项，表示结束元素的位置，也是从 0 开始计算的索引。

【例 5.21】 (实例文件：ch05\5.21.html)使用 slice ()方法获取数据中的一部分数据。代码如下：

```html
<html>
<body>
<script type="text/javascript">
    var arr = new Array(6)
    arr[0] = "黑龙江"
    arr[1] = "吉林"
    arr[2] = "辽宁"
    arr[3] = "内蒙古"
    arr[4] = "河北"
    arr[5] = "山东"
    document.write("原有数组元素: "+arr)
    document.write("<br />")
    document.write("获取的部分数组元素: "+arr.slice(2,4))
    document.write("<br />")
    document.write("获取部分元素后的数据: "+arr)
</script>
</body>
</html>
```

上述代码在 IE 9.0 浏览器中的显示效果如图 5-23 所示，可以看出获取部分数组元素后的数组其前后情况是不变的。

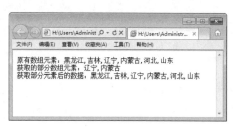

图 5-23　程序运行结果

5.4.8 案例——对数组中的元素进行排序

使用 sort()方法可以对数组的元素进行排序。其语法格式如下：

```
arrayObject.sort(sortby)
```

其中，arrayObject 为必选项，为数组对象。sortby 为可选项，用来确定元素顺序的函数的名称。如果该参数被省略，那么元素将按照 ASCII 字符顺序进行升序排序。

【**例 5.22**】 (实例文件：ch05\5.22.html)新建数组 x 并赋值 1、20、8、12、6、7，使用 sort 方法排序数组，并输出 x 数组到页面。代码如下：

```html
<!DOCTYPE html>
<html>
<head>
<title>数组排序</title>
<script type="text/javascript">
    var x=new Array(1,20,8,12,6,7);    //创建数组
    document.write("排序前数组:"+x.join(",")+"<p>"); //输出数组元素
    x.sort();    //按字符升序排列数组
    document.write("没有使用比较函数排序后数组:"+x.join(",")+"<p>");    //输出排序
后数组
    x.sort(asc);    //有比较函数的升序排列
    /*升序比较函数*/
    function asc(a,b)
    {
     return a-b;
    }
    document.write("排序升序后数组:"+x.join(",")+"<p>");//输出排序后数组
    x.sort(des);    //有比较函数的降序排列
    /*降序比较函数*/
    function des(a,b)
    {
        return b-a;
    }
document.write("排序降序后数组:"+x.join(","));//输出排序后数组
</script>
</head>
<body>
</body>
</html>
```

上述代码在 IE 9.0 浏览器中的显示效果如图 5-24 所示。

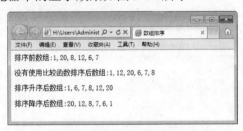

图 5-24   程序运行结果

在没有使用比较函数进行排序时，sort 方法是按字符的 ASCII 值排序，先从第一个字符比较，如果第 1 个字符相等，再比较第 2 个字符，依此类推。

对于数值型数据，如果按字符比较，得到的结果并不是用户所需要的，因此需要借助比较函数。比较函数有两个参数，分别代表每次排序时的两个数组项。sort()排序时每次比较两个数组项都会执行这个参数，并把两个比较的数组项作为参数传递给这个函数。当函数返回值大于 0 的时候就交换两个数组的顺序，否则就不交换，即当函数返回值小于 0 时，表示升序排列，函数返回值大于 0 时，表示降序排列。

5.4.9 案例——将数组转换成字符串

使用 toString()方法可把数组转换为字符串,并返回结果。其语法格式如下:

```
arrayObject.toString()
```

【例 5.23】 (实例文件:ch05\5.23.html)将数组转换成字符串。代码如下:

```html
<html>
<body>
<script type="text/javascript">
    var arr = new Array(3)
    arr[0] = "北京"
    arr[1] = "上海"
    arr[2] = "广州"
    document.write(arr.toString())
</script>
</body>
</html>
```

上述代码在 IE 9.0 浏览器中的显示效果如图 5-25 所示,可以看出数组中的元素之间是用逗号分隔的。

图 5-25 程序运行结果

5.4.10 案例——将数组转换成本地字符串

使用 toLocaleString()方法可以把数组转换为本地的字符串。其语法格式如下:

```
arrayObject.toLocaleString()
```

 首先调用每个数组元素的 toLocaleString()方法,然后使用地区特定的分隔符把生成的字符串连接起来,形成一个字符串。

【例 5.24】 (实例文件:ch05\5.24.html)将数组转换成本地的字符串。代码如下:

```html
<html>
<body>
<script type="text/javascript">
    var arr = new Array(3)
    arr[0] = "北京"
    arr[1] = "上海"
    arr[2] = "广州"
    document.write(arr.toLocaleString())
</script>
```

```
</body>
</html>
```

上述代码在 IE 9.0 浏览器中的显示效果如图 5-26 所示，可以看出数组中的元素之间是用逗号分隔的。

图 5-26　程序运行结果

5.4.11　案例——在数组开头插入数据

使用 unshift() 方法可以将指定的元素插入数组开始位置，并将值返回该数组。其语法格式如下：

```
arrayObject.unshift(newelement1,newelement2,...,newelementN)
```

其中，arrayObj 是必选项，为 Array 的对象；newelementN 是可选项，是要添加到该数组对象的新元素。

【例 5.25】 (实例文件：ch05\5.25.html)在数组开头插入数据。代码如下：

```
<html>
<body>
<script type="text/javascript">
    var arr = new Array()
    arr[0] = "北京"
    arr[1] = "上海"
    arr[2] = "广州"
    document.write(arr + "<br />")
    document.write(arr.unshift("天津") + "<br />")
    document.write(arr)
</script>
</body>
</html>
```

上述代码在 IE 9.0 浏览器中的显示效果如图 5-27 所示。

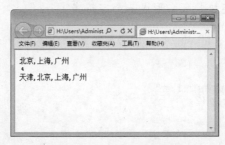

图 5-27　程序运行结果

5.5 创建和使用自定义对象

目前在 Javascript 中，已经存在一些标准的类，例如 Date、Array、RegExp、String、Math、Number 等，这为编程提供了许多方便。但对于复杂的客户端程序而言，这些还远远不够。在 JavaScript 脚本语言中，还有浏览器对象、用户自定义对象和文本对象等对象，其中用户自定义对象占据举足轻重的地位。

JavaScript 作为基于对象的编程语言，其对象实例通过构造函数来创建。每一个构造函数包括一个对象原型，定义了每个对象包含的属性和方法。在 JavaScript 脚本中创建自定义对象的方法主要有两种：定义对象的构造函数和直接对对象初始化。

5.5.1 案例——定义对象的构造函数

在实际使用中，可首先定义对象的构造函数，然后使用 new 操作符来生成该对象的实例，从而创建自定义对象。

【例 5.26】 (实例文件：ch05\5.26.html)代码如下：

```
<html>
<head>
<meta http-equiv="Content-Type" content="text/html; charset=gb2312">
<title>自定义对象</title>
<script language="JavaScript" type="text/javascript">
<!--
//对象的构造函数
function Student(iName,iAddress,iGrade,iScore)
{
  this.name=iName;
  this.address=iAddress;
  this.grade=iGrade;
  this.Score=iScore;
  this.information=showInformation;
}
//定义对象的方法
function showInformation()
{
  var msg="";
  msg="学生信息：\n"
  msg+="\n 学生姓名 : "+this.name+" \n";
  msg+="家庭地址 : "+this.address +"\n";
  msg+="班级 : "+this.grade +" \n";
  msg+="分数 : "+this.Score
  window.alert(msg);
}
//生成对象的实例
var ZJDX=new Student("刘明明","新疆乌鲁木齐 100 号","401","99");
-->
```

```
</script>
</head>
<body>
<br>
<center>
<form>
  <input type="button" value="查看" onclick="ZJDX.information()">
</form>
</center>
</body>
</html>
```

上述代码在 IE 9.0 浏览器中的显示效果如图 5-28 所示。单击【查看】按钮，即可看到含有学生信息的提示框如图 5-29 所示。

图 5-28　显示结果

图 5-29　含有学生信息的提示框

在该方法中，用户需要先定义一个对象的构造函数，再通过 new 关键字来创建该对象的实例。定义对象的构造函数如下：

```
function Student(iName,iAddress,iGrade,iScore)
{
  this.name=iName;
  this.address=iAddress;
  this.grade=iGrade;
  this.score=iScore;
  this.information=showInformation;
}
```

当调用该构造函数时，浏览器给新的对象分配内存，并将该对象传递给函数。this 操作符是指向新对象引用的关键词，用于操作这个新对象。语句 this.name=iName;使用作为函数参数传递过来的 iName 值，在构造函数中给该对象的 name 属性赋值。该属性属于所有 School 对象，而不仅仅属于 Student 对象的某个实例，例如上面的 ZJDX。对象实例的 name 属性被定义和赋值后，可以通过 var str=ZJDX.name;方法访问该实例的该属性。

使用同样的方法继续添加 address、grade、score 等其他属性，但 information 不是对象的属性，而是对象的方法：

```
this.information=showInformation;
```

方法 information 指向的外部函数 showInformation 的结构如下：

```
function showInformation()
{
  var msg="";
  msg="学生信息：\n"
  msg+="\n 学生姓名 : "+this.name+" \n";
  msg+="家庭地址 : "+this.address +"\n";
  msg+="班级 : "+this.grade +" \n";
  msg+="分数 : "+this.Score
  window.alert(msg);
}
```

同样，由于被定义为对象的方法，在外部函数中也可使用 this 操作符指向当前的对象，并通过 this.name 等访问它的某个属性。在构建对象的某个方法时，如果代码比较简单，也可以使用非外部函数的做法，改写 student 对象的构造函数代码如下：

```
function Student(iName,iAddress,iGrade,iScore)
{
  this.name=iName;
  this.address=iAddress;
  this.grade=iGrade;
  this.score=iScore;
  this.information=function()
                {
                  var msg=" ";
                  msg="学生信息\n"
                msg+="\n 学生姓名 : "+this.name+" \n";
                  msg+="家庭地址 : "+this.address +"\n";
                  msg+="班级 : "+this.grade +" \n";
                  msg+="分数 : "+this.Score
                  window.alert(msg);
                };
}
```

5.5.2　案例——直接对对象初始化

与定义对象的构造函数的方法不同的是，通过直接对对象初始化来创建自定义对象，无须生成此对象的实例。将前面 HTML 文件中的 JavaScript 脚本部分修改如下：

```
<script language="JavaScript" type="text/javascript">
<!--
//直接初始化对象
var ZJDX={name:"刘明明",
          address:" 新疆乌鲁木齐 100 号",
          grade:" 401",
          score:"99",
          information:showInformation
          };
//定义对象的方法
```

```
function showInformation()
{
  var msg="";
  msg="学生信息：\n"
  msg+="\n 学生姓名 : "+this.name+" \n";
  msg+="家庭地址 : "+this.address +"\n";
  msg+="班级 : "+this.grade +" \n";
  msg+="分数 : "+this.Score
  window.alert(msg);
}
-->
</script>
```

在 IE 9.0 浏览器中显示修改后的 HTML 文档，可以看出与前面的结果相同。该方法适合只需生成某个应用对象并进行相关操作的情况使用，代码紧凑，编程效率高。但若要生成若干个对象的实例，就必须为生成的每个实例重复相同的代码结构，最终只是参数不同而已，代码的重用性比较差，不符合面向对象的编程思路，所以应尽量避免使用该方法创建自定义对象。

5.5.3　案例——修改和删除对象实例的属性

JavaScript 脚本可动态添加对象实例的属性，同时，也可动态修改、删除某个对象实例的属性。例如，修改 HTML 文件中的 function showInformation()部分，代码如下：

```
function showInformation()
{
  var msg="";
  msg="自定义对象实例：\n\n"
  msg+=" 学生姓名 : "+this.name+" \n";
  msg+=" 家庭地址 : "+this.address +"\n";
  msg+=" 班级 : "+this.grade +" \n";
  msg+=" 分数 : "+this.score+" \n\n";
  //修改对象实例的 score 属性
  this.score=88;
  msg+="修改对象实例的属性：\n\n"
  msg+=" 学生姓名 : "+this.name+" \n";
  msg+=" 所在地址 : "+this.address +"\n";
  msg+=" 班级 : "+this.grade +" \n";
  msg+=" 分数 : "+this.score+" \n\n";
  //删除对象实例的 score 属性
  delete this.score;
  msg+="删除对象实例的属性：\n\n"
  msg+=" 学生姓名 : "+this.name+" \n";
  msg+=" 家庭地址 : "+this.address +"\n";
  msg+=" 班级 : "+this.grade +" \n";
  msg+=" 分数 : "+this.score+" \n\n";
  window.alert(msg);
}
```

保存更改，程序运行后，在原始页面单击【查看】按钮，弹出信息框如图 5-30 所示。

在执行 this.score=88;语句后，对象实例的 score 属性值更改为 88；而在执行 delete this. score 语句后，对象实例的 score 属性值变为了 Undefined，同任何不存在的对象属性一样为未定义类型，但并不能删除该对象实例本身，否则将返回错误。

可见，JavaScript 动态添加、修改、删除对象实例的属性过程十分简单。之所以称之为对象实例的属性而不是对象的属性，是因为该属性只在对象的特定实例中才存在，而不能通过某种方法将某个属性赋予特定对象的所有实例。

 提示　　JavaScript 脚本中的 delete 运算符用于删除对象实例的属性，而在 C++中 delete 运算符不能删除对象的实例。

图 5-30　修改和删除对象实例的属性

5.5.4　案例——通过原型为对象添加新属性和新方法

在 JavaScript 中，每个对象都有一个 prototype(原型)属性，通过该属性可以为对象添加新属性和新方法。具体的语法规则如下：

```
object.prototype.name=value
```

下面通过实例来讲解 prototype 属性的使用方法。

【例 5.27】　(实例文件：ch05\5.27.html)给已存在的对象添加新属性和新方法。代码如下：

```
<! DOCTYPE html>
<html>
<head>
<title>自定义对象</title>
<script language="JavaScript" type="text/javascript">
<!--
//对象的构造函数
function Student(iName,iAddress,iGrade,iScore)
{
  this.name=iName;
  this.address=iAddress;
  this.grade=iGrade;
  this.score=iScore;
  this.information=showInformation;
}
//定义对象的方法
function showInformation()
{
  var msg="";
  msg="通过原型给对象添加新属性和新方法: \n\n"
  msg+="原始属性:\n";
```

```
  msg+="学生姓名: "+this.name+" \n";
  msg+="家庭住址: "+this.address +"\n";
  msg+="班级: "+this.grade +" \n";
  msg+="分数: "+this.score+" \n\n";
  msg+="新属性:\n";
  msg+="性别: "+this.addAttributeOfSex+" \n";
  msg+="新方法:\n";
  msg+="方法返回 : "+this.addMethod+"\n";
  window.alert(msg);
}
function MyMethod()
{
  var AddMsg="New Method Of Object!";
  return AddMsg;
}
//生成对象的实例
var ZJDX=new Student("刘明明","新疆乌鲁木齐100号","401","88");
Student.prototype.addAttributeOfSex="男";
Student.prototype.addMethod=MyMethod();
-->
</script>
</head>
<body>
<br>
<center>
<form>
  <input type="button" value="查看" onclick="ZJDX.information()">
</form>
</center>
</body>
</html>
```

将上述的代码保存为 HTML 文件，再在 IE 9.0 浏览器中打开该网页。在打开的网页中单击【查看】按钮，即可看到含有新添加性别信息的提示框，如图 5-31 所示。

图 5-31 通过原型给对象添加新属性和新方法

在上述的程序中，通过调用对象的 prototype 属性给对象添加新属性和新方法的是以下代码：

```
Student.prototype.addAttributeOfSex="男";
Student.prototype.addMethod=MyMethod();
```

原型属性为对象的所有实例所共享，用户在利用原型添加对象的新属性和新方法后，可通过对象引用的方法来修改。

5.5.5 案例——自定义对象的嵌套

与面向对象编程方法相同的是，JavaScript 允许对象的嵌套使用，可以将对象的某个实例作为另外一个对象的属性来看待。

【例 5.28】 (实例文件：ch05\5.27.html)代码如下：

```
<! DOCTYPE HTML>
<html>
<head>
<meta http-equiv="Content-Type" content="text/html; charset=gb2312">
<title>自定义对象嵌套</title>
<script language="JavaScript" type="text/javascript">
<!--
//对象的构造函数
//构造嵌套的对象
var StudentData={
            age:"26",
            Tel:"1810000000",
            teacher:"张老师"
            };
//构造被嵌入的对象
var ZJDX={
        name:"刘明明",
        address:"新疆乌鲁木齐 100 号",
        grade:"401",
        score:"86",
        //嵌套对象 StudentData
        data:StudentData,
        information:showInformation
        };
//定义对象的方法
function showInformation()
{
  var msg="";
  msg="对象嵌套实例：\n\n";
  msg+="被嵌套对象直接属性值:\n"
  msg+="学生姓名: "+this.name+"\n";
  msg+="家庭地址: "+this.address +"\n";
  msg+="年级: "+this.grade +"\n";
  msg+="分数: "+this.number +"\n\n";
  msg+="访问嵌套对象直接属性值:\n"
  msg+="年龄: "+this.data.age +"\n";
  msg+="联系电话: "+this.data.Tel +" \n";
  msg+="班主任: "+this.data.teacher +" \n";
  window.alert(msg);
}
-->
</script>
</head>
```

```
<body>
<br>
<center>
<form>
  <input type="button" value="查看" onclick="ZJDX.information()">
</form>
</center>
</body>
</html>
```

在上述代码中，先构造了对象 StudentData 包含学生的相关联系信息的代码如下：

```
var StudentData={
            age:"26",
            Tel:"1810000000",
            teacher:"张老师"
            };
```

然后构建 ZJDX 对象，同时嵌入 StudentData 对象的代码如下：

```
var ZJDX={
        name:"刘明明",
        address:"新疆乌鲁木齐100号",
        grade:"401",
        score:"86",
        //嵌套对象 StudentData
        data:StudentData,
        information:showInformation
        };
```

从中可以看出，在构建 ZJDX 对象时，StudentData 对象被作为其自身属性 data 的取值而引入，并可通过以下代码对其进行访问：

```
this.data.age
this.data.Tel
this.data.teacher
```

程序运行后。在打开的网页中单击【查看】按钮，即可弹出如图 5-32 所示的消息对话框。

图 5-32　自定义对象的嵌套

5.5.6 案例——内存的分配和释放

JavaScript 是基于对象的编程语言，而不是面向对象的编程语言，因此缺少指针的概念。面向对象的编程语言在动态分配和释放内存方面起着非常重要的作用；而在 JavaScript 中在创建对象的同时，浏览器会自动为创建的对象分配内存空间。JavaScript 将新对象的引用传递给调用的构造函数；而在清除对象时其占据的内存将被自动回收，整个过程都是浏览器的功劳，JavaScript 只是创建该对象。

浏览器中的这种内存管理机制被称为"内存回收"。它动态地分析程序中每个占据内存空间的数据(变量、对象等)。如果该数据的程序标记为不可再用时，浏览器将调用内部函数将其占据的内存空间释放，实现内存的动态管理。在定义的对象使用后，如果该对象不再使用，则给其赋空值，这样该对象占据的空间将被释放；如果该对象还会被使用，则保留该对象占据的空间，直至该对象不再被使用为止。

5.6 实战演练——利用二维数组创建动态下拉菜单

许多编程语言中都提供定义和使用二维或多维数组的功能。JavaScript 通过 Array 对象创建的数组都是一维的，但是可以通过在数组元素中使用数组来实现二维数组。

【例 5.29】 (实例文件：ch05\5.29.html)使用一个二维数组来改变下拉菜单中的内容。代码如下：

```
<! DOCTYPE HTML>
<HTML>
<HEAD>
<TITLE>动态改变下拉菜单内容</TITLE>
</HEAD>
<SCRIPT LANGUAGE=javascript>
  //定义一个二维数组 aCity,用于存放城市名称。
  var aCity=new Array();
  aCity[0]=new Array();
  aCity[1]=new Array();
  aCity[2]=new Array();
  aCity[3]=new Array();
  //赋值,每个省份的城市存放于数组的一行。
  aCity[0][0]="--请选择--";
  aCity[1][0]="--请选择--";
  aCity[1][1]="广州市";
  aCity[1][2]="深圳市";
  aCity[1][3]="珠海市";
  aCity[1][4]="汕头市";
  aCity[1][5]="佛山市";
  aCity[2][0]="--请选择--";
  aCity[2][1]="长沙市";
  aCity[2][2]="株州市";
  aCity[2][3]="湘潭市";
  aCity[3][0]="--请选择--";
  aCity[3][1]="杭州市";
```

```
aCity[3][2]="宁波市";
aCity[3][3]="温州市";
function ChangeCity()
{
var i,iProvinceIndex;
iProvinceIndex=document.frm.optProvince.selectedIndex;
iCityCount=0;
while (aCity[iProvinceIndex][iCityCount]!=null)
iCityCount++;
//计算选定省份的城市个数
document.frm.optCity.length=iCityCount;//改变下拉菜单的选项数
for (i=0;i<=iCityCount-1;i++)//改变下拉菜单的内容
document.frm.optCity[i]=new Option(aCity[iProvinceIndex][i]);
document.frm.optCity.focus();
}
</SCRIPT>
<BODY ONfocus=ChangeCity()>
<H3>选择省份及城市</H3>
<FORM NAME="frm">
 <P>省份：
  <SELECT NAME="optProvince" SIZE="1" ONCHANGE=ChangeCity()>
   <OPTION>--请选择--</OPTION>
   <OPTION>广东省</OPTION>
   <OPTION>湖南省</OPTION>
   <OPTION>浙江省</OPTION>
  </SELECT>
</P>
<P>城市：
 <SELECT NAME="optCity" SIZE="1">
  <OPTION>--请选择--</OPTION>
 </SELECT>
</P>
</FORM>
</BODY>
</HTML>
```

在 IE 浏览器中打开上面的 HTML 文档，其显示结果如图 5-33 所示。在第一个下拉列表中选择某个省份，然后在第二个下拉列表即可看到相应的城市，如图 5-34 所示。

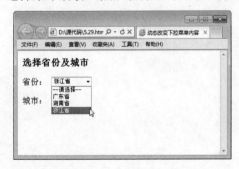

图 5-33　显示结果

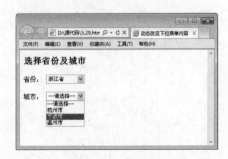

图 5-34　显示结果

5.7　跟我练练手

1. 练习目标

能够熟练掌握本章所讲内容。

2. 上机练习

练习 1：对象访问语句的使用方法。
练习 2：JavaScript 数组的使用方法。
练习 3：常用的数组对象的使用方法。
练习 4：创建和使用自定义对象的使用方法。

5.8　高 手 甜 点

甜点 1：JavaScript 支持的主要对象有哪些？

JavaScript 支持的主要对象如下。

(1)　JavaScript 核心对象：包括同基本数据类型相关的对象(例如 String、Boolean、Number)、允许创建用户自定义和组合类型的对象(例如 Object、Array)和其他能简化 JavaScript 操作的对象(例如 Math、Date、RegExp、Function)。

(2)　浏览器对象：包括不属于 JavaScript 语言本身但被绝大多数浏览器所支持的对象，例如控制浏览器窗口和用户交互界面的 Window 对象、提供客户端浏览器配置信息的 Navigator 对象。

(3)　用户自定义对象：Web 应用程序开发者用于完成特定任务而创建的自定义对象，可自由设计对象的属性、方法和事件处理程序，编程灵活性较大。

(4)　文本对象：由文本域构成的对象，在 DOM 中定义，同时被赋予很多特定的处理方法，例如 insertData()、appendData()等。

甜点 2：如何获取数组的长度？

获取数组长度的代码如下：

```
var arr=new Array();
var len=arr.length;
```

第 6 章

JavaScript 的内置
对象——日期与
字符串对象

JavaScript 中常用的内置对象有多种，比较常用的内置对象主要有日期和字符串等。日期对象主要用来处理日期和时间；字符串对象主要用来处理文本。本章将详细介绍日期与字符串的使用方法和技巧。

本章要点(已掌握的在方框中打勾)

☐ 掌握日期对象的创建方法。

☐ 掌握日期对象的常用方法。

☐ 掌握字符串对象的创建方法。

☐ 掌握字符串对象的使用方法。

6.1 日 期 对 象

在 JavaScript 中，虽然没有日期类型的数据，但是在开发过程中会经常处理日期问题。对此，JavaScript 提供了日期(Date)对象来这一问题。

6.1.1 案例——创建日期对象

在 JavaScript 中，创建日期对象必须使用 new 语句。使用关键字 new 新建日期对象的方法有 4 种，各方法的实现代码如下。

```
方法 1：日期对象=New Date()
方法 2：日期对象=New Date(日期字串)
方法 3：日期对象=New Date(年,月,日[时，分，秒，[毫秒]])
方法 4：日期对象=New Date(毫秒)
```

上述 4 种创建方法，区别如下。

(1) 方法 1 创建了一个包含当前系统时间的日期对象。

(2) 方法 2 将一个字符串转换成日期对象。该字符串可以是只包含日期的字符串，也可以是既包含日期又包含时间的字符串。JavaScript 对日期格式有要求，通常使用的格式有以下两种。

- 日期字符串可以表示为："月 日,年 小时:分钟:秒钟"。其中，月份必须使用英文单词，而其他部分需使用数字表示，日和年之间一定要有逗号。

- 日期字符串可以表示为："年/月/日 小时:分钟:秒钟"。其中，所有部分都要求使用数字，年份要求使用 4 位，月份用 0 至 11 的整数，代表 1 月至 12 月。

(3) 方法 3 通过指定年月日时分秒创建日期对象，时分秒都可以省略。月份用 0 至 11 的整数，代表 1 月至 12 月。

(4) 方法 4 使用毫秒来创建日期对象。例如，把 1970 年 1 月 1 日 0 时 0 分 0 秒 0 毫秒可看成一个基数，而给定的参数则代表距离这个基数的毫秒数。如果指定参数毫秒为 3000，则该日期对象中的日期为 1970 年 1 月 1 日 0 时 0 分 0 秒 3 毫秒。

【例 6.1】 (实例文件：ch06\6.1.html)使用 4 种方法创建日期对象。代码如下：

```
<!DOCTYPE html>
<html>
<head>
<title>创建日期对象</title>
<script>
//以当前时间创建一个日期对象
var myDate1=new Date();
//将字符串转换成日期对象，该对象代表日期为 2010 年 6 月 10 日
var myDate2=new Date("June 10,2010");
//将字符串转换成日期对象，该对象代表日期为 2010 年 6 月 10 日
var myDate3=new Date("2010/6/10");
//创建一个日期对象，该对象代表日期和时间为 2011 年 10 月 19 日 16 时 16 分 16 秒
var myDate4=new Date(2011,10,19,16,16,16);
```

```
//创建一个日期对象，该对象代表距离 1970 年 1 月 1 日 0 分 0 秒 20000 毫秒的时间
var myDate5=new Date(20000);
//分别输出以上日期对象的本地格式
document.write("myDate1 所代表的时间为: "+myDate1.toLocaleString()+"<br>");
document.write("myDate2 所代表的时间为: "+myDate2.toLocaleString()+"<br>");
document.write("myDate3 所代表的时间为: "+myDate3.toLocaleString()+"<br>");
document.write("myDate4 所代表的时间为: "+myDate4.toLocaleString()+"<br>");
document.write("myDate5 所代表的时间为: "+myDate5.toLocaleString()+"<br>");
</script>
</head>
<body>
</body>
</html>
```

上述代码在 IE 9.0 浏览器中的显示效果如图 6-1 所示。

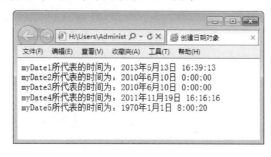

图 6-1 创建日期对象

 Date 日期对象只包含两个属性，分别是 constructor 和 prototype，因为这两个属性在每个内部对象中都存在，前面在讲数组对象时已经讲过，这里不再赘述。

6.1.2 案例——日期对象的方法

日期对象的方法主要分为三大组：setXxx、getXxx 和 toXxx。setXxx 组的方法用于设置时间和日期值；getXxx 组的方法用于获取时间和日期值；toXxx 方法主要是将日期转换成指定格式。日期对象的方法如表 6-1 所示。

表 6-1 日期对象的方法

方　　法	描　　述
Date()	返回当日的日期和时间
getDate()	从 Date 对象返回一个月中的某一天(1～31)
getDay()	从 Date 对象返回一周中的某一天(0～6)
getMonth()	从 Date 对象返回月份(0～11)
getFullYear()	从 Date 对象以四位数字返回年份
getYear()	请使用 getFullYear()方法代替
getHours()	返回 Date 对象的小时(0～23)

续表

方　法	描　述
getMinutes()	返回 Date 对象的分钟(0～59)
getSeconds()	返回 Date 对象的秒数(0～59)
getMilliseconds()	返回 Date 对象的毫秒(0～999)
getTime()	返回 1970 年 1 月 1 日至今的毫秒数
getTimezoneOffset()	返回本地时间与格林威治标准时间(GMT)的分钟差
getUTCDate()	根据世界时从 Date 对象返回月中的一天(1～31)
getUTCDay()	根据世界时从 Date 对象返回周中的一天(0～6)
getUTCMonth()	根据世界时从 Date 对象返回月份(0～11)
getUTCFullYear()	根据世界时从 Date 对象返回四位数的年份
getUTCHours()	根据世界时返回 Date 对象的小时(0～23)
getUTCMinutes()	根据世界时返回 Date 对象的分钟(0～59)
getUTCSeconds()	根据世界时返回 Date 对象的秒钟(0～59)
getUTCMilliseconds()	根据世界时返回 Date 对象的毫秒(0～999)
parse()	返回 1970 年 1 月 1 日午夜到指定日期(字符串)的毫秒数
setDate()	设置 Date 对象中月的某一天(1～31)
setMonth()	设置 Date 对象中月份(0～11)
setFullYear()	设置 Date 对象中的年份(4 位数字)
setYear()	请使用 setFullYear()方法代替
setHours()	设置 Date 对象中的小时(0～23)
setMinutes()	设置 Date 对象中的分钟(0～59)
setSeconds()	设置 Date 对象中的秒钟(0～59)
setMilliseconds()	设置 Date 对象中的毫秒(0～999)
setTime()	以毫秒设置 Date 对象
setUTCDate()	根据世界时设置 Date 对象中月份的一天(1～31)
setUTCMonth()	根据世界时设置 Date 对象中的月份(0～11)
setUTCFullYear()	根据世界时设置 Date 对象中的年份(4 位数字)
setUTCHours()	根据世界时设置 Date 对象中的小时(0～23)
setUTCMinutes()	根据世界时设置 Date 对象中的分钟(0～59)
setUTCSeconds()	根据世界时设置 Date 对象中的秒钟(0～59)
setUTCMilliseconds()	根据世界时设置 Date 对象中的毫秒(0～999)
toSource()	返回该对象的源代码
toString()	把 Date 对象转换为字符串
toTimeString()	把 Date 对象的时间部分转换为字符串
toDateString()	把 Date 对象的日期部分转换为字符串
toGMTString()	请使用 toUTCString()方法代替

续表

方　法	描　述
toUTCString()	根据世界时，把 Date 对象转换为字符串
toLocaleString()	根据本地时间格式，把 Date 对象转换为字符串
toLocaleTimeString()	根据本地时间格式，把 Date 对象的时间部分转换为字符串
toLocaleDateString()	根据本地时间格式，把 Date 对象的日期部分转换为字符串
UTC()	根据世界时返回 1997 年 1 月 1 日到指定日期的毫秒数
valueOf()	返回 Date 对象的原始值

在表 6-1 中，将日期转换成字符串的方法，要么就是将日期对象中的日期转换成字符串，要么就是将日期对象中的时间转换成字符串，要么就是将日期对象中的日期和时间一起转换成字符串。并且，这些方法转换成的字符串格式无法控制，例如，将日期转换成 2010 年 6 月 10 日的格式，以上方法就无法做到。

从 JavaScript1.6 开始添加了一个 toLocaleFormat()方法，该方法可以有选择地将日期对象中的某个或某些部分转换成字符串，也可以指定转换的字符串格式。toLocaleFormat()方法的语法格式如下：

```
日期对象.toLocaleFormat(formatString)
```

参数 formatString 是要转换的日期部分的字符，这些字符及含义如表 6-2 所示。

表 6-2　日期的部分字符

字符格式	说　明
%a	显示日期的缩写，显示方式有本地区域设置
%A	显示星期的全称，显示方式有本地区域设置
%b	显示月份的缩写，显示方式有本地区域设置
%B	显示月份的全程，显示方式有本地区域设置
%c	显示日期和时间，显示方式有本地区域设置
%d	以 2 位数的形式显示月份中的某一日，01～31
%H	以 2 位数的形式显示小时，24 小时制，00～23
%I	以 2 位数的形式显示小时，12 小时制，01～12
%j	一年中的第几天 3 位数，001～366
%m	2 位数月份，01～12
%M	2 位数分钟，00～59
%p	本地区域设置的上午或者下午
%S	2 位数秒钟 00～59
%U	2 位数 1 年中的第几周 00～53(星期天为一周的第一天)
%w	一周中的第几天 0～6(星期天为一周的第一天，0 为星期天)
%W	2 位数一年中的第几周 00～53(星期一为一周的第一天，一年中的第一个星期一认为是第 0 周)

续表

字符格式	说　明
%x	显示日期，显示方式有本地区域设置
%X	显示时间，显示方式有本地区域设置
%y	2 位年份
%Y	4 位年份
%Z	如果失去信息不存在，则被时区名称、时区简称或者被无字节替换
%%	显示%

【例 6.2】 (实例文件：ch06\6.2.html)将日期对象以 YYYY-MM-DD PM H：M：S 星期 X 的格式显示。代码如下：

```
<!DOCTYPE html>
<html>
<head>
<title>创建日期对象</title>
<script>
var now=new Date();    //定义日期对象
//输出自定义的日期格式
document.write("今天是: "+now. toLocaleFormat("%Y-%m-%d %p %H:%M:%S %a");
</script>
</head>
<body>
</body>
</html>
```

由于 toLocaleFormat()方法是 JavaScript1.6 新增加的功能，IE、Opera 等浏览器都不支持，Firefox 浏览器完全支持，网页预览结果如图 6-2 所示。

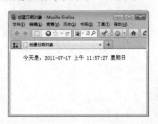

图 6-2　自定义格式日期输出效果

6.2　详解日期对象的常用方法

下面详细介绍日期对象常用方法的使用。

6.2.1　案例——返回当前日期和时间

由于 Date 对象自动使用当前的日期和时间作为其初始值，所以使用 Date()方法可返回当天的日期和时间。其语法格式如下：

```
Date()
```

【例6.3】 (实例文件：ch06\6.3.html)返回当前日期和时间。代码如下：

```
<html>
<body>
<script type="text/javascript">
document.write(Date())
</script>
</body>
</html>
```

上述代码在 IE 9.0 浏览器中的显示效果如图 6-3 所示。

图 6-3　显示效果

6.2.2　案例——以不同的格式显示当前日期

使用 getDate() 方法可返回月份的某一天。其语法格式如下：

```
dateObject.getDate()
```

其中，dateObject 指的是月份中的某一天，且使用的是本地时间。返回值是 1~31 之间的整数。

使用 getMonth()方法可返回表示月份的数字。其语法格式如下：

```
dateObject.getMonth()
```

其中，dateObject 的月份字段使用的是本地时间。返回值是 0(一月)到 11(十二月)之间的整数。

使用 getFullYear() 方法可返回一个表示年份的 4 位数字。其语法格式如下：

```
dateObject.getFullYear()
```

当 dateObject 用本地时间表示时，返回的是年份。当返回的值是一个 4 位数时，表示包括世纪值在内的完整年份，而不是两位数的缩写形式。

【例6.4】 (实例文件：ch06\6.4.html)以不同的格式显示当前日期。代码如下：

```
<html>
<body>
<script type="text/javascript">
var d=new Date()
var day=d.getDate()
var month=d.getMonth() + 1
var year=d.getFullYear()
document.write(day + "." + month + "." + year)
```

```
document.write("<br /><br />")
document.write(year + "/" + month + "/" + day)
</script>
</body>
</html>
```

上述代码在 IE 9.0 浏览器中的显示效果如图 6-4 所示。

图 6-4　程序运行结果

6.2.3　案例——返回日期所对应的周次

使用 getDay() 方法可返回表示星期的数字。其语法格式如下：

```
dateObject.getDay()
```

其中，dateObject 指的是一星期中的某一天，使用的是本地时间。其返回值是 0(周日)到 6(周六)之间的整数。

【例 6.5】 (实例文件：ch06\6.5.html)返回日期所对应的周次。代码如下：

```
<html>
<body>
<script type="text/javascript">
var d=new Date()
var weekday=new Array(7)
weekday[0]="星期日"
weekday[1]="星期一"
weekday[2]="星期二"
weekday[3]="星期三"
weekday[4]="星期四"
weekday[5]="星期五"
weekday[6]="星期六"
document.write("今天是" + weekday[d.getDay()])
</script>
</body>
</html>
```

上述代码在 IE 9.0 浏览器中的显示效果如图 6-5 所示。

图 6-5　程序运行结果

6.2.4 案例——显示当前时间

使用 getHours()方法可返回时间的小时字段。其语法格式如下：

```
dateObject.getHours()
```

其中，dateObject 的小时字段，以本地时间显示。其返回值是 0(午夜)到 23(晚上 11 点)之间的整数。

使用 getMinutes() 方法可返回时间的分钟字段。其语法格式如下：

```
dateObject.getMinutes()
```

dateObject 的分钟字段，以本地时间显示。其返回值是 0～59 之间的整数。

使用 getSeconds() 方法可返回时间的秒。其语法格式如下：

```
dateObject.getSeconds()
```

dateObject 的分钟字段，以本地时间显示。其返回值是 0～59 之间的整数。

注意 由 getHours()、getMinutes()、getSeconds()返回的值是一个两位的数字。不过返回的值不会总是两位数，如果该值小于 10，则返回的值是个一位数字。

【例 6.6】 (实例文件：ch06\6.6.html)显示当前时间。代码如下：

```html
<html>
<body>
<script type="text/javascript">
function checkTime(i)
{
if (i<10)
  {i="0" + i}
  return i
}
var d = new Date()
document.write(checkTime(d.getHours()))
document.write(".")
document.write(checkTime(d.getMinutes()))
document.write(".")
document.write(checkTime(d.getSeconds()))
</script>
</body>
</html>
```

上述代码在 IE 9.0 浏览器中的显示效果如图 6-6 所示。

图 6-6　程序运行结果

139

6.2.5 案例——返回距 1970 年 1 月 1 日午夜的时差

使用 getTime()方法可返回 Date 对象距 1970 年 1 月 1 日午夜的时差。其语法格式如下：

```
dateObject.getTime()
```

其中，dateObject 表示指定的日期和时间距 1970 年 1 月 1 日午夜(GMT 时间)之间的毫秒数。该方法总是结合一个 Date 对象来使用。

【例 6.7】 (实例文件：ch06\6.7.html)返回时差。代码如下：

```html
<html>
<body>
<script type="text/javascript">
var minutes = 1000*60
var hours = minutes*60
var days = hours*24
var years = days*365
var d = new Date()
var t = d.getTime()
var y = t/years
document.write("从 1970 年 1 月 1 日至今已有" + y + "年")
</script>
</body>
</html>
```

上述代码在 IE 9.0 浏览器中的显示效果如图 6-7 所示。

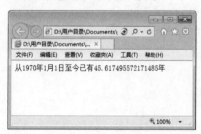

图 6-7　程序运行结果

6.2.6 案例——以不同的格式显示 UTC 日期

使用 getUTCDate()方法可根据世界时返回某个月(UTC)中的某一天。其语法格式如下：

```
dateObject.getUTCDate()
```

其中，dateObject 用世界时表示时，返回该月中的某一天(1~31 中的一个值)。不过，该方法总是结合一个 Date 对象来使用。

使用 getUTCMonth()方法可返回一个表示月份的数字(按照世界时 UTC)。其语法格式如下：

```
dateObject.getUTCMonth()
```

其中，dateObject 是用世界时表示的月份，该值是 0(一月)到 11(十二月)之间的整数。需要注意的是，Date 对象使用 1 来表示月的第一天，而不是像月份字段那样使用 0 来表示一年的第一个月。

getUTCFullYear()方法可返回根据世界时(UTC)表示的年份(是一个 4 位数)。其语法格式如下：

```
dateObject.getUTCFullYear()
```

其中，dateObject 用世界时表示时的年份，该值是一个 4 位的整数，而不是两位数的缩写。

【例6.8】 (实例文件：ch06\6.8.html)以不同的格式显示 UTC 日期。代码如下：

```
<html>
<body>
<script type="text/javascript">
var d=new Date()
var day=d.getUTCDate()
var month=d.getUTCMonth() + 1
var year=d.getUTCFullYear()
document.write(day + "." + month + "." + year)
document.write("<br /><br />")
document.write(year + "/" + month + "/" + day)
</script>
</body>
</html>
```

上述代码在 IE 9.0 浏览器中的显示效果如图 6-8 所示。

图 6-8　程序运行结果

6.2.7　案例——根据世界时返回日期对应的周次

使用 getUTCDay() 方法可以根据世界时返回表示星期的一个数字。其语法格式如下：

```
dateObject.getUTCDay()
```

【例6.9】 (实例文件：ch06\6.9.html)根据世界时返回日期对应的周次。代码如下：

```
<html>
<body>
<script type="text/javascript">
var d=new Date()
var weekday=new Array(7)
weekday[0]="星期日"
weekday[1]="星期一"
weekday[2]="星期二"
weekday[3]="星期三"
```

```
weekday[4]="星期四"
weekday[5]="星期五"
weekday[6]="星期六"
document.write("今天是 " + weekday[d.getUTCDay()])
</script>
</body>
</html>
```

上述代码在 IE 9.0 浏览器中的显示效果如图 6-9 所示。

图 6-9　程序运行结果

6.2.8　案例——以不同的格式显示 UTC 时间

getUTCHours() 方法可根据世界时(UTC)返回时间的小时。其语法格式如下：

```
dateObject.getUTCHours()
```

返回的 dateObject 值是用世界时表示的小时字段。该值是一个 0(午夜)~23(晚上 11 点)之间的整数。

使用 getUTCMinutes()方法可根据世界时返回时间的分钟字段。其语法格式如下：

```
dateObject.getUTCMinutes()
```

dateObject 的分钟字段，以本地时间显示。返回值是 0~59 之间的整数。

使用 getUTCSeconds()方法可根据世界时返回时间的秒。其语法格式如下：

```
dateObject.getUTCSeconds()
```

dateObject 的分钟字段，以本地时间显示。返回值是 0~59 之间的整数。

注
意　　　getUTCHours()、getUTCMinutes()、getUTCSeconds()返回的值是一个两位的数字。不过返回值不总是两位数，如果该值小于 10，则仅返回一位数字。

【例 6.10】　(实例文件：ch06\6.10.html)以不同的格式显示 UTC 时间。代码如下：

```
<html>
<body>
<script type="text/javascript">
function checkTime(i)
{
if (i<10)
  {i="0" + i}
  return i
}
var d = new Date()
```

```
document.write(checkTime(d.getUTCHours()))
document.write(".")
document.write(checkTime(d.getUTCMinutes()))
document.write(".")
document.write(checkTime(d.getUTCSeconds()))
</script>
</body>
</html>
```

上述代码在 IE 9.0 浏览器中的显示效果如图 6-10 所示。

图 6-10　程序运行结果

6.2.9　案例——设置日期对象中的年份、月份与日期值

使用 setFullYear() 方法可以设置日期对象中的年份。其语法格式如下：

```
dateObject.setFullYear(year,month,day)
```

其中，各个参数的含义如下。

- year：为必选项，是表示年份的 4 位整数，用本地时间表示。
- month：可选，是表示月份的数值，介于 0~11 之间，用本地时间表示。
- day：可选，是表示月中某一天的数值，介于 1~31 之间，用本地时间表示。

使用 setMonth()方法可以设置日期对象中的月份。其语法格式如下：

```
dateObject.setMonth(month,day)
```

其中，各个参数的含义如下。

- month：必选，是表示月份的数值，该值介于 0(一月)~11(十二月)之间。
- day：可选，是表示月的某一天的数值，该值介于 1~31 之间(以本地时间计)。

使用 setDate()方法可以设置日期对象某个月的某一天。其语法格式如下：

```
dateObject.setDate(day)
```

其中，day 为必选项，是表示月中的一天的一个数值(1~31)。

【例 6.11】 (实例文件：ch06\6.11.html)代码如下：

```
<html>
<body>
<script type="text/javascript">
var d1 = new Date()
d1.setDate(15)
document.write("设置 Date 对象中的日期值："+d1)
document.write("<br /><br />")
var d2 = new Date()
```

```
d2.setMonth(0)
document.write("设置 Date 对象中的月份值："+d2)
document.write("<br /><br />")
var d3 = new Date()
d3.setFullYear(1992)
document.write("设置 Date 对象中的年份值："+d3)
</script>
</body>
</html>
```

上述代码在 IE 9.0 浏览器中的显示效果如图 6-11 所示。

图 6-11   程序运行结果

6.2.10   案例——设置小时、分钟与秒钟的值

使用 setHours() 方法可以设置指定时间的小时字段。其语法格式如下：

```
dateObject.setHours(hour,min,sec,millisec)
```

其中，各个参数的含义如下。

- hour 必选，是表示小时的数值，介于 0(午夜)~23(晚上 11 点)之间，以本地时间计(下同)。
- min 可选，是表示分钟的数值，介于 0~59 之间。在 EMCAScript 标准化之前，不支持该参数。
- sec 可选，是表示秒的数值，介于 0~59 之间。在 EMCAScript 标准化之前，不支持该参数。
- millisec 可选，是表示毫秒的数值，介于 0~999 之间。在 EMCAScript 标准化之前，不支持该参数。

使用 setMinutes()方法可以设置指定时间的分钟字段。其语法格式如下：

```
dateObject.setMinutes(min,sec,millisec)
```

其中，各个参数的含义如下。

- min 必选，是表示分钟的数值，介于 0~59 之间，以本地时间计(下同)。
- sec 可选，是表示秒的数值，介于 0~59 之间。在 EMCAScript 标准化之前，不支持该参数。
- millisec 可选，是表示毫秒的数值，介于 0~999 之间。在 EMCAScript 标准化之前，不支持该参数。

使用 setSeconds ()方法可以设置指定时间的秒钟字段。其语法格式如下：

```
dateObject.setSeconds(sec,millisec)
```

其中，各个参数的含义如下。

- sec 必选，是表示秒的数值，该值是介于 0～59 之间的整数。
- millisec 可选，是表示毫秒的数值，介于 0～999 之间。在 EMCAScript 标准化之前，不支持该参数。

【例 6.12】 (实例文件：ch06\6.12.html)代码如下：

```
<html>
<body>
<script type="text/javascript">
var d1 = new Date()
d1.setHours(15,35,1)
document.write("设置 Date 对象中的小时数: "+d1)
document.write("<br /><br />")
var d2 = new Date()
d2.setMinutes(1)
document.write("设置 Date 对象中的分钟数: "+d2)
document.write("<br /><br />")
var d3 = new Date()
d3.setSeconds(1)
document.write("设置 Date 对象中的秒钟数: "+d3)
</script>
</body>
</html>
```

上述代码在 IE 9.0 浏览器中的显示效果如图 6-12 所示。

图 6-12　程序运行结果

6.2.11　案例——设置 Date 对象的 UTC 日期

使用 setUTCDate()方法可以根据世界时(UTC)设置某个月中的某一天。其语法格式如下：

```
dateObject.setUTCDate(day)
```

其中，day 为必选项，用来给 dateObject 设置某个月中的某一天，用世界时表示。该参数是 1～31 之间的整数。

Date 对象还提供了一系列对年、月、日、小时、分钟、秒钟进行 UTC 设置的方法，都与此方法的使用方式相同，这里不再赘述。

【例 6.13】 (实例文件：ch06\6.13.html)设置 Date 对象的 UTC 日期。代码如下：

```
<html>
<body>
```

```
<script type="text/javascript">
var d = new Date()
d.setUTCDate(15)
document.write(d)
</script>
</body>
</html>
```

上述代码在 IE 9.0 浏览器中的显示效果如图 6-13 所示。

图 6-13　程序运行结果

6.2.12　案例——返回当地时间与 UTC 时间的差值

使用 getTimezoneOffset()方法可返回格林威治时间和本地时间之间的时差，以分钟为单位。其语法格式如下：

```
dateObject.getTimezoneOffset()
```

getTimezoneOffset()方法返回的是本地时间与 GMT 时间或 UTC 时间之间相差的分钟数。实际上，该函数反映了运行 JavaScript 代码的时区，以及指定的时间是否是夏令时。返回之所以以分钟计，而不是以小时计，原因是某些国家所占有的时区跨度太小。

注意　由于使用夏令时的惯例，该方法的返回值不是一个常量。

【例 6.14】 (实例文件：ch06\6.14.html)返回当地时间与 UTC 时间的差值。代码如下：

```
<html>
<body>
<script type="text/javascript">
var d = new Date()
document.write("现在的本地时间超前了"+d.getTimezoneOffset()/60+"个小时")
</script>
</body>
</html>
```

上述代码在 IE 9.0 浏览器中的显示效果如图 6-14 所示。

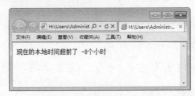

图 6-14　程序运行结果

6.2.13 案例——将 Date 对象中的日期转化为字符串格式

使用 toString()方法可将 Date 对象转换为字符串，并返回结果。其语法格式如下：

```
dateObject.toString()
```

其中，该函数主要作用是将本地时间转化为字符串格式。

【例 6.15】 (实例文件：ch06\6.15.html)将 Date 对象中的日期转化为字符串格式。代码如下：

```
<html>
<body>
<script type="text/javascript">
var d = new Date()
document.write (d.toString())
</script>
</body>
</html>
```

上述代码在 IE 9.0 浏览器中的显示效果如图 6-15 所示。

图 6-15　程序运行结果

6.2.14 案例——返回以 UTC 时间表示的日期字符串

使用 toUTCString() 方法可根据世界时(UTC)将 Date 对象转换为字符串，并返回结果。其语法格式如下：

```
dateObject.toUTCString()
```

其中，该函数的主要作用是将世界时间转化为字符串格式。

【例 6.16】 (实例文件：ch06\6.16.html)返回以 UTC 时间表示的日期字符串。代码如下：

```
<html>
<body>
<script type="text/javascript">
var d = new Date()
document.write (d.toUTCString())
</script>
</body>
</html>
```

上述代码在 IE 9.0 浏览器中的显示效果如图 6-16 所示。

图 6-16　程序运行结果

6.2.15　案例——将日期对象转化为本地日期

使用 toLocaleString()方法可根据本地时间将 Date 对象转换为字符串，并返回结果。其语法格式如下：

```
dateObject.toLocaleString()
```

其中，该函数的主要作用是将本地时间转化为字符串格式，并根据本地规则格式化。

【例 6.17】 (实例文件：ch06\6.17.html)将日期对象转化为本地日期。代码如下：

```
<html>
<body>
<script type="text/javascript">
var d = new Date()
document.write (d.toLocaleString())
</script>
</body>
</html>
```

上述代码在 IE 9.0 浏览器中的显示效果如图 6-17 所示。

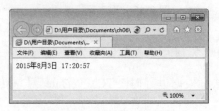

图 6-17　程序运行结果

6.2.16　案例——日期间的运算

日期数据之间的运算通常包括一个日期对象加上整数的年、月、日和两个日期对象相减运算。

1．日期对象与整数年、月或日相加

日期对象与整数年、月、日相加，需要将它们相加的结果通过 setXxx 函数设置成新的日期对象，才能实现其语法格式如下：

```
date.setDate(date.getDate()+value);          //增加日
date.setMonth(date.getMonth()+value);        //增加月
date.setFullYear(date.getFullYear()+value);  //增加年
```

2. 日期相减

JavaScript 中允许两个日期对象相减，相减之后将会返回这两个日期之间的毫秒数。通常会将毫秒转换成秒、分、小时、日等。

【例 6.18】 (实例文件：ch06\6.18.html)日期间的运算。代码如下：

```
< html>
<head>
<title>创建日期对象</title>
<script>
var now=new Date();      //以现在时间定义日期对象
var nationalDay=new Date(2015,10,1,0,0,0);    //以 2015 年国庆节定义日期对象
var msel=nationalDay-now     //相差毫秒数
//输出相差时间
document.write("距离 2015 年国庆节还有："+msel+"毫秒<br>");
document.write("距离 2015 年国庆节还有："+parseInt(msel/1000)+"秒<br>");
document.write("距离 2015 年国庆节还有："+parseInt(msel/(60*1000))+"分钟<br>");
document.write("距离 2015 年国庆节还有："+parseInt(msel/(60*60*1000))+"小时
<br>");
document.write("距离 2015 年国庆节还有："+parseInt(msel/(24*60*60*1000))+"天
<br>");
</script>
</head>
<body>
</body>
</html>
```

上述代码在 IE 9.0 浏览器中的显示效果如图 6-18 所示。

图 6-18 日期对象相减运行结果

6.3 字符串对象

字符串类型是 JavaScript 中的基本数据类型之一。在 JavaScript 中，可以将字符串直接看成字符串对象，不需要任何转换。

6.3.1 创建字符串对象的方法

创建字符串对象有两种方法，具体如下。

1. 直接声明字串变量

通过前面学习的声明字串变量的方法，把声明的变量看作字符串对象，语法格式如下：

```
[var] 字符串变量=字符串
```

说明：var 是可选项。例如，创建字符串对象 myString，并对其赋值，代码如下：

```
var myString="This is a sample";
```

2. 使用 new 关键字来创建字符串对象

使用 new 关键字创建字符串对象的语法格式如下：

```
[var] 字符串对象=new String(字符串)
```

说明：var 是可选项，字符串构造函数 String()的第一个字母必须大写。

例如，通过 new 关键字创建字符串对象 myString，并对其赋值，代码如下：

```
var myString=new String("This is a sample");
```

注意：上述两种语句创建字符串对象的效果是一样的，因此声明字符串时既可以采用 new 关键字，也可以不采用 new 关键字。

6.3.2 字符串对象的常用属性

字符串对象的属性比较少，常用的属性为 length。字符串对象的属性，如表 6-3 所示。

表 6-3 字符串对象的属性及说明

属　性	说　明
Constructor	字串对象的函数模型
length	字串长度
prototype	添加字串对象的属性

对象属性的使用格式如下：

```
对象名.属性名    //获取对象属性值
对象名.属性名=值    //为属性赋值
```

例如，声字符串对象 myArcticle，然后输出其包含的字符个数。

```
var myArcticle=" 千里始足下，高山起微尘，吾道亦如此，行之贵日新。——白居易"
document.write(myArcticle.length);    //输出字符串对象字符的个数
```

注意：测试字符串长度时，空格也占一个字符位。一个汉字占一个字符位，即一个汉字的长度为 1。

【例 6.19】 (实例文件：ch06\6.19.html)计算字符串的长度。代码如下：

```
<html>
<body>
```

```
<script type="text/javascript">
var txt="Hello World!"
document.write("字符串"Hello World!"的长度为："+txt.length)
</script>
</body>
</html>
```

上述代码在 IE 9.0 浏览器中的显示效果如图 6-19 所示。

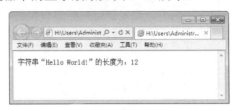

图 6-19　程序运行结果

6.3.3　字符串对象的常用方法

在 JavaScript 中，经常会在对字符串对象中查找、替换字符。为了方便操作，JavaScript 中内置了大量的方法，用户只需直接使用这些方法即可完成相应操作。字符串对象的常用方法如表 6-4 所示。

表 6-4　字符串对象的常用方法

方　法	作　用
anchor()	创建 HTML 锚
big()	用大号字体显示字符串
blink()	显示闪动字符串
bold()	使用粗体显示字符串
charAt()	返回在指定位置的字符
charCodeAt()	返回在指定的位置的字符的 Unicode 编码
concat()	连接字符串
fixed()	以打字机文本显示字符串
fontcolor()	使用指定的颜色来显示字符串
fontsize()	使用指定的尺寸来显示字符串
fromCharCode()	从字符编码创建一个字符串
indexOf()	检索字符串
italics()	使用斜体显示字符串
lastIndexOf()	从后向前搜索字符串
link()	将字符串显示为链接
localeCompare()	用本地特定的顺序来比较两个字符串
match()	找到一个或多个正则表达式的匹配
replace()	替换与正则表达式匹配的子串

续表

方　　法	作　　用
search()	检索与正则表达式相匹配的值
slice()	提取字符串的片断，并在新的字符串中返回被提取的部分
small()	使用小字号来显示字符串
split()	把字符串分割为字符串数组
strike()	使用删除线来显示字符串
sub()	把字符串显示为下标
substr()	从起始索引号提取字符串中指定数目的字符
substring()	提取字符串中两个指定的索引号之间的字符
sup()	把字符串显示为上标
toLocaleLowerCase()	把字符串转换为小写
toLocaleUpperCase()	把字符串转换为大写
toLowerCase()	把字符串转换为小写
toUpperCase()	把字符串转换为大写
toSource()	代表对象的源代码
toString()	返回字符串
valueOf()	返回某个字符串对象的原始值

6.4　详解字符串对象的常用方法

下面将详细讲解字符串对象的常用方法和技巧。

6.4.1　案例——设置字符串字体属性

使用字符串的方法可以设置字符串字体的相关属性，例如设置字符串字体的大小、颜色等。如果想以大号字体显示字符串，就可以使用 big()方法；如果想以粗体方式显示字符串，就可以使用 bold()方法。其语法格式分别如下：

```
stringObject.big()
stringObject.bold()
```

【例 6.20】 (实例文件：ch06\6.20.html)设置字符串的字体属性。代码如下：

```
<html>
<body>
<script type="text/javascript">
var txt="清明时节雨纷纷"
document.write("正常显示为: " + txt + "</p>")
document.write("以大号字体显示为: " + txt.big() + "</p>")
document.write("以小号字体显示为: " + txt.small() + "</p>")
document.write("以粗体方式显示为: " + txt.bold() + "</p>")
document.write("以倾斜方式显示为: " + txt.italics() + "</p>")
document.write("以打印体方式显示为: " + txt.fixed() + "</p>")
```

```
document.write("添加删除线显示为: " + txt.strike() + "</p>")
document.write("以指定的颜色显示为: " + txt.fontcolor("Red") + "</p>")
document.write("以指定字体大小显示为: " + txt.fontsize(16) + "</p>")
document.write("以上标方式显示为: " + txt.sub() + "</p>")
document.write("以下标方式显示为: " + txt.sup() + "</p>")
document.write("为字符串添加超级链接: "+txt.link("http://www.baidu.com") +
"</p>")
</script>
</body>
</html>
```

上述代码在 IE 9.0 浏览器中的显示效果如图 6-20 所示。

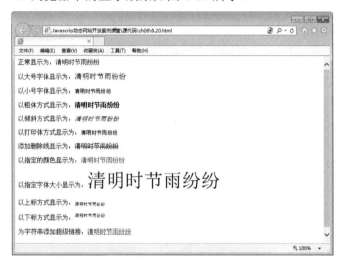

图 6-20　程序运行结果

6.4.2　案例——以闪烁方式显示字符串

使用 blink()方法可以显示闪动的字符串。其语法格式如下:

```
stringObject.blink()
```

 注意　　该方法不被 IE 浏览器支持。

【例 6.21】 (实例文件:ch06\6.21.html)以闪烁方式显示字符串。代码如下:

```
<html>
<body>
<script type="text/javascript">
var str="清明时节雨纷纷"
document.write(str.blink())
</script>
</body>
</html>
```

上述代码在火狐浏览器中的显示效果如图 6-21 所示。

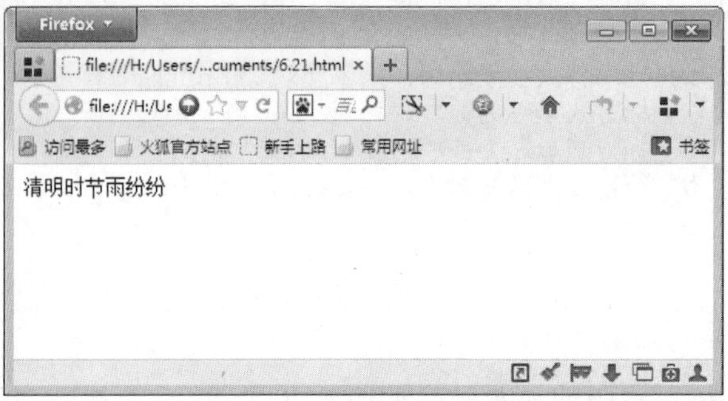

图 6-21　程序运行结果

6.4.3　案例——转换字符串的大小写

使用字符串对象中的 toLocaleLowerCase()、toLocaleUpperCase()、toLowerCase()、toUpperCase()方法可以转换字符串的大小写。这 4 种方法的语法格式如下：

```
stringObject.toLocaleLowerCase()
stringObject.toLowerCase()
stringObject.toLocaleUpperCase()
stringObject. toUpperCase()
```

> **注意**　与 toUpperCase()(toLowerCase())不同的是，toLocaleUpperCase()(toLocaleLowerCase())方法按照本地方式把字符串转换为大写(小写)时，只有几种语言(例如土耳其语)具有地方特有的大小写映射，其他语言使用该方法的返回值通常与 toUpperCase() (toLowerCase())一样。

【**例 6.22**】 (实例文件：ch06\6.22.html)转换字符串的大小写。代码如下：

```html
<html>
<body>
<script type="text/javascript">
var txt="Hello World!"
document.write("正常显示为: " + txt + "</p>")
document.write("以小写方式显示为: " + txt.toLowerCase() + "</p>")
document.write("以大写方式显示为: " + txt.toUpperCase() + "</p>")
document.write("按照本地方式把字符串转化为小写: " + txt.toLocaleLowerCase() +
"</p>")
document.write("按照本地方式把字符串转化为大写: " + txt.toLocaleUpperCase() +
"</p>")
</script>
</body>
</html>
```

上述代码在 IE 9.0 浏览器中的显示效果如图 6-22 所示。从中可以看出按照本地方式转换字符串的大小写与不按照本地方式转换得到的大小写结果是一样的。

图 6-22　程序运行结果

6.4.4　案例——连接字符串

使用 concat()方法可以连接两个或多个字符串。其语法格式如下：

```
stringObject.concat(stringX,stringX,...,stringX)
```

其中，stringX 为必选项，将被连接为一个字符串的一个或多个字符串对象。

concat()方法将把它的所有参数转换成字符串，然后按顺序连接到字符串 stringObject 的尾部，并返回连接后的字符串。

> **注意**　stringObject 本身并没有被更改。另外，stringObject.concat()与 Array.concat() 很相似。不过，使用"＋"运算符来进行字符串的连接运算，通常会更简便一些。

【例 6.23】(实例文件：ch06\6.23.html)连接字符串。代码如下：

```html
<html>
<body>
<script type="text/javascript">
var str1="清明时节雨纷纷，"
var str2="路上行人欲断魂。"
document.write(str1.concat(str2))
</script>
</body>
</html>
```

上述代码在 IE 9.0 浏览器中的显示效果如图 6-23 所示。

图 6-23　程序运行结果

6.4.5　案例——比较两个字符串的大小

使用 localeCompare()方法可以用本地特定的顺序来比较两个字符串的大小。其语法格式如下：

```
stringObject.localeCompare(target)
```

其中，target 参数是以本地特定的顺序与 stringObject 进行比较的字符串。

比较完成后，如果 stringObject 小于 target，则 localeCompare()返回小于 0 的数字；如果 stringObject 大于 target，则该方法返回大于 0 的数字；如果两个字符串相等，或根据本地排序规则没有区别，则该方法返回的值为 0。

【例 6.24】 (实例文件：ch06\6.24.html)比较两个字符串的大小。代码如下：

```html
<html>
<body>
<script type="text/javascript">
var str1="Hello world"
var str2="hello World"
var str3= str1.localeCompare(str2)
document.write("比较结果为: "+ str3)
</script>
</body>
</html>
```

上述代码在 IE 9.0 浏览器中的显示效果如图 6-24 所示。

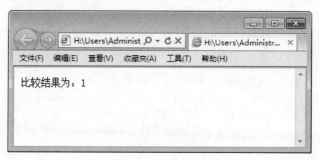

图 6-24　程序运行结果

6.4.6　案例——分割字符串

使用 split()方法可以把一个字符串分割成字符串数组。其语法格式如下：

```
stringObject.split(separator,howmany)
```

其中，各参数的含义如下。

- separator：为必选项。该参数可以是字符串或正则表达式，从该参数指定的地方分割 stringObject。
- howmany：为可选项。该参数可指定返回的数组的最大长度。如果设置了该参数，返回的子串不会多于这个参数指定的数组。如果没有设置该参数，那么整个字符串都会被分割，不考虑它的长度。

【例 6.25】 (实例文件：ch06\6.25.html)分割字符串。代码如下：

```html
<html>
<body>
<script type="text/javascript">
```

```
var str="为谁辛苦为谁忙"
document.write(str.split(" ") + "<br />")
document.write(str.split("") + "<br />")
document.write(str.split(" ",3))
</script>
</body>
</html>
```

上述代码在 IE 9.0 浏览器中的显示效果如图 6-25 所示。

图 6-25　程序运行结果

6.4.7　案例——从字符串中提取字符串

substring() 方法用于提取字符串中介于两个指定下标之间的字符。其语法格式如下：

```
stringObject.substring(start,stop)
```

其中，各参数的含义如下。

- start：为必选项，表示一个非负的整数，规定要提取的子串的第一个字符在 stringObject 中的位置。
- stop：为可选项，表示一个非负的整数，比要提取的子串的最后一个字符在 stringObject 中的位置多 1。如果省略该参数，那么返回的子串会一直到字符串的结尾。

【例 6.26】 (实例文件：ch06\6.26.html)从字符串中提取字符串。代码如下：

```
<html>
<body>
<script type="text/javascript">
var str="Hello world!"
document.write(str.substring(3,7))
</script>
</body>
</html>
```

上述代码在 IE 9.0 浏览器中的显示效果如图 6-26 所示。

图 6-26　程序运行结果

6.5 实战演练——制作网页随机验证码

网站为了防止用户利用机器人自动注册、登录、灌水，采用了验证码技术。所谓验证码，就是系统将一串随机产生的数字或符号，生成一幅图片，图片里加入一些干扰象素(防止OCR)的验证信息。这验证码信息由用户肉眼识别后，将其输入到表单中并提交网站验证，只有验证成功后用户才能使用系统提供的某项功能。

【例 6.27】 随机产生一个由 n 位数字和字母组成的验证码，如图 6-27 所示。单击【刷新】按钮，重新产生验证码，如图 6-28 所示。

 提示　　使用数学对象中的随机数方法 random 和字符串的取字符方法 charAt，可以制作网页随机验证码。

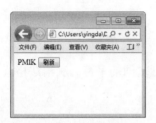

图 6-27　随机验证码

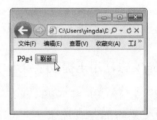

图 6-28　刷新验证码

具体操作步骤如下。

`step 01` 创建 HTML 文件，并输入以下代码：

```
<!DOCTYPE html>
<html>
<head>
<meta charset="utf-8" />
<title>随机验证码</title>
</head>
<body>
<span id="msg"></span>
</body>
</html>
```

 注意　　span 标记没有什么特殊的意义，它显示的是某行内的独特样式，在这里主要是用于显示产生的验证码。为了保证后面的程序能正常运行，一定不要省略 id 属性及修改取值。

`step 02` 新建 JavaScript 文件，保存文件名为 getCode.js，保存在与 HTML 文件相同的位置。在 getCode.js 文件中键入以下代码：

```
/*产生随机数函数*/
function validateCode(n){
    /*验证码中可能包含的字符*/
    var s="abcdefghijklmnopqrstuvwxyzABCDEFGHIJKLMNOPQRSTUVWXYZ0123456789";
```

```
    var ret="";   //保存生成的验证码
    /*利用循环，随机产生生验证码中的每个字符*/
    for(var i=0;i<n;i++)
    {
        var index=Math.floor(Math.random()*62);   //随机产生一个 0-62 之间的数字
        ret+=s.charAt(index);     //将随机产生的数字当作字符串的位置下标，在字符串 s 中
取出该字符，并入 ret 中
    }
    return ret;    //返回产生的验证码
}


/*显示随机数函数*/
function show(){
    document.getElementById("msg").innerHTML=validateCode(4);    //在 id 为 msg
的对象中显示验证码
}
window.onload=show;   //页面加载时执行函数 show
```

注意　在 getCode.js 文件中，validateCode 函数主要用于产生指定位数的随机数，并返回该随机数。函数 show 主要用于调用 validateCode 函数，并在 id 为 msg 的对象中显示随机数。

在 show 函数中，document 的 getElementById("msg")函数通过 DOM 模型获得对象，innerHTML 属性是修改对象的内容。后面会详细讲述。

step 03　在 HTML 文件的 head 部分，键入以下代码：

```
<script src="getCode.js" type="text/javascript"></script>
```

step 04　在 HTML 文件中，修改"刷新"按钮代码，修改结果如下：

```
<input type="button" value="刷新" onclick="show()" />
```

step 05　保存网页，运行程序即可查看最终效果。

注意　在本例中，使用了两种方法为对象增加事件：①在 HTML 代码中增加事件，即给刷新按钮增加的 onclick 事件；②在 JS 代码中增加事件，即在 JS 代码中为窗口增加 onload 事件。

6.6　跟我练练手

1. 练习目标

能够熟练掌握本章所讲内容。

2. 上机练习

练习 1：日期对象的创建方法。
练习 2：日期对象的常用方法。

练习 3：字符串对象的创建方法。

练习 4：字符串对象的使用方法。

6.7　高手甜点

甜点 1：如何产生指定范围内的随机整数？

在实际开发中，经常会使用到指定范围内的随机整数。借助数学方法，指定范围内的随机整数的产生方法如下。

(1)　产生 0 至 n 之间的随机整数：Math.floor(Math.random()*(n+1))。

(2)　产生 n1 至 n2 之间的随机整数：Math.floor(Math.random()*(n2-n1))+n1。

甜点 2：如何转换时间单位？

时间单位主要包括毫秒、秒、分钟、小时。时间单位的转换如下。

1000 毫秒=1 秒；60 秒=1 分钟；60 分钟=1 小时。

第 7 章
JavaScript 的 内置对象——数值 与数学对象

　　在 JavaScript 中很少使用 Number 对象，但是其中含有一些有用的信息。在 Number 属性中，max_value 表示最大值，而 min_value 表示最小值。Math 对象是一种内置的 JavaScript 对象，包括数字常数和函数，而且 Math 对象不需要创建，任何 JavaScript 程序都自动含有该对象。Math 对象的属性代表着数学常数，而其方法则是数学函数。Math 对象提供了许多数学相关的功能，例如，获得一个数字的平方或产生一个随机数。本章就来详细介绍数值与数学对象的使用方法和技巧。

本章要点(已掌握的在方框中打勾)

☐ 掌握 Number 对象的创建方法。
☐ 掌握 Number 对象的常用方法。
☐ 掌握 Math 对象的创建方法。
☐ 掌握 Math 对象的使用方法。

7.1 Number 对象

Number 对象是原始数值的包装对象，其代表的是数值数据类型和提供数值的对象。下面就来介绍 Number 对象的一些常用属性和方法。

7.1.1 案例——创建 Number 对象

在创建 Number 对象时，它可以不与运算符 new 一起使用，而直接作为转换函数来使用。以这种方式调用 Number 对象时，它会把自己的参数转化成一个数字，然后返回转换后的原始数值。

创建 Number 对象的语法结构如下：

```
numObj=new Number(value)
```

其中，各参数的含义如下。

- numObj：表示要赋值为 Number 对象的变量名。
- value：为可选项，是新对象的数字值。如果忽略 Boolvalue，则返回值为 0。

【例 7.1】 (实例文件：ch07\7.1.html)创建一个 Number 对象。

```html
<html>
<body>
<script type="text/javascript">
var numObj1=new Number()
var numObj2=new Number(0)
var numObj3=new Number(-1)
document.write(numObj1+"<br>");
document.write(numObj2+"<br>");
document.write(numObj3+"<br>");
</script>
</body>
</html>
```

上述代码在 IE 9.0 浏览器中的显示效果如图 7-1 所示。

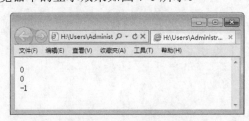

图 7-1 程序运行结果

7.1.2 案例——Number 对象的属性

Number 对象包括 7 个属性，如表 7-1 所示。其中，constructor 和 prototype 两个属性在每

个内部对象中都有，前面已经介绍过，这里不再赘述。

表 7-1 Number 对象的属性

属　性	作　用
constructor	返回对创建此对象的 Number 函数的引用
MAX_VALUE	可表示的最大的数
MIN_VALUE	可表示的最小的数
NaN	非数字值
NEGATIVE_INFINITY	负无穷大，溢出时返回该值
POSITIVE_INFINITY	正无穷大，溢出时返回该值
prototype	使您有能力向对象添加属性和方法

1. MAX_VALUE

MAX_VALUE 属 性 是 JavaScript 中 可 表 示 的 最 大 的 数 。 其 近 似 值 为 $1.7976931348623157 \times 10^{308}$。

其语法格式如下：

```
Number.MAX_VALUE
```

【例 7.2】 (实例文件：ch07\7.2.html)返回 JavaScript 中最大的数值。

```html
<html>
<body>
<script type="text/javascript">
document.write(Number.MAX_VALUE);
</script>
</body>
</html>
```

上述代码在 IE 9.0 浏览器中的显示效果如图 7-2 所示。

图 7-2　程序运行结果

2. MIN_VALUE 属性

MIN_VALUE 属性是 JavaScript 中可表示的最小的数(接近 0，但不是负数)。它的近似值为 5×10^{-324}。

其语法格式如下：

```
Number.MIN_VALUE
```

【例 7.3】 (实例文件：ch07\7.3.html)返回 JavaScript 中最小的数值。

```
<html>
<body>
<script type="text/javascript">
document.write(Number.MIN_VALUE);
</script>
</body>
</html>
```

上述代码在 IE 9.0 浏览器中的显示效果如图 7-3 所示。

图 7-3   程序运行结果

3. NaN 属性

NaN 属性是代表非数字值的特殊值。该属性用于指示某个值不是数字。可以把 Number 对象设置为该值，来指示其不是数字值。

其语法格式如下：

```
Number.NaN
```

注意

需要使用 isNaN()全局函数来判断一个值是否是 NaN 值。

【例 7.4】 (实例文件：ch07\7.4.html)用 NaN 指示某个值是否是数字。

```
<html>
<body>
<script type="text/javascript">
var Month=30;
if (Month < 1 || Month > 12)
{
Month = Number.NaN;
}
document.write(Month);
</script>
</body>
</html>
```

上述代码在 IE 9.0 浏览器中的显示效果如图 7-4 所示。

图 7-4   程序运行结果

4. NEGATIVE_INFINITY 属性

NEGATIVE_INFINITY 属性表示小于 Number.MIN_VALUE 的值。该值代表负无穷大。

其语法格式如下：

```
Number.NEGATIVE_INFINITY
```

【例 7.5】 (实例文件：ch07\7.5.html)返回负无穷大数值。

```html
<html>
<body>
<script type="text/javascript">
var x=(-Number.MAX VALUE)*2
if (x==Number.NEGATIVE INFINITY)
{
document.write("负无穷大数值为: " + x);
}
</script>
</body>
</html>
```

上述代码在 IE 9.0 浏览器中的显示效果如图 7-5 所示。

图 7-5 程序运行结果

5. POSITIVE_INFINITY 属性

POSITIVE_INFINITY 属性表示大于 Number.MAX_VALUE 的值。该值代表正无穷大。其语法格式如下：

```
Number.POSITIVE_INFINITY
```

【例 7.6】 (实例文件：ch07\7.6.html)返回正无穷大数值。

```html
<html>
<body>
<script type="text/javascript">
var x=(Number.MAX VALUE)*2
if (x==Number.POSITIVE INFINITY)
{
document.write("正无穷大数值为: " + x);
}
</script>
</body>
</html>
```

上述代码在 IE 9.0 浏览器中的显示效果如图 7-6 所示。

图 7-6 程序运行结果

7.1.3 Number 对象的方法

Number 对象包含的方法并不多，这些方法主要用于数据类型的转换，如表 7-2 所示。

表 7-2 Number 对象的方法

方　法	作　用
toString	把数字转换为字符串，使用指定的基数
toLocaleString	把数字转换为字符串，使用本地数字格式顺序
toFixed	把数字转换为字符串，结果的小数点后有指定位数的数字
toExponential	把对象的值转换为指数计数法
toPrecision	把数字格式化为指定的长度
valueOf	返回一个 Number 对象的基本数字值

7.2 详解 Number 对象常用的方法

下面详细讲述 Number 对象常用的方法和技巧。

7.2.1 案例——把 Number 对象转换为字符串

使用 toString()方法可以把 Number 对象转换成一个字符串，并返回结果。
语法格式如下：

```
NumberObject.toString(radix)
```

其中参数 radix 为可选项，表示数字的基数，是 2～36 之间的整数。若省略该参数，则使用基数 10。但是要注意，如果该参数是 10 以外的其他值，则 ECMAScript 标准允许实现返回任意值。

【例 7.7】 (实例文件：ch07\7.7.html)把数值对象转换为字符串。

```html
<html>
<body>
<script type="text/javascript">
var number = new Number(10);
document.write ("将数字以十进制形式转换成字符串：");
document.write (number.toString())
document.write("<br>");
document.write ("将数字以十进制形式转换成字符串：");
document.write (number.toString(10))
document.write("<br>");
document.write ("将数字以二进制形式转换成字符串：");
document.write (number.toString(2))
document.write("<br>");
document.write ("将数字以八进制形式转换成字符串：");
document.write (number.toString(8))
document.write("<br>");
```

```
document.write ("将数字以十六进制形式转换成字符串: ");
document.write (number.toString(16))
</script>
</body>
</html>
```

上述代码在 IE 9.0 浏览器中的显示效果如图 7-7 所示。

图 7-7　程序运行结果

7.2.2　案例——把 Number 对象转换为本地格式字符串

使用 toLocaleString()方法可将 Number 对象转换为本地格式的字符串。其语法格式如下：

```
NumberObject.toLocaleString()
```

> 其返回的数字以字符串表示。不过，根据本地规范进行格式化，可能会影响到
> 小数点或千分位分隔符采用的标点符号。

【例 7.8】 (实例文件：ch07\7.8.html)把数值对象转换为本地字符串。

```
<html>
<body>
<script type="text/javascript">
var number = new Number(12.3848);
document.write ("转换前的值为: "+ number);
document.write("<br>");
document.write ("转换后的值为: "+number.toLocaleString())
</script>
</body>
</html>
```

上述代码在 IE 9.0 浏览器中的显示效果如图 7-8 所示。

图 7-8　程序运行结果

7.2.3　案例——四舍五入时指定小数位数

使用 toFixed()方法可把 Number 四舍五入为指定小数位数的数字。其语法格式如下：

```
NumberObject.toFixed(num)
```

其中参数 num 为必选项，用于规定小数的位数，是 0～20 之间的值，包括 0 和 20，有的实现可以支持更大的数值范围。如果省略了该参数，将用 0 代替。

【例 7.9】 (实例文件：ch07\7.9.html)四舍五入时指定小数位数。

```html
<html>
<body>
<script type="text/javascript">
var number = new Number(12.3848);
document.write ("原数值为: "+ number);
document.write("<br>");
document.write ("保留两位小数的数值为: "+number. toFixed(2))
</script>
</body>
</html>
```

上述代码在 IE 9.0 浏览器中的显示效果如图 7-9 所示。

图 7-9　程序运行结果

7.2.4　案例——返回以指数记数法表示的数字

使用 toExponential()方法可把对象的值转换成指数记数法。其语法格式如下：

```
NumberObject.toExponential(num)
```

其中参数 num 为必选项，用于规定指数记数法中的小数位数，是 0～20 之间的值。

【例 7.10】 (实例文件：ch07\7.10.html)以指数记数法表示数值。

```html
<html>
<body>
<script type="text/javascript">
var number = new Number(10000);
document.write ("原数值为: "+ number);
document.write("<br>");
document.write ("以指数记数法表示为: "+number. toExponential(2))
</script>
</body>
</html>
```

上述代码在 IE 9.0 浏览器中的显示效果如图 7-10 所示。

图 7-10　程序运行结果

7.2.5 案例——以指数记数法指定小数位

使用 toPrecision()方法可在对象的值超出指定位数时将其转换为指数记数法。其语法格式如下：

```
NumberObject.toPrecision(num)
```

其中参数 num 为必选项。规定必须被转换为指数记数法的最小位数。该参数是 1～21 之间(且包括 1 和 21)的值。有效实现允许有选择地支持更大或更小的 num。如果省略了该参数，则需调用方法 toString()，而不是把数字转换成十进制的值。

【例 7.11】 (实例文件：ch07\7.11.html)以指数记数法指定小数位。

```html
<html>
<body>
<script type="text/javascript">
    var number = new Number(10000);
    document.write ("原数值为: "+ number);
    document.write("<br>");
    document.write ("转换后的结果为: "+number. toPrecision (2))
</script>
</body>
</html>
```

上述代码在 IE 9.0 浏览器中的显示效果如图 7-11 所示。

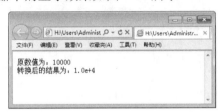

图 7-11 程序运行结果

7.3 Math 对象

Math 对象提供了大量的数学常量和数学函数。在使用 Math 对象时，不能使用关键字 new 来创建对象实例，而应直接使用"对象名.成员"的格式来访问其属性和方法。

7.3.1 案例——创建 Math 对象

创建 Math 对象的语法结构如下：

```
Math.[{property|method}]
```

其中，各个参数的含义如下。

● property：必选项，为 Math 对象的一个属性名。

● method：必选项，为 Math 对象的一个方法名。

Math 对象并不像 Date 和 String 那样是对象的类，因此它没有构造函数 Math()。像 Math.sin()这样的函数只是函数，不是某个对象的方法。因此用户无须创建，通过把 Math 作为对象使用就可以调用其所有的属性和方法。

【例 7.12】 (实例文件：ch07\7.12.html)在字符串中检索不同的子串。

```
<html>
<body>
<script type="text/javascript">
var str="Hello world!"
document.write(str.match("world")+"<br/>")
document.write(str.match("World")+"<br/>")
document.write(str.match("worlld")+"<br/>")
document.write(str.match("world!"))
</script>
</body>
</html>
```

上述代码在 IE 9.0 浏览器中的显示效果如图 7-12 所示。

图 7-12　程序运行结果

7.3.2　案例——Math 对象的属性

Math 对象的属性是数学中常用的常量，如表 7-3 所示。

表 7-3　Math 对象的属性

属　　性	作　　用
E	返回算术常量 e，即自然对数的底数(约等于 2.718)
LN2	返回 2 的自然对数(约等于 0.693)
LN10	返回 10 的自然对数(约等于 2.302)
LOG2E	返回以 2 为底的 e 的对数(约等于 1.414)
LOG10E	返回以 10 为底的 e 的对数(约等于 0.434)
PI	返回圆周率(约等于 3.14159)
SQRT1_2	返回 2 的平方根的倒数(约等于 0.707)
SQRT2	返回 2 的平方根(约等于 1.414)

【例 7.13】 (实例文件：ch07\7.13.html)Math 对象属性的综合应用。

```
<html>
<body>
```

```
<script type="text/javascript">
   var numVar1=Math.E
   document.write("E 属性应用后的计算结果为： " +numVar1);
   document.write("<br>");
   document.write("<br>");
   var numVar2=Math.LN2
   document.write("LN2 属性应用后的计算结果为： " +numVar2);
   document.write("<br>");
   document.write("<br>");
   var numVar3=Math.LN10
   document.write("LN10 属性应用后的计算结果为： " +numVar3);
   document.write("<br>");
   document.write("<br>");
   var numVar4=Math. LOG2E
   document.write("LOG2E 属性应用后的计算结果为： " +numVar4);
   document.write("<br>");
   document.write("<br>");
   var numVar5=Math. LOG10E
   document.write("LOG10E 属性应用后的计算结果为： " +numVar5);
   document.write("<br>");
   document.write("<br>");
   var numVar6=Math. PI
   document.write("PI 属性应用后的计算结果为： " +numVar6);
   document.write("<br>");
   document.write("<br>");
   var numVar7=Math. SQRT1_2
   document.write("SQRT1_2 属性应用后的计算结果为： " +numVar7);
   document.write("<br>");
   document.write("<br>");
   var numVar8=Math. SQRT2
   document.write("SQRT2 属性应用后的计算结果为： " +numVar8);
</script>
</body>
</html>
```

上述代码在 IE 9.0 浏览器中的显示效果如图 7-13 所示。

图 7-13 程序运行结果

7.3.3 Math 对象的方法

Math 对象的方法是数学中常用的函数，如表 7-4 所示。

表 7-4　Math 对象的方法

方　法	作　用
abs(x)	返回数的绝对值
acos(x)	返回数的反余弦值
asin(x)	返回数的反正弦值
atan(x)	以介于–PI/2 与 PI/2 弧度之间的数值来返回 x 的反正切值
atan2(y,x)	返回从 x 轴到点(x,y)之间的角度
ceil(x)	对数进行上舍入
cos(x)	返回数的余弦
exp(x)	返回 e 的指数
floor(x)	对数进行下舍入
log(x)	返回数的自然对数(底为 e)
max(x,y)	返回 x 和 y 中的最高值
min(x,y)	返回 x 和 y 中的最低值
pow(x,y)	返回 x 的 y 次幂
random()	返回 0～1 之间的随机数
round(x)	把数四舍五入为最接近的整数
sin(x)	返回数的正弦
sqrt(x)	返回数的平方根
tan(x)	返回角的正切
toSource()	返回该对象的源代码
valueOf()	返回 Math 对象的原始值

7.4　详解 Math 对象常用的方法

下面将详细讲述 Math 对象常用的方法和技巧。

7.4.1　案例——返回数的绝对值

使用 abs()方法可返回数的绝对值。其语法格式如下：

```
Math.abs(x)
```

其中参数 x 为必选项，且必须是一个数值。

【例 7.14】 (实例文件：ch07\7.14.html)计算数值的绝对值。

```
<html>
<body>
<script type="text/javascript">
    var numVar1=2
```

```
    var numVar2=-2
    document.write("正数2的绝对值为："+ Math.abs(numVar1) + "<br />")
    document.write("负数-2的绝对值为："+ Math.abs(numVar2))
</script>
</body>
</html>
```

上述代码在IE 9.0浏览器中的显示效果如图7-14所示。

图7-14 程序运行结果

7.4.2 案例——返回数的正弦值、正切值和余弦值

使用Math对象中的方法可以计算指定数值的正弦值、正切值和余弦值。

1. 计算指定数值的正弦值

使用sin()方法可以计算指定数值的正弦值。其语法结构如下：

```
Math.sin(x)
```

参数x为必选项，是一个以弧度表示的角。将角度乘以0.017453293(2PI/360)即可转换为弧度。

【例7.15】 (实例文件：ch07\7.15.html)计算数值的正弦值。

```
<html>
<body>
<script type="text/javascript">
    var numVar=2;
    var numVar1=0.5;
    var numVar2=-0.6;
    document.write("0.5的正弦值为："+Math.sin(numVar1) + "<br />")
    document.write("2的正弦值为："+Math.sin(numVar) + "<br />")
    document.write("-0.6的正弦值为："+Math.sin(numVar2) + "<br />")
</script>
</body>
</html>
```

上述代码在IE 9.0浏览器中的显示效果如图7-15所示。

图7-15 程序运行结果

2. 计算指定数值的余弦值

使用 cos()方法可以计算指定数值的余弦值。其语法结构如下：

```
Math.cos(x)
```

参数 x 为必选项，必须是一个数值。

【例 7.16】 (实例文件：ch07\7.16.html)计算数值的余弦值。

```html
<html>
<body>
<script type="text/javascript">
    var numVar=2;
    var numVar1=0.5;
    var numVar2=-0.6;
    document.write("0.5的余弦值为: "+Math.cos (numVar1) + "<br />")
    document.write("2的余弦值为: "+Math.cos (numVar) + "<br />")
    document.write("-0.6的余弦值为: "+Math.cos (numVar2) + "<br />")
</script>
</body>
</html>
```

上述代码在 IE 9.0 浏览器中的显示效果如图 7-16 所示。

图 7-16 程序运行结果

3. 计算指定数值的正切值

使用 tan()方法可以计算指定数值的正切值。其语法结构如下：

```
Math.tan(x)
```

参数 x 为必选项，是一个以弧度表示的角。将角度乘以 0.017453293(2PI/360)即可转换为弧度。

【例 7.17】 (实例文件：ch07\7.17.html)计算数值的正切值。

```html
<html>
<body>
<script type="text/javascript">
    var numVar=2;
    var numVar1=0.5;
    var numVar2=-0.6;
    document.write("0.5 的正切值为: "+Math.tan(numVar1) + "<br />")
    document.write("2 的正切值为: "+Math.tan(numVar) + "<br />")
    document.write("-0.6 的正切值为: "+Math.tan(numVar2) + "<br />")
</script>
</body>
</html>
```

上述代码在 IE 9.0 浏览器中的显示效果如图 7-17 所示。

图 7-17　程序运行结果

7.4.3　案例——返回数的反正弦值、正切值和余弦值

使用 Math 对象中的方法可以计算指定数值的反正弦值、反正切值和反余弦值。

1. 计算指定数值的反正弦值

使用 asin()方法可以计算指定数值的正弦值。其语法结构如下：

```
Math. asin(x)
```

参数 x 为必选项，且必须是一个数值，该值介于-1.0～1.0 之间。

> 注意　如果参数 x 超过了-1.0～1.0 的范围，那么浏览器将返回 NaN。如果参数 x 取值 1，那么将返回 PI/2。

【例 7.18】　(实例文件：ch07\7.18.html)计算数值的反正弦值。

```
<html>
<body>
<script type="text/javascript">
    var numVar=2;
    var numVar1=0.5;
    var numVar2=-0.6;
    var numVar3=1;
    document.write("0.5 的反正弦值为: "+Math.asin(numVar1) + "<br />")
    document.write("2 的反正弦值为: "+Math.asin(numVar) + "<br />")
    document.write("-0.6 的反正弦值为: "+Math.asin(numVar2) + "<br />")
    document.write("1 的反正弦值为: "+Math.asin(numVar3) + "<br />")
</script>
</body>
</html>
```

上述代码在 IE 9.0 浏览器中的显示效果如图 7-18 所示。

图 7-18　程序运行结果

2. 计算指定数值的反正切值

使用 atan()方法可以计算指定数值的反正切值。其语法格式如下：

```
Math. atan(x)
```

其中，参数 x 为必选项，这里指需要计算反正切值的数值。

【例 7.19】 (实例文件：ch07\7.19.html)计算数值的反正切值。

```html
<html>
<body>
<script type="text/javascript">
    var numVar=2;
    var numVar1=0.5;
    var numVar2=-0.6;
    var numVar3=1;
    document.write("0.5的反正切值为："+Math.atan(numVar1) + "<br />")
    document.write("2的反正切值为："+Math.atan(numVar) + "<br />")
    document.write("-0.6的反正切值为："+Math.atan(numVar2) + "<br />")
    document.write("1的反正切值为："+Math.atan(numVar3) + "<br />")
</script>
</body>
</html>
```

上述代码在 IE 9.0 浏览器中的显示效果如图 7-19 所示。

图 7-19 程序运行结果

3. 计算指定数值的反余弦值

使用 acos()方法可以计算指定数值的反余弦值。其语法结构如下：

```
Math. acos(x)
```

参数 x 为必选项，且必须是一个数值，该值介于-1.0～1.0 之间。

> **注意** 如果参数 x 超过了-1.0～1.0 的范围，那么浏览器将返回 NaN。如果参数 x 取值 1，那么将返回 0。

【例 7.20】 (实例文件：ch07\7.20.html)计算数值的反余弦值。

```html
<html>
<body>
<script type="text/javascript">
    var numVar=2;
    var numVar1=0.5;
    var numVar2=-0.6;
    var numVar3=1;
    document.write("0.5的反余弦值为："+Math.acos (numVar1) + "<br />")
    document.write("2的反余弦值为："+Math.acos (numVar) + "<br />")
    document.write("-0.6的反余弦值为："+Math.acos (numVar2) + "<br />")
    document.write("1的反余弦值为："+Math.acos (numVar3) + "<br />")
</script>
```

```
</body>
</html>
```

上述代码在 IE 9.0 浏览器中的显示效果如图 7-20 所示。

图 7-20 程序运行结果

7.4.4 案例——返回两个或多个参数中的最大值或最小值

使用 max()方法可返回两个指定的数中带有较大的值的那个数。其语法格式如下：

```
Math.max(x...)
```

其中参数 x 为 0 或多个值。其返回值为参数中最大的数值。

使用 min()方法可返回两个指定的数中带有较小的值的那个数。其语法格式如下：

```
Math.min(x...)
```

其中参数 x 为 0 或多个值。其返回值为参数中最小的数值。

【例 7.21】 (实例文件：ch07\7.21.html)返回参数当中的最大值或最小值。

```
<html>
<body>
<script type="text/javascript">
    var numVar=2;
    var numVar1=0.5;
    var numVar2=-0.6;
    var numVar3=1;
    document.write("2、0.5、-0.6、1 中最大的值为: "+ Math.max(numVar,
numVar1,numVar2,numVar3) + "<br />")
    document.write("2、0.5、-0.6、1 中最小的值为: "+ Math.min(numVar,
numVar1,numVar2,numVar3) + "<br />")
</script>
</body>
</html>
```

上述代码在 IE 9.0 浏览器中的显示效果如图 7-21 所示。

图 7-21 程序运行结果

7.4.5 案例——计算指定数值的平方根

使用 sqrt()方法可返回一个数的平方根。其语法结构如下：

```
Math.sqrt(x)
```

其中参数 x 为必选项，且必须是大于等于 0 的数。计算结果的返回值是参数 x 的平方根。如果 x 小于 0，则返回 NaN。

【例 7.22】 (实例文件：ch07\7.22.html)计算指定数值的平方根。

```html
<html>
<body>
<script type="text/javascript">
    var numVar=2;
    var numVar1=0.5;
    var numVar2=-0.6;
    var numVar3=1;
    document.write("2的平方根为："+ Math. sqrt (numVar) + "<br />")
    document.write("0.5的平方根为："+ Math. sqrt (numVar1) + "<br />")
    document.write("-0.6的平方根为："+ Math. sqrt (numVar2) + "<br />")
    document.write("1的平方根为："+ Math. sqrt (numVar3) + "<br />")
</script>
</body>
</html>
```

上述代码在 IE 9.0 浏览器中的显示效果如图 7-22 所示。

图 7-22 程序运行结果

7.4.6 案例——数值的幂运算

使用 pow()方法可返回 x 的 y 次幂的值。其语法结构如下：

```
Math.pow(x,y)
```

其中参数 x 为必选项，是底数，且必须是数字。y 也为必选项，是幂数，且必须是数字。

 如果结果是虚数或负数，则该方法将返回 NaN。如果由于指数过大而引起浮点溢出，则该方法将返回 Infinity。

【例 7.23】 (实例文件：ch07\7.23.html)数值的幂运算。

```html
<html>
<body>
```

```
<script type="text/javascript">
    document.write("0 的 0 次幂为: "+ Math.pow(0,0) + "<br />")
    document.write("0 的 1 次幂为: "+Math.pow(0,1) + "<br />")
    document.write("1 的 1 次幂为: "+Math.pow(1,1) + "<br />")
    document.write("1 的 10 次幂为: "+Math.pow(1,10) + "<br />")
    document.write("2 的 3 次幂为: "+Math.pow(2,3) + "<br />")
    document.write("-2 的 3 次幂为: "+Math.pow(-2,3) + "<br />")
    document.write("2 的 4 次幂为: "+Math.pow(2,4) + "<br />")
    document.write("-2 的 4 次幂为: "+Math.pow(-2,4) + "<br />")
</script>
</body>
</html>
```

上述代码在 IE 9.0 浏览器中的显示效果如图 7-23 所示。

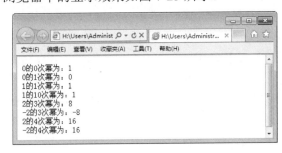

图 7-23 程序运行结果

7.4.7 案例——计算指定数值的对数

使用 log()方法可返回一个数的自然对数。其语法结构如下:

```
Math.log(x)
```

其中参数 x 为必选项,可以是任意数值或表达式,但必须大于 0。其返回值为 x 的自然对数。

【例 7.24】 (实例文件:ch07\7.24.html)计算指定数值的对数。

```
<html>
<body>
<script type="text/javascript">
    document.write("2.7183 的对数为: "+ Math.log(2.7183) + "<br />")
    document.write("2 的对数为: "+ Math.log(2) + "<br />")
    document.write("1 的对数为: "+ Math.log(1) + "<br />")
    document.write("0 的对数为: "+Math.log(0) + "<br />")
    document.write("-1 的对数为: "+Math.log(-1))
</script>
</body>
</html>
```

上述代码在 IE 9.0 浏览器中的显示效果如图 7-24 所示。

图 7-24　程序运行结果

7.4.8　案例——取整运算

使用 round()方法可把一个数字舍入为最接近的整数。其语法结构如下：

```
Math.round(x)
```

其中参数 x 必选项，且必须是数字。其中参数的返回值是与 x 最接近的整数。

 提示　　对于 0.5，该方法将进行上舍入。例如，3.5 将舍入为 4，而-3.5 将舍入为-3。

【例 7.25】　(实例文件：ch07\7.25.html)取整运算。

```html
<html>
<body>
<script type="text/javascript">
    document.write("0.60 取整后的数值为: "+Math.round(0.60) + "<br />")
    document.write("0.50 取整后的数值为: "+Math.round(0.50) + "<br />")
    document.write("0.49 取整后的数值为: "+Math.round(0.49) + "<br />")
    document.write("-4.40 取整后的数值为: "+Math.round(-4.40) + "<br />")
    document.write("-4.60 取整后的数值为: "+Math.round(-4.60))
</script>
</body>
</html>
```

上述代码在 IE 9.0 浏览器中的显示效果如图 7-25 所示。

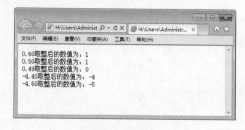

图 7-25　程序运行结果

7.4.9　案例——生成 0 到 1 之间的随机数

使用 random()方法可返回介于 0～1 之间的一个随机数。其语法格式如下：

```
Math.random()
```

其返回值为 0.0～1.0 之间的一个伪随机数。

【**例 7.26**】 (实例文件：ch07\7.26.html)生成 0 到 1 之间的随机数。

```html
<html>
<body>
<script type="text/javascript">
    document.write("0 到 1 之间的第一次随机数为: "+Math.random()+ "<br />")
    document.write("0 到 1 之间的第二次随机数为: "+Math.random()+ "<br />")
    document.write("0 到 1 之间的第三次随机数为: "+Math.random())
</script>
</body>
</html>
```

上述代码在 IE 9.0 浏览器中的显示效果如图 7-26 所示。

图 7-26　程序运行结果

7.4.10　案例——根据指定的坐标返回一个弧度值

使用 atan2()方法可返回从 x 轴到点(x,y)之间的角度。其语法结构如下：

```
Math.atan2(y,x)
```

其中，各参数的含义如下。

● x 为必选项。指定点的 x 坐标。
● y 为必选项。指定点的 y 坐标。

其返回值为-PI 到 PI 之间的值，是从 X 轴正向逆时针旋转到点(x,y)时经过的角度。

 该函数的参数顺序是，y 坐标在 x 坐标之前传递。

【**例 7.27**】 (实例文件：ch07\7.27.html)计算指定的坐标，并返回一个弧度值。

```html
<html>
<body>
<script type="text/javascript">
    document.write(Math.atan2(0.50,0.50) + "<br />")
    document.write(Math.atan2(-0.50,-0.50) + "<br />")
    document.write(Math.atan2(5,5) + "<br />")
    document.write(Math.atan2(10,20) + "<br />")
    document.write(Math.atan2(-5,-5) + "<br />")
    document.write(Math.atan2(-10,10))
</script>
```

```
</body>
</html>
```

上述代码在 IE 9.0 浏览器中的显示效果如图 7-27 所示。

图 7-27　程序运行结果

7.4.11　案例——返回大于或等于指定参数的最小整数

使用 ceil()方法可对一个数进行上舍入，也就是返回大于或等于指定参数的最小值。其语法格式如下：

```
Math.ceil(x)
```

参数 x 为必选项，且必须是一个数值。其返回值是大于等于 x，并且与它最接近的整数。

【例 7.28】 (实例文件：ch07\7.28.html)返回大于或等于指定参数的最小整数。

```
<html>
<body>
<script type="text/javascript">
    document.write("0.60的 ceil 值为: "+Math.ceil(0.60) + "<br />")
    document.write("0.40的 ceil 值为: "+Math.ceil(0.40) + "<br />")
    document.write("5 的 ceil 值为: "+Math.ceil(5) + "<br />")
    document.write("5.1的 ceil 值为: "+Math.ceil(5.1) + "<br />")
    document.write("-5.1的 ceil 值为: "+Math.ceil(-5.1) + "<br />")
    document.write("-5.9的 ceil 值为: "+Math.ceil(-5.9))
</script>
</body>
</html>
```

上述代码在 IE 9.0 浏览器中的显示效果如图 7-28 所示。

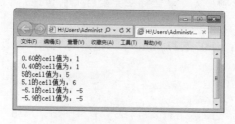

图 7-28　程序运行结果

7.4.12　案例——返回小于或等于指定参数的最大整数

使用 floor()方法可对一个数进行下舍入，即返回小于或等于指定参数的最大值。其语法格式如下：

```
Math. floor (x)
```

参数 x 为必选项，且必须是一个数值。其返回值是小于等于 x，并且与它最接近的整数。

【例 7.29】 (实例文件：ch07\7.29.html)返回小于或等于指定参数的最大整数。

```
<html>
<body>
<script type="text/javascript">
    document.write("0.60 的 floor 值为："+Math. floor (0.60) + "<br />")
    document.write("0.40 的 floor 值为："+Math. floor (0.40) + "<br />")
    document.write("5 的 floor 值为："+Math. floor (5) + "<br />")
    document.write("5.1 的 floor 值为："+Math. floor (5.1) + "<br />")
    document.write("-5.1 的 floor 值为："+Math. floor (-5.1) + "<br />")
    document.write("-5.9 的 floor 值为："+Math. floor (-5.9))
</script>
</body>
</html>
```

上述代码在 IE 9.0 浏览器中的显示效果如图 7-29 所示。

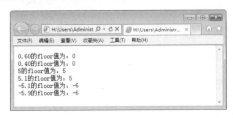

图 7-29　程序运行结果

7.4.13　案例——返回以 e 为基数的幂

使用 exp()方法可返回 e 的 x 次幂的值。其语法格式如下：

```
Math.exp(x)
```

其中参数 x 为必选项，可以是任意数值或表达式，被用作指数。

其返回值为 e 的 x 次幂。e 代表自然对数的底数，其值近似为 2.71828。

【例 7.30】 (实例文件：ch07\7.30.html)返回以 e 为基数的幂。

```
<html>
<body>
<script type="text/javascript">
document.write("1 的幂为："+Math.exp(1) + "<br />")
document.write("-1 的幂为："+Math.exp(-1) + "<br />")
document.write("5 的幂为："+Math.exp(5) + "<br />")
document.write("10 的幂为："+Math.exp(10) + "<br />")
</script>
</body>
</html>
```

上述代码在 IE 9.0 浏览器中的显示效果如图 7-30 所示。

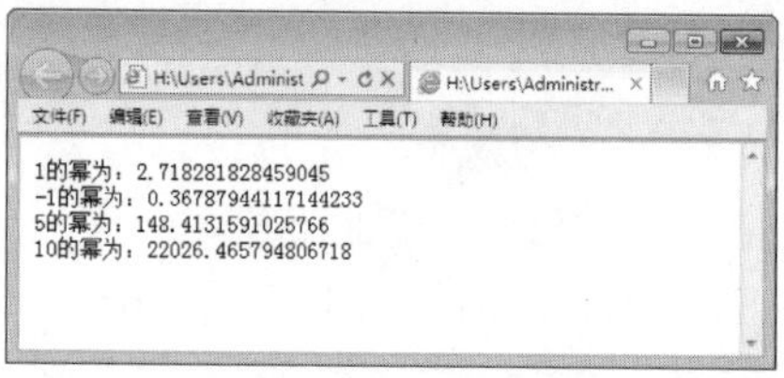

图 7-30　程序运行结果

7.5　实战演练——使用 Math 对象设计程序

设计程序，单击【随机数】按钮，使用 Math 对象的 random 方法产生一个 0~100 之间
(含 0 和 100)的随机整数，并在窗口中显示，如图 7-31 所示。单击【计算】按钮，计算该随机
数的平方、平方根和自然对数，保留 2 位小数，并在窗口中显示，如图 7-32 所示。

图 7-31　产生的随机整数

图 7-32　计算结果

具体操作步骤如下。

step 01　创建 HTML 文件，代码如下：

```html
<!DOCTYPE html>
<html>
<head>
<title>随机产生整数，并计算其平方、平方根和自然对数</title>
</head>
<body>
 <form action="" method="post" name="myform" id="myform">
   <input type="button" value="随机数">
   <input type="button" value="计 算">
 </form>
</body>
</html>
```

step 02　在 HTML 文件的 head 部分，键入以下代码：

```html
<script>
 var data;  //声明全局变量，保存随机产生的整数
 /*随机数函数*/
 function getRandom(){
    data=Math.floor(Math.random()*101);  //产生 0~100 随机数
    alert("随机整数为："+data);  //
 }
```

```
/*随机整数的平方、平方根和自然对象*/
function cal(){
    var square=Math.pow(data,2);                //计算随机整数的平方
    var squareRoot=Math.sqrt(data).toFixed(2);  //计算随机整数的平方根
    var logarithm=Math.log(data).toFixed(2);    //计算随机整数的自然对数
    alert("随机整数"+data+"的相关计算\n 平方\t 平方根\t 自然对数
     \n"+square+"\t"+squareRoot+"\t"+logarithm);
    //输出计算结果
}
</script>
```

step 03 为【随机数】按钮和【计算】按钮添加单击(onClick)事件，分别调用随机数函数(getRandom)和计算函数(cal)。将 HTML 文件中<input type="button" value="随机数">和<input type="button" value="计算">这两行代码修改成以下内容：

```
<input type="button" value="随机数" onClick="getRandom()">
<input type="button" value="计 算" onClick="cal()">
```

step 04 保存网页，运行程序，浏览最终效果。

7.6 跟我练练手

1. 练习目标

能够熟练掌握本章所讲内容。

2. 上机练习

练习 1：Number 对象的创建方法。
练习 2：Number 对象的常用方法。
练习 3：Math 对象的创建方法。
练习 4：Math 对象的使用方法。

7.7 高手甜点

甜点 1：Math 对象与 Date、String 对象有什么不同？

三者主要有以下两点区别。

(1) Math 对象并不像 Date 和 String 对象那样是对象的类，因此它没有构造函数 Math()。像 Math.sin() 这样的函数只是函数，不是某个对象的方法，因此无须创建它，通过把 Math 作为对象使用就可以调用其所有属性和方法。

(2) Math 对象不存储数据，String 与 Date 对象存储数据。

甜点 2: 如何表示对象的源代码?

使用 toSource()方法可以表示对象的源代码。该方法通常由 JavaScript 在后台自动调用,并不显式地出现在代码中。其语法格式如下:

```
object.toSource()
```

目前只有 Firefox 支持该方法,像 IE、Safari、Chrome 和 Opera 等浏览器均不支持该方法。

第 8 章
编程错误的终结者
——JavaScript 的
调试与优化

当 JavaScript 引擎执行 JavaScript 代码时，会发生各种错误，诸如语法错误、拼写错误、服务器的错误输出、用户的错误输入等。本章主要讲述 JavaScript 语言对编程错误的调试与优化。

本章要点(已掌握的在方框中打勾)

☐ 了解常见的错误和异常。

☐ 掌握处理异常的方法。

☐ 掌握使用调试器的方法。

☐ 掌握 JavaScript 语言的调试技巧。

8.1 常见的错误和异常

错误和异常是编程中经常出现的问题。常见的错误和异常主要有以下几种。

1. 拼写错误

编写代码时要求程序员要非常地仔细，并且在编写完代码后还要认真地去检查，以免出现编写上的错误。

在 JavaScript 中方法和变量都是区分大小写的，例如把 else 写成 ELSE，将 Array 写成 array，这些都会出现语法错误。JavaScript 中的变量或者方法命名规则通常都是首字母小写，如果是由多个单词组成的，那么除了第一个单词的首字母小写外，其余单词的首字母都应大写，而其余字母都是小写。知道这些规则，程序员就可以避免大小写的错误。

另外，有时在编写代码时需要输入中文字符，编程人员容易在输入完中文字符后忘记切换输入法，从而导致输入的小括号、分号或者引号等出现错误。当然，这种错误输入在大多数编程软件中显示的颜色会跟正确的输入显示的颜色不一样，虽然容易被发现，但还是应该细心谨慎地减少错误的出现。

2. 单引号和双引号的混乱

单引号和双引号在 JavaScript 中没有特殊的区别，都可以用来创建字符串。但作为一般性规则，大多数开发人员喜欢用单引号而不是双引号，而在 XHTML 规范中要求所有属性值都必须使用双引号括起来。这样一来，如果在 JavaScript 中使用单引号，而在 XHTML 中使用双引号就会使混合两者代码的编程显得更清晰。单引号可以包含双引号，同理，双引号也可以包含单引号。

3. 括号使用混乱

在 JavaScript 中，括号包含两种语义，它可以是分隔符，也可以是表达式。例如：
(1) 在 "(1+4)*4=20" 中，括号就起分隔符的作用。
(2) 在 (function(){})(); 中，function 之前的一对括号起分隔符的作用，后面的括号则表示立即执行这个方法。

4. 等号与赋值混淆

等号与赋值符号混淆，一般常出现在 if 语句中，而且这种错误在 JavaScript 中不会产生错误信息，所以在查找错误时往往很难被发现。例如以下代码：

```
if(s = 1)
  alert("没有找到相关信息");
```

上述代码在逻辑上是没有问题的，它的运行结果是将 1 赋值给了 s。如果运行成功则弹出对话框，而不是对 s 和 1 进行比较，这不符合开发者的本意。

8.2 处理异常的方法

常见的处理异常的方法有两种：使用 onerror 事件和 try…catch…finally 模型。本节将重点讲述这两种方法。

8.2.1 案例——用 onerror 事件处理异常

使用 onerror 事件是一种早期的标准的在网页中捕获 JavaScript 错误的方法。需要注意的是，目前 chrome、opera、safari 浏览器均不支持该事件。

只要页面中出现脚本错误，就会产生 onerror 事件。如果要利用 onerror 事件，就必须创建一个处理错误的函数，可以把这个函数叫作 onerror 事件处理器(onerror event handler)。这个事件处理器需要用 3 个参数来调用：msg(错误消息)、url(发生错误的页面的 url)、line(发生错误的代码行)。

具体使用 onerror 的语法结构如下：

```
<script language="javascript">
window.onerror = function(sMessage,sUrl,sLine){
    alert("您调用的函数不存在！");
    return true;    //屏蔽系统事件
}
</script>
```

 浏览器是否显示标准的错误消息，取决于 onerror 的返回值。如果返回值为 false，浏览器的错误报告也会显示出来，所以为了隐藏报告，函数需要返回 true。

【例 8.1】 (实例文件：ch08\8.1.html)使用 window 对象触发 onerror 事件。

```
<!DOCTYPE html PUBLIC "-//W3C//DTD XHTML 1.0 Transitional//EN"
"http://www.w3.org/TR/xhtml1/DTD/xhtml1-transitional.dtd">
<html xmlns="http://www.w3.org/1999/xhtml">
<head>
<meta http-equiv="Content-Type" content="text/html; charset=gb2312" />
<title></title>
<script language="javascript">
window.onerror = function(aMsg,aUrl,aLine){
    alert("您调用的函数不存在！\n" + aMsg + "\nUrl：" + aUrl + "\n 出错行：" +
        aLine);
    return true;    //屏蔽系统事件
}
</script>
</head>
<body onload="abc();">
</body>
</html>
```

上述代码在 IE 9.0 浏览器中的显示效果如图 8-1 所示。

图 8-1　程序运行结果

另外，使用图像对象也可以触发 onerror 事件，具体语法格式如下：

```javascript
<script language="javascript">
Document.images[0].onerror = function(sMessage,sUrl,sLine){
    alert("您调用的函数不存在！);
    return true;       //屏蔽系统事件
}
</script>
```

其中 Document.images[0]表示页面中的第一个图像。

【例 8.2】　(实例文件：ch08\8.2.html)使用图像对象触发 onerror 事件。

```html
<!DOCTYPE html PUBLIC "-//W3C//DTD XHTML 1.0 Transitional//EN"
"http://www.w3.org/TR/xhtml1/DTD/xhtml1-transitional.dtd">
<html>
<head>
<meta http-equiv="Content-Type" content="text/html; charset=gb2312" />
<title>onerror 事件</title>
<script language="javascript">
function ImgLoad(){
document.images[0].onerror=function(){
    alert("您调用的图像并不存在\n");
};
document.images[0].src="test.gif";
}
</script>
</head>
  <body onload="ImgLoad()">
  <img/>
</body>
</html>
```

上述代码在 IE 9.0 浏览器中的显示效果如图 8-2 所示。

提示

　　　　在上面的代码中定义了一个图像，由于没有定义图像的 src，所以会出现异常，调用异常处理事件，会弹出错误提示对话框。

图 8-2　程序运行结果

8.2.2　案例——使用"try…catch…finally"语句处理异常

在 JavaScript 中，"try…catch…finally"语句可以用来捕获程序中某个代码块中的错误，同时还不会影响代码的运行。该语句的语法格式如下：

```
try {
  someStatements
}
catch(exception){
  someStatements
}
finally {
  someStatements
}
```

该语句首先运行 try 里面的代码，当代码中任何一个语句发生异常时，try 代码块就结束运行，此时 catch 代码块开始运行，如果最后还有 finally 语句块，那么无论 try 代码块是否有异常，该代码块都会被执行。

【例 8.3】 (实例文件：ch08\8.3.html)使用"try…catch…finally"语句处理异常。

```
<!DOCTYPE html PUBLIC "-//W3C//DTD XHTML 1.0 Transitional//EN"
"http://www.w3.org/TR/xhtml1/DTD/xhtml1-transitional.dtd">
<html>
<head>
<meta http-equiv="Content-Type" content="text/html; charset=gb2312" />
<title> </title>
<script language="javascript">
try{
    document.forms.input.length;
}catch(exception){
    alert("运行时有异常发生");
}finally{
    alert("结束 try...catch...finally 语句");
}</script>
</head>
  <body >
  </body>
</html>
```

上述代码在 IE 9.0 浏览器中的显示效果，如图 8-3 所示。单击【确定】按钮，最终弹出 finally 区域的信息提示框，如图 8-4 所示。

图 8-3　弹出异常提示对话框　　　　图 8-4　finally 区域的信息提示框

8.2.3　案例——使用 throw 语句抛出异常

当异常发生时，JavaScript 引擎通常会停止，并生成一个异常消息。而描述这种情况的技术术语是：JavaScript 将抛出一个异常。

在程序中使用 throw 语句可以有目的地抛出异常，具体的语法格式如下：

```
throw exception
```

其中，异常可以是 JavaScript 字符串、数字、逻辑值或对象。

【例 8.4】 (实例文件：ch08\8.4.html)检测输入变量的值。如果值是错误的，将抛出一个异常。catch 会捕捉到这个错误，并显示一段自定义的错误消息。

```
<!DOCTYPE html>
<html>
<body>
<script>
  function myFunction()
  {
    try
    {
  var x=document.getElementById("demo").value;
  if(x=="")    throw "值为空";
  if(isNaN(x)) throw "不是数字";
  if(x>10)     throw "太大";
  if(x<5)      throw "太小";
    }
    catch(err)
    {
  var y=document.getElementById("mess");
  y.innerHTML="错误: " + err + "。";
    }
    }
</script>
<h1>使用 throw 语句抛出异常 </h1>
<p>请输入 5 到 10 之间的数字: </p>
<input id="demo" type="text">
<button type="button" onclick="myFunction()">测试输入值</button>
<p id="mess"></p>
```

```
</body>
</html>
```

在 IE 9.0 中浏览效果，用户可以输入值进行测试效果，例如输入"20"，然后单击【测试输入值】按钮，将弹出错误提示信息，如图 8-5 所示。

图 8-5　测试结果

8.3　使用调试器

每种浏览器都有自己的 JavaScript 错误调试器，只是调试器不同而已。下面将讲述常见的调试器的设置方法和技巧。

8.3.1　案例——IE 浏览器内建的错误报告

如果需要 IE 浏览器弹出错误报告对话框，可以设置 IE 浏览器的选项。单击 IE 浏览器中的【工具】菜单项，在弹出的下拉菜单中选择【Internet 选项】命令，系统将弹出【Internet 选项】对话框，切换到【高级】选项卡，然后选中【显示每个脚本错误的通知】复选框，最后单击【确定】按钮，如图 8-6 所示。

设置完成后，运行 8.3.html 文件，系统将弹出相应的错误提示对话框，如图 8-7 所示。

图 8-6　【Internet 选项】对话框

图 8-7　错误提示对话框

8.3.2 案例——使用 Firefox 错误控制台调试

在 Firefox 中可以使用自带的 JavaScript 调试器(即 Web 控制台)对 JavaScript 程序进行调试。选择 Firefox 浏览器中的【工具】菜单项，在弹出的下拉菜单中选择【Web 开发者】命令，在弹出子菜单中选择【Web 控制台】命令，如图 8-8 所示。

设置完成后，同样运行 8.3.html 文件，在窗口的下方可看到错误提示信息，如图 8-9 所示。

图 8-8 选择【Web 控制台】命令

图 8-9 错误提示信息

8.4 JavaScript 语言调试技巧

在编写程序的过程中，异常经常会出现。本节将讲述如何解析和跟踪 JavaScript 程序中的异常。

8.4.1 案例——使用 alert()语句进行调试

很多情况下，程序员并不能定位程序发生错误引发的异常。此时，程序员可以将 alert()语句放在程序的不同位置，用它来显示程序中的变量、函数或者返回值等，从而以跟踪的方式查找出错误。

alert()是弹出对话框的方法，具体的语法格式如下：

```
<script language="javascript">
 alert();
 </script>
```

例如以下实例代码：

```
<script language="javascript">
Function alertTest(){
alert("程序开始处!");
var a=123;
var b=321;
alert("程序执行过程!");
b=a+b;
```

```
alert("程序执行结束！");
}
</script>
```

上述代码使用 alert()语句调试程序，用户可以大致查询出错误的位置。但是该方法也有缺点，即如果嵌入太多的 alert()语句，最后要删除这些语句时，工作量就会增大。

8.4.2 案例——使用 write()语句进行调试

如果用户想让所有的调试信息以列表的方式显示在页面中，那么用户可以使用 write()方法进行调试。

write()语句的主要作用是将信息写入页面中，具体的语法格式如下：

```
<script language="javascript">
 document.write();
 </script>
```

例如以下实例代码：

```
<script language="javascript">
Function alertTest(){
document.write ("程序开始处！");
var a=123;
var b=321;
document.write ("程序执行过程！");
document.write (a+b);
document.write ("程序执行结束！");
}
</script>
```

8.5 JavaScript 优化

JavaScript 的优化对象主要优化的是脚本程序代码的下载时间和执行效率。因为 JavaScript 运行前不需要进行编译而直接在客户端运行，所以代码的下载时间和执行效率直接决定了网页的打开速度，进而影响客户端的用户体验效果。本节将主要介绍 JavaScript 优化的一些原则和方法。

8.5.1 案例——减缓代码下载时间

给 JavaScript 代码进行"减肥"是减缓代码下载时间的一个非常重要的原则。给代码"减肥"就是在将工程上传到服务器前，尽量缩短代码的长度，去除不必要的字符，包括注释、不必要的空格、换行等。例如以下代码：

```
function getUsersMessage(){
    for(var i=0;i<10;i++){
        if(i%2==0){
            document.write(i+" ");
        }
```

```
   }
}
```

对于上述代码可以被优化为以下代码：

```
function getUsersMessage(){for(var
i=0;i<10;i++){if(i%2==0){document.write(i+" ");}}}
```

上述代码还可以进一步优化，即在将代码提交到服务器之前，为了提高可读性，之前长的变量名、函数名都可以进行重新命名。例如可将函数名 getUsersMessage()重新命名为 a()。

此外，在使用布尔值 true 和 false 时，可以分别用"1"和"0"来替换它们；在一些条件语句中，可以使用逻辑非操作符"！"来替换；定义数组时使用的 new array()可以用"[]"替换；等等。这样可以节省不少空间。例如以下代码：

```
if(str != null){//}
var myarray=new Array(1,2);
```

对上述代码可以使用以下代码替换：

```
if(!str){//}
var myarray=[1,2];
```

另外，JavaScript 还有一些非常实用的"减肥工具"，有时可以将几百行的代码缩短成一行，感兴趣的读者可以查阅相关资料进行试验。

8.5.2 案例——合理声明变量

在 JavaScript 中，变量的声明方式可分为显式声明和隐式声明。使用 var 关键字进行声明的就是显式声明，而没有使用 var 关键字的就是隐式声明。在函数中显式声明的变量为局部变量，隐式声明的变量为全局变量。例如以下代码：

```
function test1(){
   var a=0;
   b=1;
}
```

上述代码在声明变量 a 时使用了 var 关键字，为显式声明，所以 a 为局部变量；而在声明变量 b 时没有使用 var 关键字，为隐式声明，所以 b 为全局变量。在 JavaScript 中，局部变量只在其所在函数执行时生成的调用对象中存在，当其所在函数执行完毕时局部变量就会被立即销毁，而全局变量在整个程序的执行过程中都存在，直到浏览器关闭后才被销毁。例如在上述的函数执行完毕后，再分别执行函数 test2()和 test3()：

```
function test2(){
   alert(a);
}
function test3(){
   alert(b);
}
```

运行上述函数会发现：test2()函数运行时会报错，浏览器会提示变量 a 未被声明；而test3()函数可以被顺利地执行。这说明在执行了 test1()函数后，局部变量 a 立即被销毁了，而全局变量 b 还存在。所以为了节省系统资源，即使不需要全局变量，也要在函数体中使用 var 关键字来声明变量。

8.5.3 案例——使用内置函数缩短编译时间

与 C、Java 等语言一样，JavaScript 也有自己的函数库，并且函数库里有很多内置函数，用户可以直接调用这些函数。当然，开发人员也可以自己去编写函数，但是 JavaScript 中的内置函数的属性方法都是经过 C、C++之类的语言编译的，而开发者自己编写的函数在运行前还要进行编译，所以在运行速度上，JavaScript 的内置函数要比自己编写的函数快很多。

8.5.4 案例——合理书写 if 语句

在编写大的程序时几乎都要用到 if 语句，但是有时需要判断的情况又很多，这就需要编写多个 else 语句，而在程序运行时又需要判断多次才能找到符合要求的情况，这大大影响了代码的执行速度。所以，通常当需要判断的情况超过 2 种以上时，最后使用 switch 语句，它的 case 分句允许任何类型的数据。所以，这种情况下使用 switch 语句，无论是在代码的执行速度方面，还是在代码的编写方面都优于 if 语句。

如果需要判断的情况很多，仍然想使用 if 语句，那么为了提高代码的执行速度，在写 if 语句和 else 语句时可以把各种情况按其可能性从高到低排列，这样在运行时就可以相对地减少判断的次数。

8.5.5 案例——最小化语句数量

最小化语句数量的一个最典型例子就是当在一个页面中需要声明多个变量时，就可以使用一次 var 关键字来定义这些变量。例如以下代码：

```
var name = "zhangsan"
var age = 22;
var sex = "男";
var myDate = new Date();
```

上述代码使用了 4 次 var 关键字声明了 4 个变量，浪费了系统资源。可以将这段代码用以下代码替换：

```
var name = "zhangsan", age = 22, sex = "男", myDate = new Date();
```

8.5.6 案例——节约使用 DOM

在 JavaScript 中使用 DOM 可以对节点进行动态的访问和修改，当我们要使用 JavaScript 对网页进行操作时，几乎都是通过 DOM 来完成的，所以 DOM 对 JavaScript 非常重要。但是，使用 DOM 来操作节点会改变页面的节点，需要重新加载整个页面，所以会花费很多时间。例如在使用 DOM 动态删除单元格的代码中有以下一段代码：

```
for(var i=1;i<objTable.tBodies[0].rows.length+1;i++){
```

```
    var objColumn=document.createElement('td');
    objColumn.innerHTML="<a href='#'>删除</a>";
     objTable.tBodies[0].children[i].appendChild(objColumn);
}
```

在上述代码中，需要循环调用 appendChild()方法给表格每一行追加一列，因此运行时循环执行几次，浏览器就需要重新加载页面几次。所以应当尽量节约使用 DOM，并可以考虑使用 createDocumentFragment()方法创建一个文档碎片，然后把所有新的节点附加在该文档的碎片上，最后再把文档碎片的内容一次性添加到所要添加的节点上。于是，上述代码可修改为如下：

```
var objTable = document.getElementById("score");
var objFrgment = createDocumentFragment();
for(var i=1;i<objTable.tBodies[0].rows.length+1;i++){
var objColumn=document.createElement('td');
objColumn.innerHTML="<a href='#'>删除</a>";
objFrament.appendChild(objColumn);
}
objTable.appendChild(objFragment);
```

8.6 跟我练练手

1. 练习目标

能够熟练掌握本章所讲内容。

2. 上机练习

练习1：了解常见的错误和异常。
练习2：处理异常的方法。
练习3：使用调试器的方法。
练习4：JavaScript 语言的调试技巧。

8.7 高 手 甜 点

甜点 1：常见的调试问题有哪些？

(1) 若错误定位到一个函数的调用上，说明函数体有问题。
(2) 若出现对象为 null 或找不到对象，可能是 id、name 或 DOM 的写法出现问题。
(3) 多增加 alert(xxx)来查看变量是否得到了期望的值。尽管这样比较慢，但还是比较有效果的。
(4) /**/注释屏蔽掉运行正常的部分代码，然后逐步缩小范围检查。
(5) IE 浏览器的错误报告行数往往不准确，出现此情况就在错误行前后的几行找错。
(6) 变量大小写、中英文符号的影响。大小写容易找到，但是有些编译器在对中英文标点符号的显示上，不易区分，此时可以尝试用其他的文本编辑工具查看。

甜点 2：如何优化 JavaScript 代码？

JavaScript 代码的优化主要是优化脚本程序代码的下载时间和执行效率。因为 JavaScript 运行前不需要进行编译而直接在客户端运行，所以代码的下载时间和执行效率直接决定了网页的打开速度，从而影响着客户端的用户体验效果。

（1）合理地声明变量。

在 JavaScript 中，变量的声明方式分为显式声明和隐式声明。使用 var 关键字进行声明的就是显式声明，而没有使用 var 关键字的就是隐式声明。在函数中显式声明的变量为局部变量，隐式声明的变量为全局变量。

（2）简化代码。

简化 JavaScript 代码是优化代码的一个非要重要的方法。将工程上传到服务器前，尽量缩短代码的长度，去除不必要的字符，包括注释、不必要的空格、换行等。

（3）多使用内置的函数库。

与 C、Java 等语言一样，JavaScript 也有自己的函数库，函数库里有很多内置函数，用户可以直接调用这些函数。当然，开发人员也可以自己去编写那些函数，但是 JavaScript 中的内置函数的属性方法都是经过 C、C++之类的语言编译的，而开发者自己编写的函数在运行前还要进行编译，所以在运行速度上 JavaScript 的内置函数要比自己编写的函数快很多。

第 2 篇

核 心 技 术

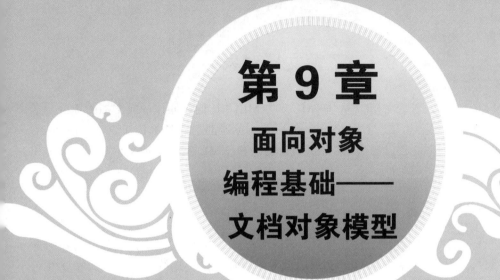

第9章
面向对象
编程基础——
文档对象模型

　　文档对象模型(DOM)是一个基础性的概念，能够以编程方式访问和操作 Web 页面的接口。通过对文档对象模型的学习，能够掌握网页页面中元素的层次关系。理解文档对象模型的概念，对于编写出高效、实用的 JavaScript 程序非常有帮助。

本章要点(已掌握的在方框中打勾)

☐ 了解 JavaScript 的文档对象。

☑ 认识 JavaScript 的 DOM 节点。

☐ 掌握节点的基本操作。

9.1　了解文档对象

文档对象模型(DOM)是表示文档(例如 HTML 和 XML)和访问、操作构成文档的各种元素的应用程序接口(API)。一般地，支持 JavaScript 的所有浏览器都支持 DOM。DOM 是指 W3C 定义的标准的文档对象模型，它以树形结构表示 HTML 和 XML 文档，定义了遍历这个树和检查、修改树的节点的方法和属性。

9.1.1　什么是文档对象模型

DOM 是 W3C 组织推荐的处理 HTML/XML 的标准接口。DOM 实际上是以面向对象的方式描述的对象模型。它定义了表示和修改文档所需要的对象，以及这些对象的行为和属性、对象之间的关系。

所有编程语言可以按照 DOM 规范去实现这些接口，给出解析文件的解析器。DOM 规范中所指的文件相当广泛，其中包括 XML 文件和 HTML 文件。DOM 可以被看作是一组应用编程接口(Application Program Interface，API)。它把 HTML 文档、XML 文档等看作一个文档对象，在接口里面存放的大量方法，其功能是对这些文档对象中的数据进行存取，并且利用程序对数据进行相应处理。DOM 技术并不是首先用于 XML 文档，对于 HTML 文档来说，很早就能使用 DOM 来读取里面的数据了。

DOM 可以由 JavaScript 实现，它们之间的结合非常紧密，甚至可以说如果没有 DOM，在使用 JavaScript 的时候是不可想象的，因为我们每解析一个节点一个元素都要耗费很多精力，DOM 设计本身是一种独立的程序语言，以一致的 API 存取文件的结构表述。

在使用 DOM 进行解析 HTML 对象的时候，首先要在内存中构建起一棵完整的解析树，借此实现对整个 XML 文档的全面、动态访问。也就是说，它的解析是有层次的，即将所有的 HTML 中的元素都解析成树上层次分明的节点，然后对这些节点执行添加、删除、修改及查看等操作。

目前 W3C 提出了 3 个 DOM 规范，分别是 DOM Level1、DOM Level2、DOM Level3。

(1) 从 DOM Level 1 开始，DOM 的一些接口用于表示可从 XML 文档中找到的所有不同类型的信息。它还包含使用这些对象所必需的方法和属性。

Level1 支持的对象包括对 XML1.0 和 HTML。每个 HTML 元素被表示成一个接口，它包括用于添加、编辑、移动和读取节点中包含的信息的方法等。然而，它不支持 XML 名称空间(XML Namespace)，XML 名称空间提供分割文档中的信息的能力。

(2) DOM Level2 基于 DOM Level1 并扩展了 DOM Level1，添加了鼠标和用户界面事件、范围、遍历(重复执行 DOM 文档的方法)、XML 命名空间、文本范围、检查文档层次的方法等新概念，并通过对象接口添加了对 CSS 的支持。

同时，Dom Level2 引入几个新模块，用以处理新的接口类型，包括以下几个方面。

- DOM 视图：描述跟踪文档的各种视图(使用 CSS 样式设计文档前后)的接口。
- DOM 事件：描述事件的接口。

- DOM 样式表：描述处理基于 CSS 样式的接口。
- DOM 遍历和范围：描述遍历和操作文档树的接口。

(3) 当前正处于定稿阶段的 DOM Level3 包括对创建 Document 对象(以前版本将这个任务留给实现，使得创建通用应用程序很困难)的更好支持、增强了名称空间的支持，以及用来处理文档加载和保存、验证、XPath 新模块；XPath 是在 XSL 转换(XSL Transformation)以及其他 XML 技术中用来选择节点的手段。

9.1.2 文档对象模型的功能

文档对象模型定义了与 JavaScript 匹配的浏览器，描述了文档对象的逻辑结构及各功能部件的标准接口，主要包括以下几个方面。

- 核心 JavaScript 语言参考(数据类型、运算符、基本语句、函数等)。
- 与数据类型相关的核心对象(String、Array、Math、Date 等数据类型)。
- 浏览器对象(Window、Location、History、Navigator 等)。
- 文档对象(Document、images、form 等)。

JavaScript 使用浏览器对象模型(BOM)和文档对象模型(DOM)两种主要对象模型。前者提供了访问浏览器各个功能部件，例如浏览器窗口本身、浏览历史等的操作方法；后者则提供了访问浏览器窗口内容，例如文档、图片等各种 HTML 元素，以及这些元素包含的文本的操作方法。例如以下代码：

```
<!DOCTYPE HTML>
<html>
<head>
 <meta http-equiv=content-type content="text/html; charset=gb2312">
 <title>DOM</title>
</head>
<body>
<h1>rose</h1>
<!--NOTE!-->
   <p>go to<em> DOM </em>World! </p>
   <ul>
      <li>go </li>
   </ul>
</body>
</html>
```

在 DOM 模型中，浏览器载入这个 HTML 文档时，以树的形式对这个文档进行描述。其中，各 HTML 的标记都作为一个对象进行相关操作，如图 9-1 所示。从中可以看出，html 是根元素对象，可代表整个文档；而 head 和 body 是两个分支，位于同一层次，为兄弟关系，存在同一父元素对象，但又有各自的子元素对象。

DOM 不同版本的存在给编写客户端程序的程序员带来了很多挑战，编写当前浏览器中最新对象模型支持的 JavaScript 脚本相对比较容易，但如果使用早期版本的浏览器访问这些网页，将会出现不支持某种属性或方法的情况。因此，W3C DOM 对这些问题做了一些标准化的处理，新的文档对象模型继承了许多原始的对象模型，同时还提供了文档对象引用的新方法。

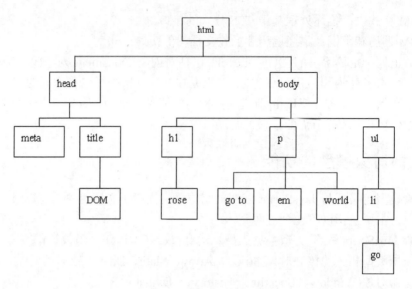

图 9-1　HTML 文档结构树

9.1.3　文档对象的产生过程

在面向对象或基于对象的编程语言中，指定对象的作用域越小，对象位置的假定也就越多。对客户端 JavaScript 脚本而言，其对象一般不超过浏览器，脚本不会访问计算机硬件、操作系统、其他程序等超出浏览器的对象。

当载入 HTML 文档时，浏览器解释其代码，当遇到自身运行的 HTML 元素对象对应的标记时，浏览器就按 HTML 文档载入的顺序在内存中创建这些对象，而不管 JavaScript 脚本是否真正运行这些对象。对象创建后，浏览器为这些对象提供专供 JavaScript 脚本使用的可选属性、方法和处理程序。通过这些属性、方法和处理程序，Web 开发人员就能动态地操作 HTML 文档的内容。

【例 9.1】 (实例文件：ch09\9.1.html)动态改变文档背景颜色。代码如下：

```html
<!DOCTYPE HTML>
<html>
<head>
 <script language="javascript">
  <!--
  function changeBgClr(value)
  {
document.body.style.backgroundColor=value
  }
  //-->
 </script>
</head>
<body>
<form>
 <input type=radio value=red onclick="changeBgClr(this.value)">红色
 <input type=radio value=green onclick="changeBgClr(this.value)">绿色
 <input type=radio value=blue onclick="changeBgClr(this.value)">蓝色
```

```
</form>
</body>
</html>
```

上述代码在 IE 9.0 浏览器中的显示效果如图 9-2 所示。如果单击其中的"红色"单选按钮，即可看到网页的背景颜色变为绿色，如图 9-3 所示。

其中，document.body.style.backgroundColor 语句表示访问当前 Document 对象中的子对象 body——的样式子对象 style 的 backgroundColor 属性。

图 9-2　显示效果

图 9-3　改变网页背景颜色后的效果

9.2　认识 DOM 的节点

在 DOM 中，HTML 文档各个节点被视为各种类型的 Node 对象。每个 Node 对象都有自己的属性和方法，利用这些属性和方法可以遍历整个文档树。由于 HTML 文档的复杂性，DOM 用 nodeType 表示节点的类型。

节点(node)是某个网络中的一个连接点，即网络是节点和连线的集合。在 W3C DOM 中，每个容器、独立的元素或文本块都可以被看作是一个节点，节点是 W3C DOM 的基本构建元素。当一个容器包含另一个容器时，其对应的节点存在着父子关系。同时该节点树遵循 HTML 的结构化本质，例如<html>元素包含<head>和<body>，而<head>又包含<title>，<body>又包含各种块元素等。

在 DOM 中定义了 HTML 文档中 6 种不同节点的类型，如表 9-1 所示。

表 9-1　DOM 定义的 HTML 文档节点类型

节点类型数值	节点类型	附加说明	实　例
1	元素(Element)	HTML 标记元素	<h1>...</h1>
2	属性(Attribute)	HTML 标记元素的属性	color="red"
3	文本(Text)	被 HTML 标记括起来的文本段	Hello World!
8	注释(Comment)	HTML 注释段	<!--Comment>
9	文档(Document)	HTML 文档跟文本对象	<html>
10	文档类型(DocumentType)	文档类型	<!DOCTYPE HTML PUBLIC"...">

在 IE6 内核浏览器中属性(attribute)类型才获得支持。所有支持 W3C DOM 的浏览器(IE5+、Moz1 和 Safari 等)都实现了前 3 种常见的类型，其中 Moz1 实现了所有类型。

DOM 节点树中的节点有元素节点、文本节点和属性节点三种不同的类型，下面分别予以介绍。

1. 元素节点

在 HTML 文档中，各 HTML 元素(例如<body>、<p>、<ul>等)构成了文档结构模型的一个元素对象。在节点树中，每个元素对象又构成了一个节点。元素可以包含其他元素，所有的列表项元素<li>都包含在无序清单元素<ul>内部，<html>元素是节点树的根节点。

例如以下 "商品清单" 代码：

```
<ul id="booklist">
  <li>洗衣机</li>
  <li>冰箱</li>
  <li>电视机</li>
</ul>
```

2. 文本节点

在节点树中，元素节点构成树的枝条，而文本则构成树的叶子。如果一份文档完全由空白元素构成，它将只有一个框架，本身并不包含什么内容。没有内容的文档是没有价值的，而绝大多数内容由文本提供。在<p>go to<em> DOM </em>World! </p>语句中，包含 go to、DOM、World3 个文本节点。

在 HTML 中，文本节点总是包含在元素节点的内部，但并非所有的元素节点都包含或直接包含文本节点。例如在上述 "商品清单" 代码中，<ul>元素节点并不包含任何文本节点，而是包含着另外的元素节点，元素节点又包含着文本节点。所以说，有的元素节点只是间接包含文本节点。

3. 属性节点

HTML 文档中的元素都有一些属性，这些属性可以准确、具体地描述相应的元素，进而便于进一步的操作。例如以下代码：

```
<hl class="Sample">go to DOM World!</h1>
<ul id="booklist">...</ul>
```

这里 class="Sample"、id="booklist"都属于属性节点。因为所有的属性都是放在元素标签里，所以属性节点总包含在元素节点中。另外，并非所有的元素都包含属性，但所有的属性都被包含在元素里。

9.3　节点的基本操作

由于文本节点具有易于操纵、对象明确等特点，DOM Level1 提供了非常丰富的节点操作方法，如表 9-2 所示。

表 9-2 DOM 中的节点处理方法

操作类型	方法原型	说　明
生成节点	creatElement(tagName)	创建由 tagName 指定类型的标记
	CreateTextNode(string)	创建包含字符创 string 的文本节点
	createAttribute(name)	针对节点创建由 name 指定的属性，不常用
	createComment(string)	创建由字符串 string 指定的文本注释
插入的添加节点	appendChild(newChild,targetChild)	添加子节点 newChild 到目标节点上
	insertBefore(newChild,targetChild)	将新节点 newChild 插入到目标节点 targetChild 之前
复制节点	cloneNode(bool)	复制节点自身，由逻辑量 bool 确定是否复制子节点
删除和替换节点	removeChild(childName)	删除由 childName 指定的节点
	replaceChild(newChild,oldChild)	用新节点 newChild 替换旧节点 oldChild

9.3.1 案例——创建节点

DOM 支持创建节点的方法，这些方法作为 Document 对象的一部分被使用。其提供的生成新节点的方法非常简单，语法分别如下：

```
MyElement=document.createElement("h1")
MyTextNode=document.createTextNode("My Text")
```

上述第一行代码创建了一个含有 h1 元素的新节点；第二行代码则创建了一个内容为 My Text 的文本节点。

【例 9.2】 (实例文件：ch09\9.2.html)创建新节点并验证。代码如下：

```
<!DOCTYPE HTML>
<html>
<head>
<meta http-equiv=content-type content="text/html; charset=gb2312">
<title>创建并验证节点</title>
</head>
<script language="JavaScript" type="text/javascript">
<!--
function nodeStatus(node)
{
 var temp="";
 if(node.nodeName!=null)
 {
  temp+="nodeName: "+node.nodeName+"\n";
 }
 else temp+="nodeName: null!\n";
 if(node.nodeType!=null)
 {
```

```
    temp+="nodeType: "+node.nodeType+"\n";
  }
  else temp+="nodeType: null\n";
  if(node.nodeValue!=null)
  {
    temp+="nodeValue: "+node.nodeValue+"\n\n";
  }
  else temp+="nodeValue: null\n\n";
  return temp;
}
function MyTest( )
{
  //产生p元素节点和新文本节点
  var newParagraph = document.createElement("p");
  var newTextNode= document.createTextNode(document.MyForm.MyField.value);
  var msg=nodeStatus(newParagraph);
  msg+=nodeStatus(newTextNode)
  alert(msg);
  return;
}
//-->
</script>
<body>
<form name="MyForm">
  <input type="text" name="MyField" value="Text">
  <input type="button" value="测试" onclick="MyTest()">
</body>
</html>
```

上述代码在 IE 9.0 浏览器中的显示效果如图 9-4 所示。单击【测试】按钮，即可触发 MyTest()函数。在弹出的信息框中可以看出创建节点的信息，如图 9-5 所示。

图 9-4　显示结果

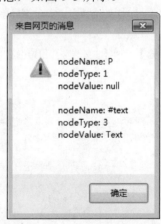

图 9-5　显示创建节点的信息

9.3.2　案例——插入和添加节点

将新创建的节点插入到文档的节点树中，最简单的方法就是让它成为该文档某个现有节点的子节点。使用 appendChild(newChild)可以为现有的节点添加子节点，在该节点的子节点列表的结尾添加一个 newChild。其语法格式为：object.appendChild(newChild)。

使用 appendChild()方法将下面两个节点连接起来：

```
newNode=document.createElement("b");
newText=document.createTextNode("welcome to beijing");
newNode.appendChild(newText);
```

经过 appendChild()方法结合后，将得到以下语句：

```
<b> welcome to beijing </b>
```

将其插入到文档中的适当位置，例如插入到某个段落的结尾：

```
current=document.getElementById("p1")
```

【例 9.3】 (实例文件：ch09\9.3.html)在节点树中插入节点。代码如下：

```
<!DOCTYPE HTML>
<html>
<head>
<meta http-equiv=content-type content="text/html; charset=gb2312">
<title>Sample Page!</title>
</head>
  <script language="JavaScript" type="text/javascript">
   <!--
     function nodeStatus(node)
     {
       var temp="";
      if(node.nodeName!=null)
     {
       temp+="nodeName: "+node.nodeName+"\n";
     }
    else temp+="nodeName: null!\n";
     if(node.nodeType!=null)
     {
       temp+="nodeType: "+node.nodeType+"\n";
     }
     else temp+="nodeType: null\n";
     if(node.nodeValue!=null)       ·
     {
       temp+="nodeValue: "+node.nodeValue+"\n\n";
     }
     else temp+="nodeValue: null\n\n";
     return temp;
}
function MyTest( )
{
   //产生 p 元素节点和新文本节点，并将文本节点添加为 p 元素节点的最后一个子节点
   var newParagraph = document.createElement("p");
   var newTextNode= document.createTextNode(document.MyForm.MyField.value);
   newParagraph.appendChild(newTextNode);
   var msg=nodeStatus(newParagraph);
   msg+=nodeStatus(newTextNode);
   msg+=nodeStatus(newParagraph.firstChild);
```

```
    alert(msg);
    return;
  }
  //-->
</script>
<body>
<form name="MyForm">
  <input type="text" name="MyField" value="Text">
  <input type="button" value="测试" onclick="MyTest()">
</body>
</html>
```

上述代码在 IE 9.0 浏览器中运行后，在打开的页面中单击【测试】按钮，即可触发 MyTest()函数并弹出信息框，如图 9-6 所示。从中可以看出使用 newParagraph.appendChild (newTextNode)语句后，节点 newTextNode 和节点 newparagraph.firstChild 表示的是同一节点。这表明生成的文本节点已经添加到了<p>元素节点的子节点列表中。

图 9-6　生成的信息框

使用 insertBefore(newChild,targetChild)方法可将文档中新节点 newChlid 插入到原始节点 targetChild 的前面。其语法格式为：parentElement.insertBefore(newChild,targetChild)。

调用此方法之前，要注意：要插入的新节点 newChild 和目标节点 targetChild 的父节点 parentElement。其中，parentElement=targetChild.parentNode，且父节点必须是元素节点。下面以 "<p id="p1">go to<B> DOM </B>World! </p>" 语句为例，演示如何在文本节点 "go to" 之前添加一个同父文本节点 Please。

【例 9.4】 (实例文件：ch09\9.4.html)在节点树中插入节点。代码如下：

```
<!DOCTYPE HTML >
<html>
<head>
<meta http-equiv=content-type content="text/html; charset=gb2312">
<title>添加同父节点</title>
</head>
<body>
<p id="p1">go to<B> DOM </B>World! </p>
<script language="JavaScript" type="text/javascript">
```

```
<!--
function nodeStatus(node)
{
    var temp="";
  if(node.nodeName!=null)
  {
    temp+="nodeName: "+node.nodeName+"\n";
  }
  else temp+="nodeName: null!\n";
    if(node.nodeType!=null)
  {
    temp+="nodeType: "+node.nodeType+"\n";
    }
    else temp+="nodeType: null\n";
    if(node.nodeValue!=null)
  {
    temp+="nodeValue: "+node.nodeValue+"\n\n";
    }
    else temp+="nodeValue: null\n\n";
    return temp;
}
//输出节点树相关信息
//返回id属性值为p1的元素节点
var parentElement=document.getElementById('p1');
var msg="insertBefore方法之前:\n"
msg+=nodeStatus(parentElement);
//返回p1的第一个孩子,即文本节点Welcome to
var targetElement=parentElement.firstChild;
msg+=nodeStatus(targetElement);
//返回文本节点Welcome to的下一个同父节点,即元素节点B
var currentElement=targetElement.nextSibling;
msg+=nodeStatus(currentElement);
//返回元素节点P的最后一个孩子,即文本节点World!
currentElement=parentElement.lastChild;
msg+=nodeStatus(currentElement);
//生成新文本节点Please,并插入到文本节点go to之前
var newTextNode= document.createTextNode("Please");
parentElement.insertBefore(newTextNode,targetElement);
msg+="insertBefore方法之后:\n"+nodeStatus(parentElement);
//返回p1的第一个孩子,即文本节点Please
targetElement=parentElement.firstChild;
msg+=nodeStatus(targetElement);
//返回文本节点go to的下一个同父节点,即元素节点go to
var currentElement=targetElement.nextSibling;
msg+=nodeStatus(currentElement);
//返回元素节点P,即文本节点World!
currentElement=parentElement.lastChild;
msg+=nodeStatus(currentElement);
//输出节点属性
alert(msg);
//-->
</script>
</body>
</html>
```

从上述代码可以很直观地看出文本节点"go to"在作为 insertBefore( )方法的目标节点后，在其前面插入文本节点 Please 作为<p>元素节点的第一子节点。输出信息按照父节点、第一个子节点、下一个子节点、最后一个子节点的顺序显示。在 IE 9.0 浏览器中运行上述代码，弹出的信息提示框如图 9-7 所示。单击【确定】按钮，即可看到添加完成后的字符串，如图 9-8 所示。

图 9-7　消息提示对话框

图 9-8　添加完成后的字符串

DOM 本身并没有提供 insertBefore()和 insertAfter()方法，如果想在指定节点之前或之后插入新节点，但可通过如下方式实现：

```
function insertAfter(newChild,targetChild)
{
 var parentElement=targetChild.parentNode;
 //检查目标节点是否是父节点的最后一个子节点
 //是：直接按 appendChild()方法插入新节点
 if(parentElement.lastChild==targetChild)
 {
    parentElement.appendChild(newChild);
 }
 //不是：使用目标节点的nextSibling属性定位到它的下一同父节点，按insertBefore()方法操作
 else
   parentElement.insertBefore(newChild,targetElement.nextSibling);
}
```

9.3.3　案例——复制节点

有时候并不需要生成或插入新的节点，而只需要复制一下节点就可以达到既定的目标。

在 JavaScript 中，可使用 DOM 提供的 cloneNode()方法来复制特定的节点。其语法格式为 clonedNode=tragetNode.cloneNode(bool)。

其中参数 bool 为逻辑量，取值情况如下。

- bool=1 或 true：表示复制节点自身的同时复制该节点所有的子节点。
- bool=0 或 false：表示仅仅复制节点自身。

【例 9.5】 (实例文件：ch09\9.5.html)复制节点并将其插入到节点树中。代码如下：

```html
<!DOCTYPE html >
<html>
<head>
  <title>复制节点</title>
  <meta http-equiv="content-type" content="text/html; charset=gb2312" >
</head>
<body>
  <p id="p1">Please <em>go to</em> DOM World</p>
  <hr>
  <div id="inserthere" style="background-color: blue;"></div>
  <hr>
  <script type="text/javascript">
    <!--
    function cloneAndCopy(nodeId, deep)  //复制函数
    {
    var toClone = document.getElementById(nodeId); //复制
    var clonedNode = toClone.cloneNode(deep); //深度复制
    var insertPoint = document.getElementById('inserthere');
     insertPoint.appendChild(clonedNode);  //添加结点
    }
    //-->
  </script>
  <form action="#" method="get">
  <form action="#" method="get">
  <!--通过设置 cloneAndCopy()第二个参数为 true 或 false 来控制复制的结果-->
  <input type="button" value="复制"onclick="cloneAndCopy('p1',false);">
    
   <input type="button" value="深度复制"onclick="cloneAndCopy('p1',true);" >
  </form>
</body>
</html>
```

上述代码在 IE 9.0 浏览器中的显示效果如图 9-9 所示。单击【复制】按钮即可看到程序仅复制了指定的节点，如图 9-10 所示。

图 9-9 显示结果

图 9-10 只复制节点

若单击【深度复制】按钮在复制节点自身的同时，还可以复制该节点所有的子节点，显示结果如图 9-11 所示。

图 9-11　深度复制节点结果

9.3.4　案例——删除节点和替换节点

使用 DOM 提供 removeChild()方法可以删除节点树中特定的节点。其语法格式为 removeNode=object.removeChild(name)。

其中，参数 name 指明了要删除的节点名称，该方法返回所删除的节点对象。

使用 replaceChild()方法可以替换 DOM 中指定的节点。其语法格式为 object.replaceChild(newChild, oldChild)。其中两个参数的含义如下。

● newChild：新添加的节点。

● oldChild：被替换的目标节点。在替换后，旧节点的内容将被删除。

【例 9.6】 (实例文件：ch09\9.6.html)删除和替换节点。代码如下：

```html
<!DOCTYPE html>
<html>
<head>
 <title>删除和替换节点</title>
 <meta http-equiv="content-type" content="text/html; charset=gb2312" >
 <script type="text/javascript">
 <!--
 function doDelete() //删除函数
 {
 var deletePoint = document.getElementById('toDelete'); //标记要删除的结点
 if (deletePoint.hasChildNodes())  //如果含有子结点
 deletePoint.removeChild(deletePoint.lastChild); //移除其最后子结点
 }
 function doReplace() //替换函数
 {
 var replace = document.getElementById('toReplace'); //标记要替换的结点
 if (replace) //如果目标存在
 {
 //创建新结点的元素属性
 var newNode = document.createElement("strong");
 var newText = document.createTextNode("strong element");
 //执行追加操作
 newNode.appendChild(newText);
 //执行替换操作
 replace.parentNode.replaceChild(newNode, replace);
 }
```

```
      }
    //-->
  </script>
</head>
<body>
  <div id="toDelete" align="center">
    <p>This is a node</p>
    <p>This is <em>another node</em> to delete</p>
    <p>This is yet another node</p>
  </div>
  <p align="center">
    This node has an <em id="toReplace">em element</em> in it.
  </p>
  <hr >
  <form action="#" method="get" >
    <!--通过onclick事件，调用相应的删除与替换函数，完成任务-->
    <input type="button" value="删除" onclick="doDelete();">
    <input type="button" value="替换" onclick="doReplace();">
  </form>
</body>
</html>
```

上述代码在 IE 9.0 浏览器中的显示效果如图 9-12 所示。若单击【替换】按钮，即可替换相应的节点，替换结果如图 9-13 所示。

图 9-12　显示结果

图 9-13　替换结果

若单击【删除】按钮，即可删除指定的节点，删除结果如图 9-14 所示。

图 9-14　删除结果

> **提示** 由于 Opera 浏览器与 Mozilla 系列的浏览器中的 DOM 树包含空白字符，所以，上述程序在这些浏览器中显示要删除一个节点时，要比在 IE 浏览器中单击【删除】按钮的次数多。

另外，通过 createTextNode()方法产生的文本节点并不具有任何内在样式。如果要改变文本节点的外观及文本，就必须修改该文本节点父节点的 style 属性。执行样式更改和内容变化的浏览器将自动刷新此网页，以适应文本节点样式和内容的变化。

9.3.5 案例——修改节点

虽然元素属性可以修改，但元素不能被直接修改。如果要修改元素，需要修改节点本身。例如对于<p id="p1">This is a node</p>节点的修改，可以使用 textNode=document.getElementById("p1"). firstchild 代码对段落元素内部的文本节点进行访问，或使用 length 属性设置 TextNode 的长度，或使用 Data 对其值进行设置等方法来修改。如表 9-3 所示为处理文本节点的常用方法及其作用。

表9-3 处理文本节点的方法

方　法	作　用
appendData(string)	在文本节点的结尾添加一个由 string 指定的字符串
deleteData(offset,count)	删除从 offset 处开始由 count 指定的字符串个数
insertData(offset,string)	在 offset 处插入 string 指定的文本
replaceData(offset,offset,string)	用 string 指定的文本替换从 offset 开始的由 count 指定数目的字符
splitText(offset)	从 offset 处将原文本节点一分为二，其中左半部分作为原节点内容，右半部分作为新的文本节点
substringData(offset,count)	返回一个字符串，该字符串包含从 offset 开始的由 count 指定的数目的一组字符

【例 9.7】 (实例文件：ch09\9.7.html)多种方法修改节点。代码如下：

```
<!DOCTYPE html >
<html>
  <head>
  <title>修改节点</title>
  <meta http-equiv="content-type" content="text/html; charset=gb2312" >
  </head>
  <body>
   <p id="p1">welcome to beijing</p>
   <script type="text/javascript">
   <!--
   //调用并存储p1结点的第一个子结点的相关属性
   var textNode = document.getElementById('p1').firstChild;
   //-->
   </script>
   <form action="#" method="get">
   <!--通过调用 onclick 事件，对结点进行修改、追加、插入、删除、替换等操作-->
```

```
      <input type="button" value="显示" onclick="alert(textNode.data);" >
      <input type="button" value="长度" onclick="alert(textNode.length);" >
      <input type="button" value="改变" onclick="textNode.data = 'nice to meet
you!'"><p>
      <input type="button" value="追加" onclick="textNode.appendData(' too');"
>
      <input type="button" value="插入"
onclick="textNode.insertData(0,'very');" >
      <input type="button" value="删除" onclick="textNode.deleteData(0, 2);"
><p>
      <input type="button" value="替换"
onclick="textNode.replaceData(0,4,'tel!');" >
      <!--调用 substringData()来读取子串-->
      <input type="button" value="子串"
onclick="alert(textNode.substringData(2,2));" >
      <!--调用 splitText()来完成拆分操作-->
      <input type="button" value="拆分" onclick="temp = textNode.splitText(5);
alert('Text node ='+textNode.data+'\nSplit Value = '+temp.data);" >
    </form>
  </body>
</html>
```

上述代码在 IE 9.0 浏览器中的显示结果如图 9-15 所示。单击各按钮，即可实现不同的结果。例如单击【长度】按钮即可显示相应的信息，如图 9-16 所示。

图 9-15　显示结果

图 9-16　节点信息显示结果

9.4　实战演练——在 DOM 模型中获得对象

在 DOM 结构中，其根结点由 documen 对象表示，对于 HTML 文档而言，实际上就是 <html>元素。当使用 JavaScript 脚本语言操作 HTML 文档的时，document 对象表示整个 HTML 页面。在使用 DOM 操作 XML 和 HTML 文档时，经常要使用 document 对象。Document 对象是一棵文档树的根，该对象可为我们提供对文档数据的最初(或最顶层)的访问入口。

【例 9.8】 (实例文件：ch09\9.8.html)在 DOM 模型中获得对象。代码如下：

```
<!DOCTYPE html>
```

```
<html>
  <head>
    <title>解析 HTML 对象</title>
 <script type="text/javascript">
 window.onload = function(){
   var zhwHtml = document.documentElement; //通过 docuemnt.documentElement 获
取根节点 ==>html
   alert(zhwHtml.nodeName); //打印节点名称 HTML 大写
   var zhwBody = document.body; //获取 body 标签节点
   alert(zhwBody.nodeName); //打印 BODY 节点的名称
   var fH = zhwBody.firstChild; //获取 body 的第一个子节点
  alert(fH+"body 的第一个子节点");
   var lH = zhwBody.lastChild; //获取 body 的最后一个子节点
  alert(lH+"body 的最后一个子节点");
   var ht = document.getElementById("zhw"); //通过 id 获取<h1>
  alert(ht.nodeName);
  var text = ht.childNodes;
   alert(text.length);
  var txt = ht.firstChild;
  alert(txt.nodeName);
  alert(txt.nodeValue);
  alert(ht.innerHTML);
  alert(ht.innerText+"Text");
   }
 </script>
  </head>
  <body>
    <h1 id="zhw">我是一个内容节点</h1>
  </body>
</html>
```

在上述代码中，首先使用 document.documentElemen 语句获取了 HTML 文件的根节点，之后分别获取了 body 节点、body 的第一个节点、最后一个子节点。语句 document.getElementById("zhw")表示获得的指定节点，并输出了节点名称和节点内容。

上述代码在 IE 9.0 浏览器中的显示效果如图 9-17 所示，当页面显示的时候，JavaScript 程序会依次将 HTML 的相关节点输出，例如输出 HTML、Body 和 H1 等节点。

图 9-17　显示结果

9.5　跟我练练手

1. 练习目标

能够熟练掌握本章所讲内容。

2. 上机练习

练习1：JavaScript 文档对象的使用。
练习2：JavaScript 节点的使用。
练习3：JavaScript 节点的基本操作。

9.6　高手甜点

甜点1：目前主流的浏览器是否支持 DOM 事件处理模型？

目前除了 IE 浏览器外，其他主流的 Firefox、Opera、Safari 都支持标准 DOM 事件处理模型。IE 浏览器仍然用自己的模型，即冒泡型，该模型的一部分被 DOM 采用。

甜点2：Element 对象和 NodeList 对象的作用是什么？

在 DOM 中，Element 对象表示 HTML 元素。Element 对象可以拥有的类型分为元素节点、文本节点和注释节点的子节点。NodeList 对象表示节点列表，比如 HTML 元素的子节点集合。

目前 IE、Firefox、Safari、Chrome 和 Opera 等浏览器均支持 Element 对象和 NodeList 对象。

第 10 章
处理文档对象
——Document
对象

Document 对象是应用很频繁的 JavaScript 内部对象之一。由于 Document 对象是 window 对象的子对象，且直接可以在 JavaScript 中使用，因此 Document 对象多用来获取 HTML 页面中某个元素。本章将主要介绍 Document 对象大量的内部属性与方法，以供用户方便使用。

本章要点(已掌握的在方框中打勾)

☐ 了解 JavaScript 的文档对象。

☐ 熟悉 JavaScript 文档对象的属性和方法。

☐ 掌握 JavaScript 文档对象的应用。

10.1　文档对象概述

document 对象被称为文档对象，它是 Window 对象的子对象，代表浏览器窗口中的文档。由于 Window 对象是 DOM 对象模型中的默认对象，因此 Window 对象中的方法和子对象不需要使用 Window 来引用。

另外，通过 document 对象可以访问 HTML 文档中包含的任何 HTML 标记，并能动态地改变 HTML 标记中的内容，例如表单、图像、表格和超链接等。该对象在 JavaScript 1.0 版本中就已存在，在随后的版本中又增加了多个属性和方法。有关 document 对象的属性和方法将在后面的小节中进行详细介绍。

10.2　文档对象的属性和方法

document 对象提供的属性和方法主要用在设置浏览器当前载入文档的相关信息、管理页面中已存在的标记元素对象、向目标文档中添加新文本内容、产生并操作新的元素等方面。

10.2.1　文档对象的属性

window 对象具有 document 属性，该属性表示在窗口中显示 HTML 文件的 document 对象。客户端 JavaScript 可以把静态的 HTML 文档转换成交互式的程序，因为 document 对象提供交互访问静态文档内容的功能。除了提供文档整体信息的属性外，document 对象还有很多的重要属性，这些属性提供文档内容的信息。如表 10-1 所示为 document 对象常用属性与说明信息。

表 10-1　document 对象常用属性及说明

属性名称	说　明
alinkColor linkColor vlinkColor	这些属性描述了超链接的颜色。linkColor 指未访问过的链接的正常颜色；vlinkColor 指访问过的链接的颜色；alinkColor 指被激活的链接的颜色。这些属性对应于 HTML 文档中 body 标记的属性：alink、link 和 vlink
anchors[]	Anchor 对象的一个数组，该对象保存着代表文档中锚的集合
applets[]	Applet 对象的一个数组，该对象代表文档中的 Java 小程序
bgColor fgColor	文档的背景色和前景色，这两个属性对应于 HTML 文档中 body 标记的 bgcolor 和 text 属性
cookie	一个特殊属性，允许 JavaScript 脚本读写 HTTP cookie
domain	该属性使处于同一域中的相互信任的 Web 服务器在网页间交互时能协同忽略某项案例性限制
forms[]	Form 对象的一个数组，该对象代表文档中 form 标记的集合
images[]	Image 对象一个数组，该对象代表文档中<img>标记集合。

属性名称	说　明
lastModified	一个字符串，包含文档的最后修改日期
links[]	Link 对象的一个数组，该对象代表文档的链接<a>标记的集合
location	等价于属性 URL
referrer	文档的 URL，包含把浏览器带到当前文档的链接
title	当前文档的标题，即<title>和</title>之间的文本
URL	一个字符串。声明装载文件的 URL，除非发生了服务器重定向，否则该属性的值与 Window 对象的 Location.href 相同

10.2.2　文档对象的方法

　　document 对象的常用方法有清除指定内容的 clear 方法、关闭文档的 close 方法、打开文档 open 方法、把文本写入文档的 write 方法、把文本写入文档并换行的 writeln 方法。如表 10-2 所示为 document 对象的方法。

表 10-2　document 对象方法

方法名称	说　明
close()	关闭或结束 open()方法打开的文档
open()	产生一个新文档，并清除已有文档的内容
write()	输入文本到当前打开的文档
writeln()	输入文本到当前打开的文档，并添加一个换行符
document.createElement(Tag)	创建一个 html 标签对象
document.getElementById(ID)	获得指定 ID 值的对象
document.getElementsByName(Name)	获得指定 Name 值的对象

10.3　文档对象的应用

　　Document 对象包括当前浏览器窗口或框架区域中的所有内容，包含文本域、按钮、单选框、图片、链接等 HTML 页面可访问的元素，但不包含浏览器的菜单栏、工具栏和状态栏。Document 对象提供了一系列属性和方法，可以对页面元素进行各种属性设置。

10.3.1　案例——设置页面显示颜色

　　通过 Document 对象提供的 alinkColor、fgColor、bgColor 等颜色属性，可以设置 Web 页面的显示颜色。这些属性一般定义在<body>标记中，需在文档布局确定之前完成设置。

1. alinkColor 属性

该属性的作用是设置文档中活动链接的颜色，而活动链接是指用户正在使用的超级链接。使用 document 的 alinkColor 属性，可以自己定义活动链接的颜色，其语法格式为如下：

```
document.alinkColor= "colorValue";
```

其中，colorValue 是用户指定的颜色，其值可以是 red、blue、green、black、gray 等颜色名称，也可以是十六进制的 RGB。例如白色对应十六进制的 RGB 值是#FFFF。在 IE 浏览器中，活动链接的默认颜色为蓝色，用颜色表示就是 blue 或#0000FF。用户在设定活动链接的颜色时，需要在页面的<script>标记中添加指定活动链接颜色的语句。

例如，要求指定用户单击链接时，链接的颜色为红色。其代码如下：

```
<Script language="JavaScript" type="text/javascript">
<!--
    document.alinkColor="red";
//-->
</Script>
```

另外，使用<body>标记的 onload 事件也可以实现上述要求。其方法如下：

```
<body onload="document.alinkColor='red';">
```

 使用基于 RGB 的 16 位色时，需要注意在值前面加上#号。另外，RGB 的颜色值在书写时可以不区分大小写。例如，red 与 Red、RED 的实现效果相同；#ff0000 与#FF0000 的实现效果相同。

2. bgColor 属性

bgColor 表示文档的背景颜色，文档的背景色通过 document 对象的 bgColor 属性进行获取或更改。使用 bgColor 获取背景色的语法格式如下：

```
var colorStr=document.bgColor;
```

其中，colorStr 是当前文档背景色的值。使用 document 对象的 bgColor 属性时，由于 JavaScript 是区分大小写的，因此必须严格按照背景色的属性名 bgColor 来对文档的背景色进行操作。使用 bgColor 属性获取的文档的背景色是以#号开头的基于 RGB 的 16 进制颜色字符串。在设置背景色时，可以使用颜色字符串 red、green 和 blue 等。

3. fgColor 属性

使用 document 对象的 fgColor 属性可以修改文档中的文字颜色，即设置文档的前景色。其语法格式如下：

```
var fgColorObj=document.fgColor;
```

其中，fgColorObj 表示当前文档的前景色的。获取与设置文档前景色的方法与操作文档背景色的方法相似。

4. linkColor 属性

使用 document 对象的 linkColor 属性可以设置文档中未访问链接的颜色。其属性值与 alinkColor 类似，通常用十六进制 RGB 颜色字符串表示。

使用 JavaScript 设置文档链接的颜色的语法格式如下：

```
var colorVal=document.linkColor;       //获取当前文档中链接的颜色
document.linkColor="colorValue";       //设置当前文档链接的颜色
```

其中，colorVal 是获取当前文档链接颜色的字符串，其值与获取文档背景色的值相似，都是十六进制 RGB 颜色字符串。而 colorValue 是需要给链接设置的颜色值。由于 JavaScript 区分大小写，因此使用此属性时仍然要注意大小写，否则在 JavaScript 中，无法通过 linkColor 属性获取或修改文档未访问链接的颜色。

用户设定文档链接的颜色时，需要在页面的<script>标记中添加指定文档未访问链接颜色的语句。例如需要指定文档未访问链接的颜色为红色，其方法如下：

```
< Script language ="JavaScript" type="text/javascript">
<!--
document.linkColor="red";
//-->
</Script>
```

与设定活动链接颜色的方法相似，在<body>标记的 onload 事件中也可以设置文档链接的颜色。其方法如下：

```
<body onload="document.linkColor='red';">
```

5. vlinkColor 属性

使用 document 对象的 vlinkColor 属性可以设置文档中用户已访问的链接的颜色。其实现方法如下：

```
var colorStr=document.vlinkColor;    //获取用户已观察过的文档链接的颜色
document.vlinkColor="colorStr";      //设置用户已观察过的文档链接的颜色
```

document 对象的 vlinkColor 属性的使用方法与使用 alinkColor 属性相似。在 IE 浏览器中，默认的用户已观察过的文档链接的颜色为紫色。用户在设置已访问链接的颜色时，需要在页面的<script>标记中添加指定已访问链接颜色的语句。

例如，要求指定用户已观察过的链接的颜色为绿色。其方法如下：

```
< Script language ="JavaScript" type="text/javascript">
<!--
document.vlinkColor="green";
//-->
</Script>
```

另外，使用<body>标记的 onload 事件也可以实现上述要求。其方法如下：

```
<body onload="document.vlinkColor='green';">
```

下面的 HTML 文档中包含本节中提到的各颜色的属性，其作用是动态改变页面的背景颜色和查看已访问链接的颜色。

【例 10.1】 (实例文件：ch10\10.1.html)代码如下：

```
<!DOCTYPE HTML>
<html>
  <head>
    <meta http-equiv=content-type content="text/html; charset=gb2312">
    <title>综合应用 Document 对象中的颜色属性</title>
    <script language="JavaScript" type="text/javascript">
    <!--
    //设置文档的颜色显示
    function SetColor()
    {
      document.bgColor="yellow";
      document.fgColor="green";
      document.linkColor="red";
      document.alinkColor="blue";
      document.vlinkColor="purple";
    }
    //改变文档的背景色为海蓝色
    function ChangeColorOver()
    {
      document.bgColor="navy";
      return;
    }
    //改变文档的背景色为黄色
    function ChangeColorOut()
    {
      document.bgColor="yellow";
      return;
    }
    //-->
    </script>
  </head>
  <body onload="SetColor()">
    <center>
      <br>
      <p>设置颜色</p>
      <a href="index.html">链接颜色</a>
      <form name="MyForm3">
        <input type="submit" name="MySure" value="动态背景色"
      onmouseover="ChangeColorOver()" onmouseOut="ChangeColorOut()">
      </form>
    <center>
  </body>
</html>
```

上述代码通过 onload 事件调用 SetColor()方法来设置页面各个颜色属性的初始值。其中，
HTML 文件在 IE 浏览器中的运行结果如图 10-1 所示。

当鼠标移动到【动态背景色】按钮上时即可触发 onmouseOver 事件调用 ChangeColorOver()
方法动态改变文档的背景颜色，使其变为海蓝色，如图 10-2 所示。而当鼠标移离【动态背
景色】按钮时，即可触发 onmouseOut 事件调用 ChangeColorOut()方法将页面背景颜色恢复

为黄色。

图 10-1　页面各个颜色的初始值

图 10-2　动态改变文档的背景颜色

另外，单击【链接颜色】链接还可以查看设置的已访问链接的颜色，如图 10-3 所示。

图 10-3　查看设置的已访问链接的颜色

10.3.2　案例——网页锚点的设置

锚是指在文档中设置的位置标记，并给该位置一个名称，以便引用。通过创建锚点，可以使链接指向当前文档或不同文档中的指定位置。锚点常常被用来跳转到特定的主题或文档的顶部，使访问者能够快速浏览到选定的位置，从而加快信息检索速度。例如，在多数帮助文档中，单击当前文档中列表信息的某个锚点，会跳转到当前锚点所代表的内容的详细信息处，在详细信息的底部有一个"返回"锚点，单击返回锚点，会再次回到页面顶部。

使用这种方式进行跳转的语法如下：

```
<a href="#hrefName">锚点</a>
```

其中，hrefName 是需要跳转到目标锚点的 name 属性值。

另外，如果页面中多个锚点的 name 属性与目标锚点的值相同，则系统会按照文档的先后顺序跳转至第一个锚点。如果页面中不存在名称为指定锚点的锚点，则单击此锚点时，不会有任何动作。如果需要跳转到另一个页面中的某个锚点位置，则跳转语句为

```
<a href="#fileName#hrefName">锚点</a>.
```

其中，fileName 指定了需要跳转到另一个页面的 URL。href Name 则指定了需要跳转到目

标页面中的目标锚点。

 　　如果需要锚点的跳转，则 hrefName 必不可少，且必须在目标锚点的名称前添加#号，否则无法跳转至指定锚点。如果在文档锚点的描述符中指定了其 href 属性值(<a href="">锚点链接</a>)，则此文档锚点也会形成一个链接。

如果文档中存在多个锚点，可以使用 document 对象的 anchors 属性，获取当前文档锚点数组。其使用方法如下：

```
var anchorAry=document.anchors;
```

其中，anchorAry 代表获得的文档的锚点对象数组。anchors 锚点数组本身是一个对象，使用其 length 属性可以得到当前文档中锚点对象的个数。如果一个锚点对象也是链接，则该对象在锚点对象数组中出现的同时，也会出现在链接数组中。

【例 10.2】 (实例文件：ch10\10.2.html)在 HTML 文档中使用 document 对象的 anchors 属性获得文档中锚点对象数组，并将其遍历出来。代码如下：

```html
<!DOCTYPE HTML>
<html>
  <head>
    <title>文档中的锚点</title>
    <script language="JavaScript" type="text/javascript">
    <!--
    function getAnchors()
    {
        var anchorAry = document.anchors; //得到锚点数组
        window.alert("锚点数组大小: " + anchorAry.length);
        for(var i=0; i<anchorAry.length; i++)
        {
            window.alert("第" + (i + 1) + "个锚点是: " + anchorAry[i].name);
        }
    }
    //-->
    </script>
  </head>
<body>
  <form name="frmData" method="post" action="#">
  <center>
      <ul>
          <li><a href="#linkName" name="whatLink">电子商务</a></li>
          <li><a href="#" name="colorLink">时尚服饰</a></li>
      </ul>
  </center>
  <br>
  <p><input type="button" value="锚点数组" onclick="getAnchors()"></p>
  <br>
  <p></p>
  <p>
    <a name="linkName">电子商务</a>
    <br>
    电子商务通常是指是在全球各地广泛的商业贸易活动中，在因特网开放的网络环境下，基于浏览器
/服务器应用方式，而买卖双方不用见面地进行各种商贸活动。
```

```
    </p>
    <a href="#whatLink">返回</a>
    </form>
  </body>
</html>
```

在 IE 9.0 浏览器中打开上述 HTML 文档，单击其中的【锚点数组】按钮，即可显示锚点数组大小，结果如图 10-4 所示。

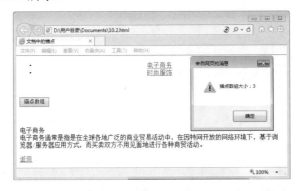

图 10-4　获取锚点数组大小

依次单击【确定】按钮即可遍历锚点对象数组，显示效果如图 10-5 所示。

图 10-5　遍历锚点对象数组

从显示效果可以发现，文档中有 4 个<a>标记，但是使用 anchors 属性获得的锚点对象数组大小却是 3。遍历锚点对象数组之后，如果发现没有为锚点赋予 name 属性，则使用 anchors 属性，不会获取到本锚点。如果需要获取所有的锚点，可以使用以下 DOM 方法：

```
var aAry=document.getElementsByTagName("a");
```

10.3.3　案例——窗体对象 form 的应用

窗体对象是文档对象的一个元素，它含有多种格式的对象储存信息，使用它可以在 JavaScript 脚本中编写程序进行文字输入，并可以动态地改变文档的行为。通过 document. Forms[]数组可实现在同一个页面上有多个相同窗体，使用 forms[]数组比使用窗体名字要方便。尽管如此，所有支持脚本的浏览器，都支持以下两种通过 form 名获取窗体的方法：

```
var formObj=document.forms["formName"];
var formObj=document.formName;
```

其中，fromObj 代表获得的文档的窗体对象。formName 代表页面中指定的 form 的 name

属性值。

【例 10.3】 (实例文件：ch10\10.3.html)在 HTML 文档中使用两种方式获取页面中 name 属性值为 frmData 的窗体，并获取窗体内部称为 hidField 的隐藏域的值。代码如下：

```html
<html>
    <head>
    <title>文档中的表单</title>
    <script language="JavaScript" type="text/javaScript">
    <!--
    function getWin()
    {
      window.alert("窗体的长度: "+document.forms.lenght);
      window.alert("窗体中隐藏域的值: "+document.frmData.hidField.value);
      window.alert("使用名称数组得到的隐藏域的值:
"+document.forms["frmData"].hidField.value);
    }
    //-->
    </script>
    </head>
    <body>
      <form name="frmData" method="post" action="#">
        <input type="hidden" name="hidField" value="123">
        <input type="button" value="得到窗体" onclick="getWin()">
      </form>
    </body>
</html>
```

上述代码使用了表达式 document.forms.length。从运行效果中可以发现，length 是 document 对象的 forms 数组的长度，这是因为使用 document.forms 获取的是一个对象。

在 IE 浏览器中打开上述 HTML 文档如图 10-6 所示。

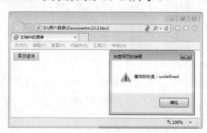

图 10-6　程序运行结果

单击其中的【得到窗体】按钮，即可显示锚点数组大小，依次单击【确定】按钮，即可遍历锚点对象数组，其显示效果如图 10-7 所示。

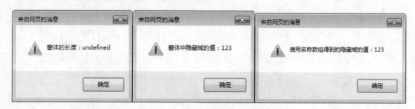

图 10-7　获取文档中的窗体

10.3.4　案例——在文档中输出数据

document 对象的 write()方法可向指定文档中写入内容。write()方法可在以下两种情况中使用。

(1)　在网页加载过程中，使用动态生成的内容创建或者更改网页。

(2)　在当前页面加载完毕后，使用指定的 HTML 字符串创建新的页面内容。

write()方法的使用方法为 docObj.write(htmlStr);其中，docObj 是指定的 document 对象；htmlStr 是需要生成的内容，其值是一个包含有生成页面内容的字符串。如果给 write()方法的参数不是字符串，则数值型数据将转换为对应数据信息的字符串，布尔型数据将转换为字符串 true 或 false；如果给 write()方法的参数是一个对象，此时会通过 toString()方法将对象转换为字符串。

writeln()方法与 write()方法两者功能大体相同，只是后者会在每一次调用时输出一个换行符。writeln()方法与 write()方法使用方法相同，其语法格式如下：

```
docObj.writeln(str);
```

与 write()方法相同，docObj 是指定的 document 对象；str 是需要生成的内容，并且在输出内容时，会把非字符串的变量转换成字符串。二者的不同之处在于：writeln()方法会在其输出结果后添加一个换行符("\n")，而 write()方法则不会。

【例 10.4】 (实例文件：ch10\10.4.html)在 HTML 文档中使用<pre>标签说明 write()方法与 writeln()方法的区别。代码如下：

```
<!DOCTYPE>
<html>
<head>
<title>在文档中输出数据</title>
</head>
<body>
<script language="javascript">
    <!
        document.write("使用 write()方法输出的第一段内容！");
        document.write("使用 write()方法输出的第二段内容<hr color='#003366'>");
        document.writeln("使用 writeln()方法输出的第一段内容！");
        document.writeln("使用 writeln()方法输出的第二段内容<hr
color='#003366'>");
    >
</script>
<pre>
<script language="javascript">
    <!--
        document.writeln("在 pre 标记内使用 writeln()方法输出的第一段内容！");
        document.writeln("在 pre 标记内使用 writeln()方法输出的第二段内容");
    -->
</script>
</pre>
</body>
</html>
```

上述 HTML 文件在 IE 9.0 浏览器中的运行结果如图 10-8 所示。

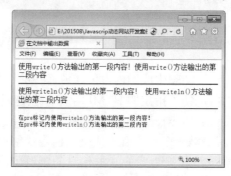

图 10-8　write()与 writeln()的区别

10.3.5　案例——打开新窗口并输出内容

document 对象的 open()方法用于打开指定文档，其使用方法如下：

```
docObj.open([arg]);
```

其中，docObj 代表需要打开的 document 对象；arg 代表指定发送到窗口的 MIME 类型，而 MIME 类型是在互联网上描述和传输多媒体的规范。指定 MIME 类型可以帮助系统识别窗口中信息的类型。如果没有指定 MIME 类型，则系统默认的类型是 text/html。

document 对象的 close()方法用来关闭输出流。当需要使用 JavaScript 动态生成页面时，使用该方法可以关闭输出流。其使用方法如下：

```
docObj.close();
```

其中，docObj 代表需要关闭输出流的 document 对象。本方法同样不需要参数，没有返回值。当页面加载完毕后，再调用该方法不会有任何实现效果。这是因为页面加载完毕后，document 对象的 close()方法自动执行，但是当使用 JavaScript 调用 document 对象的 write()方法动态生成页面时，如果没有使用 close()方法关闭输出流，系统就会一直等待。如果为窗口添加了 onload 事件，那么在没有调用 close()方法的情况下，onload 事件不会被触发。

【例 10.5】 (实例文件：ch10\10.5.html)在新窗口中打开文档，并添加一些文本。代码如下：

```
<html>
<head>
<script type="text/javascript">
function winTest()
  {
  var txt1 = "这是一个新窗口。";
  var txt2 = "这是一个测试。";
  win.document.open("text/html","replace");
  win.document.writeln(txt1);
  win.document.write(txt2);
  win.document.close();
  }
</script>
</head>
```

```
<body>
<script type="text/javascript">
var win=window.open('','','width=200,height=200');
winTest();
</script>
</body>
</html>
```

上述 HTML 文件在 IE 9.0 浏览器中的运行结果如图 10-9 所示。

图 10-9　打开新窗口并输出内容

10.3.6　案例——引用文档中的表单和图片

一个 HTML 文档中的每个<form>标记都会在 Document 对象的 Forms[]数组中创建一个元素，同样，每个<img>标记也会创建一个 images[]数组的元素。同时，这一规则还适用于<a>和<applet>标记，它们创建的数组元素分别是 Links[]和 applets[]。

在一个页面中，document 对象具有 Form、Image 和 Applet 子对象。通过在对应的 HTML 标记中设置 name 属性，就可以使用名字引用这些对象。HTML 标记包含有 name 属性时，它的值将被用作 document 对象的属性名，用来引用相应的对象。

【例 10.6】 (实例文件：ch10\10.6.html)使用 document 对象引用文档中的表单和图片。代码如下：

```
<!DOCTYPE html>
<html>
<head>
<title>document 属性使用</title>
</head>
<body>
<DIV >
  <H2>在文本框中输入内容，注意第二个文本框变化: </H2>
  <form>
    内容: <input type=text
onChange="document.my.elements[0].value=this.value;" >
  </form>
  <form name="my">
    结果: <input type=text
onChange="document.forms[0].elements[0].value=this.value;">
  </form>
</DIV>
</body>
</html>
```

在上述代码中,document.forms[0]引用了当前文档中的第一个表单对象,document.my 则引用了当前文档中 name 属性为 my 的表单。完整的 document.forms[0].elements[0].value 引用了第一个表单中第一个文本框的值,而 document.my.elements[0].value 引用了名为 my 的表单中第一个文本框的值。

上述代码在 IE 9.0 浏览器中的显示效果如图 10-10 所示,当在第一个文本框输入内容时,鼠标放到第二个文本框时,会显示第一个文本框输入的内容。这是因为用户在第一个表单的文本框中输入内容的行为触发了 onChange 事件,使得第二个文本框中显示的内容与第一个文本框中的内容一样。

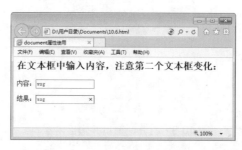

图 10-10 document 对象使用

如果要使用 JavaScript 代码对文档中图像标记<img>进行操作,需要使用到 document 对象。document 对象提供了多种访问文档中标记的方法,以图像标记为例。

通过集合引用图像标记的代码如下:

```
document.images              //对应页面上的<img>标记
document.images.length       //对应页面上<img>标记的个数
document.images[0]           //第 1 个<img>标记
document.images[i]           //第 i-1 个<img>标记
```

通过 nane 属性直接引用图像标记的代码如下:

```
<img name="oImage">
<script language="javascript">
document.images.oImage       //document.images.name 属性
</script>
```

通过图片的 src 属性图像标记的代码如下:

```
document.images.oImage.src  //document.images.name 属性.src
```

【例 10.7】 (实例文件:ch10\10.7.html)代码如下:

```
<html>
<head>
<title>文档中的图片</title>
</head>
<body>
<p>下面显示了一张图片</p>
<img name=image1 width=200 height=120>
<script language="javascript">
  var image1
  image1 = new Image()
```

```
    document.images.image1.src="f:/源文件/ch10/12.jpg"
</script>
</body>
</html>
```

上述代码首先创建了一个 img 标记，该标记没有使用 src 属性用于获取显示的图片。在 JavaScript 代码中，首先创建了一个 image1 对象，该对象使用 new image 实例化，然后使用 document 属性设置 img 标记的 src 属性。

上述代码在 IE 9.0 浏览器中的显示效果如图 10-11 所示。

图 10-11 文档中设置图片

10.3.7 案例——设置文档中的超链接

文档对象 document 中的属性之一 links，主要用于返回页面中所有链接标记所组成的数组。同时，它还可以用于处理一些通用的链接标记。例如在 Web 标准的 strict 模式下，链接标记的 target 属性是被禁止的，它无法通过 W3C 关于网页标准的验证。如果想在符合 strict 标准的页面中让链接在新建窗口中打开，可以使用以下代码：

```
var links=document.links;
for(var i=0;i<links.length;i++){
links[i].target="_blank";
}
```

【例 10.8】 (实例文件：ch10\10.8.html)代码如下：

```
<!DOCTYPE html>
<html>
<head>
<title>显示页面的所有链接</title>
<script language="JavaScript1.2">
<!--
  function extractlinks(){
  //var links=document.all.tags("A")
  var links=document.links;
  var total=links.length
  var win2=window.open("","","menubar,scrollbars,toolbar")
  win2.document.write("<font size='2'>一共有"+total+"个连接</font><br>")
  for (i=0;i<total;i++){
```

```
   win2.document.write("<font size='2'>"+links[i].outerHTML+"</font><br>")
   }
  }
//-->
</script>
</head>
<body>
<input type="button" onClick="extractlinks()" value="显示所有的连接">
 <p>  </p>
 <p><a target="_blank" href="http://www.sohu.com/">搜狐</a></p>
 <p><a target="_blank" href="http://www.sina.com/">新浪</a></p>
 <p><a target="_blank" href="http://www.163.com/">163</a></p>
 <p>连接 1</p>
 <p>连接 1</p>
 <p>连接 1</p>
 <p>连接 1</p>
</body>
</html>
```

在上述 HTML 代码中，创建了多个标记，例如表单标记 input、段落标记和 3 个超级链接标记。在 JavaScript 函数中，函数 extractlinks 的功能就是获取当前页面中的所有超级链接，并在新窗口中输出。其中 document.links 的功能是获取当前页面所有链接，并将它们存储到数组中，其功能和 document.all.tags("A")语句的功能相同。

上述代码在 IE 9.0 浏览器中的显示效果如图 10-12 所示。单击【显示所有的连接】按钮，将弹出一个新的窗口，并显示原来窗口中所有的超级链接，如图 10-13 所示。

图 10-12　获取所有链接

图 10-13　超级链接新窗口

10.4　实战演练——综合使用各种对话框

【例 10.9】 (实例文件：ch10\10.9.html)综合使用各种对话框处理文档对象。代码如下：

```
<!DOCTYPE html>
<html>
<head>
<script type="text/javascript">
function display_alert()
 {
 alert("我是弹出对话框")
```

```
      }
function disp_prompt()
  {
  var name=prompt("请输入名称","")
  if (name!=null && name!="")
    {
    document.write("你好 " + name + "!")
    }
  }
function disp_confirm()
  {
  var r=confirm("按下按钮")
  if (r==true)
    {
    document.write("单击确定按钮")
    }
  else
    {
    document.write("单击返回按钮")
    }
  }

</script>
</head>
<body>
<input type="button" onclick="display_alert()" value="弹出对话框" />
<input type="button" onclick="disp_prompt()" value="输入对话框" />
<input type="button" onclick="disp_confirm()"  value="选择对话框" />
</body>
</html>
```

在上述 HTML 代码中，创建了 3 个表单按钮，并为 3 个按钮分别添加了单击事件，即单击不同的按钮时，可调用不同的 JavaScript 函数。在 JavaScript 代码中，创建了 3 个 JavaScript 函数。这 3 个函数分别调用了 window 对象的 alert()方法、confirm()方法和 prompt()方法，创建了不同形式的对话框。

上述代码在 IE 9.0 浏览器中的显示效果如图 10-14 所示。当单击 3 个按钮时，系统会显示弹出对话框、选择对话框和输入对话框，如图 10-15 所示。

图 10-14　对话框显示效果

图 10-15　对话框显示效果

10.5　跟我练练手

1. 练习目标

能够熟练掌握本章所讲内容。

2. 上机练习

练习 1：JavaScript 文档对象的使用。
练习 2：JavaScript 文档对象的属性和方法。
练习 3：JavaScript 对象的应用。

10.6　高手甜点

甜点 1：应用 close()方法关闭文档要注意哪些事项？

使用 close()关闭文档，需停止写入数据。如果使用了 write[ln]()或 clear()方法，就一定要使用 close()方法来保证所做的更改能够显示出来。如果文档还没有完全读取，也就是说，JavaScript 是插在文档中的，那就不必使用该方法。

甜点 2：如何调用 open()方法打开文档？

使用 open()方法打开文档的四级是使 JavaScript 能向文档的当前位置(指插入 JavaScript 的位置)写入数据。但是通常不需要使用该方法，因为在需要的时候 JavaScript 会自动调用该方法。

第 11 章
处理窗口——Window 窗口对象

Window 对象在客户端扮演着重要的角色，它是客户端程序的全局(默认)对象客户端对象层次的根。同时，它也是 JavaScript 中最大的对象，它描述的是一个浏览器窗口。通常引用它的属性和方法时，不需要使用 Window.XXX 这种形式，而是直接使用 XXX。本章将介绍窗口对象的相关内容。

本章要点(已掌握的在方框中打勾)

☐ 了解 Windows 对象属性和方法。

☐ 掌握 JavaScript 的对话框。

☐ 掌握 JavaScript 的窗口操作。

11.1 了解 window 对象属性和方法

window 对象表示一个浏览器窗口或一个框架。在客户端 JavaScript 中，Window 对象是全局对象，所有的表达式都在当前的环境中计算。也就是说，要引用当前窗口根本不需要特殊的语法，只需把该窗口的属性作为全局变量来使用就可以了。例如，document 不必写成 window.document。同理，也可以把要引用的当前窗口对象的方法当作函数来使用，例如 alert()不必写成 Window.alert()。

11.1.1 window 对象的属性

Window 对象可实现核心 JavaScript 所定义的所有全局属性和方法。Window 对象的 window 属性和 self 属性引用的都是它们自己。Windows 对象属性如表 11-1 所示。

表 11-1 window 对象属性

属性名称	说　明
Closed	一个布尔值，当窗口被关闭时此属性为 true，默认为 false
defaultStatus，status	一个字符串，用于设置在浏览器状态栏显示的文本
Document	对 Document 对象的引用，该对象表示在窗口中显示的 HTML 文件
Frames[]	Window 对象的数组，代表窗口的各个框架
history	对 history 对象的引用，该对象代表用户浏览器窗口的历史
innerHight，innerWidth，outerHeight，outerWidth	它们表示窗口的内外尺寸
location	对 location 对象的引用，该对象代表在窗口中显示的文档的 URL
Locationbar，menubar，scrollbars，statusbar，toolbar	对窗口中各种工具栏的引用，像地址栏、工具栏、菜单栏、滚动条等这些对象分别用来设置浏览器窗口中各个部分的可见性
name	窗口的名称，可被 HTML 标记<a>的 target 属性使用
opener	对打开当前窗口的 Window 对象的引用。如果当前窗口被用户打开，则它的值为 null
pageXOffset，pageYOffset	在窗口中滚动到右边和下边的数量
parent	如果当前的窗口是框架，它就是对窗口中包含该框架的引用
self	自引用属性，是对当前 Window 对象的引用，与 window 属性相同
top	如果当前窗口是一个框架，那么它就是对包含该框架顶级窗口的 Window 对象的引用。注意，对于嵌套在其他框架中的框架来说，top 不等同于 parent
window	自引用属性，是对当前 Window 对象的引用，与 self 属性相同

11.1.2 window 对象的方法

Window 对象常用方法如表 11-2 所示。

表 11-2　window 对象方法

方　法	说　明
close()	关闭窗口
Find()，home()，print()，stop()	执行浏览器查找、主页、打印和停止按钮的功能，就像用户单击了窗口中这些按钮一样
Focus()，blur()	请求或放弃窗口的键盘焦点。Focus()方法还将把窗口置于最上层，使窗口可见
moveBy()，moveTo()	移动窗口
resizeBy()，resizeTo()	调整窗口大小
scrollBy()，scrollTo()	滚动窗口中显示的文档
setInterval()，clearInterval()	设置或者取消重复调用的函数，该函数在两次调用之间有指定的延迟
setTimeout()，clearTimeout()	设置或者取消在指定的若干秒后调用一次的函数

11.2　对　话　框

对话框作用就是和浏览者进行交流，有提示、选择和获取信息的功能。JavaScript 提供了 3 个标准的对话框，分别是弹出对话框、选择对话框和输入对话框。这 3 个对话框都基于 window 对象产生，即作为 window 对象的方法而被使用。

window 对象中对话框如表 11-3 所示。

表 11-3　window 对象对话框

对话框	说　明
alert()	弹出一个只包含【确定】按钮的对话框
confirm()	弹出一个包含【确定】和【取消】按钮的对话框，要求用户做出选择。单击【确定】按钮，则返回 true 值，单击【取消】按钮，则返回 false 值
prompt()	弹出一个包含【确认】和【取消】和一个文本框的对话框，要求用户在文本框输入一些数据。单击【确认】，则返回文本框里已有的内容；单击【取消】按钮，则返回 null 值。如果指定<初始值>，则文本框里会有默认值

11.2.1 案例——警告对话框

使用 alert()方法会弹出一个带有【确定】按钮及相关信息的消息框。其使用方法如下：

```
window.alert("msg");
```

其中，msg 是在对话框中显示的提示信息。当使用 alert()方法打开消息框时，整个文档的加载以及所有脚本的执行等操作都会暂停，直到用户单击消息框中的【确定】按钮，所有的动作才继续执行。

【**例 11.1**】 (实例文件：ch11\11.1.html)使用 alert()方法弹出了一个含有提示信息的对话框。代码如下：

```html
<!DOCTYPE HTML>
<html>
    <head>
    <title>Windows 提示框</title>
    <script language="JavaScript" type="text/javaScript">
    <!--
    window.alert("提示信息");

    function showMsg(msg)
    {
      if(msg == "简介")  window.alert("提示信息：简介");
      window.status = "显示本站的" + msg;
      return true;
    }
    window.defaultStatus = "欢迎光临本网站";
    //-->
    </script>
    </head>
    <body>
    <form name="frmData" method="post" action="#">
     <table width="400" align="center" border="1" cellspacing="0">
        <thead>
            <th colspan="3">在线购物网站</th>
        </thead>
        <SCRIPT LANGUAGE="JavaScript" type="text/javaScript">
            <!--
            window.alert("加载过程中的提示信息");
            //-->
            </script>
            <tr>
                <td valign="top" width="200">
                    <ul>
                <li><a href="#" onmouseover="return showMsg('主页')">主页
</a></li>
                    <li><a href="#" onmouseover="return showMsg('简介')">简介
</a></li>
            <li><a href="#" onmouseover="return showMsg('联系方式')">联系方式
</a></li>
                <li><a href="#" onmouseover="return showMsg('业务介绍')">业务介绍
</a></li>
                    </ul>
                </td>
                <td valign="top" width="300">
                    上网购物是新的一种购物理念
                </td>
```

```
            </tr>
        </table>
    </form>
    </body>
</html>
```

当上述代码加载至 JavaScript 中的第一条 window.alert()语句时，系统会弹出一个提示框，如图 11-1 所示。

当页面加载至 table 时，状态条若显示"欢迎光临本网站"的提示消息，说明设置状态条默认信息的语句已经执行，如图 11-2 所示。

当鼠标移至超级链接"简介"处时，即可看到相应的提示信息，如图 11-3 所示。待整个页面加载完毕，状态条会显示默认的信息。

图 11-1　页面加载的初始效果

图 11-2　页面加载至 table 的效果

图 11-3　鼠标移至超链接时的提示信息

11.2.2　案例——询问对话框

使用 window 对象的 confirm()方法可对用户正在进行的操作进行确认。其使用方法如下：

```
var rtnVal=window.confirm("cfmMsg");
```

其中，rtnVal 表示的是 confirm()方法的返回值，它是属于 boolean 型的数据；而 cfmMsg 是弹出对话框的提示信息。

使用 window.confirm()方法，系统将弹出一个带有【确定】和【取消】按钮的用户指定的提示信息的对话框。在确认对话框弹出后，用户作出反应之前，文档的加载、脚本的执行也会像 window.alert()一样，暂停执行，直到用户做出单击【确定】、【取消】按钮或关闭对话框的操作后，程序才会继续运行。当用户单击【确定】按钮时，window.confirm()方法返回 true；当用户单击【取消】按钮或【关闭】按钮时，将返回 false。

【例11.2】 (实例文件：ch11\11.2.html)confirm()方法的具体使用过程。代码如下：

```
<!DOCTYPE html >
<html>
  <head>
  <title>alert 方法与 confirm 方法比较</title>
  <meta http-equiv="content-type" content="text/html; charset=gb2312" >
  <script type="text/javascript">
    <!--
    function destroy()
    {
    if (confirm("确定关闭该网页吗？"))   // confirm()方法用作判断条件
    alert("是的，我确定要关闭此网页");      //显示确定信息
    else                    //如果没有确定
    alert("您选择的是不关闭网页！");          //显示信息
    }
    // -->
  </script>
  </head>
  <body>
    <div align="center">
      <h1>alert()方法与 confirm()方法</h1>
      <hr>
      <form action="#" method="get">
        <!--通过 onclick 调用 destroy()函数-->
        <input type="button" value="确定" onclick="destroy();" >
      </form>
    </div>
  </body>
</html>
```

在 IE 浏览器中运行上述 HTML 文件，在打开的页面中单击【确定】按钮，即可弹出是否关闭该网页的提示框，如图 11-4 所示。若单击【确定】按钮即可看到"是的，我确定要关闭此网页"信息框，如图 11-5 所示。若单击【取消】按钮即可看到"来自网页的消息"提示框，提示用户选择的是不关闭此网页，如图 11-6 所示。

图 11-4　弹出的确认关闭网页提示框

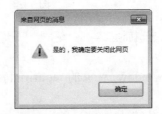

图 11-5　信息提示框

图 11-6　信息提示框

11.2.3　案例——提示对话框

如果需要用户输入简单的信息，可以使用 window 对象的 prompt()方法。其使用方法如下：

```
var str=window.prompt("strShow","strInput");
```

其中，str 表示的是接收用户输入的字符串信息；strShow 是一个在对话框中显示的提示信息字符串；strInput 是打开的输入对话框中的文本框默认显示的信息。使用 window.prompt()方法，会在页面中弹出一个带有【确定】和【取消】按钮、提示信息，以及信息输入框的对话框。

在输入对话框弹出后，用户做出反应之前，文档的加载、脚本的执行也会像 window.alert()一样，暂停执行，直到用户做出单击【确定】、【取消】按钮或关闭输入对话框的操作，程序才会继续运行。当用户单击对话框中的【确定】按钮时，如果已经在输入框中输入了信息，则返回用户输入的信息；如果用户没有输入信息并且输入框中没有默认值，会返回一个空字符串。如果用户单击【取消】按钮，则会返回 null。

【例 11.3】 (实例文件：ch11\11.3.html)Prompts()方法的具体使用过程。代码如下：

```html
<!DOCTYPE html >
<html >
  <head>
    <title>Prompts 方法使用实例</title>
    <meta http-equiv="content-type" content="text/html; charset=gb2312" >
    <script type="text/javascript">
      <!--
      function askGuru()
      {
      var question = prompt("请输入数字?","")
      if (question != null)
      {
      if (question == "")  //如果输入为空
      alert("您还没有输入数字！"); //弹出提示
      else //否则
      alert("你输入的是数字哦！");//弹出信息框
      }
      }
      //-->
    </script>
  </head>
  <body>
    <div align="center">
    <h1>Prompts 方法使用实例</h1>
    <hr>
    <br>
    <form action="#" method="get">
      <!--通过 onclick 调用 askGuru()函数-->
      <input type="button" value="确定" onclick="askGuru();" >
    </form>
    </div>
  </body>
</html>
```

在 IE 浏览器中运行上述 HTML 文件，在打开的页面中单击【确定】按钮，即可弹出是否关闭该网页的提示框，如图 11-7 所示。在【请输入数字】文本框中输入相应的数字后单击【确定】按钮即可看到【你输入的是数字哦！】信息框，如图 11-8 所示。如果没有输入数字就单击【确定】按钮，即可看到【您还没有输入数字】提示框，如图 11-9 所示。

图 11-7　"请输入数字"对话框　　图 11-8　提示信息框　　图 11-9　提示提示框

　　使用 window 对象的 alert()方法、confirm()方法、prompt()方法都会弹出一个对话框，并且在对话框弹出后，如果用户没有对其进行操作，那么当前页面及 JavaScript 都会暂停执行。这是因为使用这 3 种方法弹出的对话框都是模式对话框，除非用户对对话框进行操作，否则程序无法进行其他应用(包括无法操作页面)。

11.3　窗　口　操　作

上网时经常会遇到这样的情况，当用户进入首页时或者按一个链接或按钮，会弹出一个窗口，通常窗口里会显示一些注意事项、版权信息、警告、欢迎光顾之类的提示信息。实现这种弹出窗口非常简单，使用 window 对象的 open 方法即可。

11.3.1　案例——打开窗口

使用 window 对象的 open()方法可以实现打开一个新窗口的效果。其使用方法如下：

```
var win=window.open("url","winName","param");
```

其中，各参数的含义如下。

- win：是打开的新窗口返回的值，打开一个新窗口返回值指向新窗口的引用。
- url：表示目标窗口的 URL 地址(包括路径和文件名)，如果 rul 的值为空，则不打开任何窗口。
- winName：表示目标窗口的名称，或 HTML 的内建名称，如_self、_blank、_top 等 HTML 内建对象。
- param：用于描述被打开的窗口的各种显示效果，如果 param 的值为空，则系统将会打开一个普通的窗口。如果要指定打开窗口显示效果，就需要给 param 赋值参数，多个参数之间用逗号隔开。

例如，打开一个宽 500 高 200 的窗口。代码如下：

```
open('','_blank','width=500,height=200,menubar=no,toolbar=no,
location=no,directories=no,status=no,scrollbars=yes,resizable=yes')
```

【例 11.4】　(实例文件：ch11\11.4.html)打开新窗口。代码如下：

```
<!DOCTYPE html>
<html>
<head>
<title>打开新窗口</title>
</head>
<body>
<script language="JavaScript">
<!--
  function setWindowStatus()
  {
  window.status="Window 对象的简单应用案例，这里的文本是由 status 属性设置的。";
  }
  function NewWindow() {
    msg=open("","DisplayWindow","toolbar=no,directories=no,menubar=no");
    msg.document.write("<HEAD><TITLE>新窗口</TITLE></HEAD>");
    msg.document.write("<CENTER><h2>这是由 Window 对象的 Open 方法所打开的新窗
口！</h2></CENTER>");
  }
-->
</script>
<body onload="setWindowStatus()">
  <input type="button" name="Button1" value="打开新窗口"
onclick="NewWindow()">
</body>
</html>
```

在上述代码中，使用 onload 加载事件，调用 JavaScript 函数 setWindowStatus，用于设置状态栏的显示信息。创建了一个按钮，并为按钮添加了单击事件。该事件的处理程序是 NewWindow 函数，在这个函数中使用 open 打开了一个新的窗口。

上述代码在 IE 9.0 浏览器中的显示效果如图 11-10 所示，当单击页面中的【打开新窗口】按钮时，系统会显示如图 11-11 所示窗口。从中可以看出在新窗口中没有显示地址栏和菜单栏等信息。

图 11-10　使用 open 方法

图 11-11　新窗口

11.3.2 案例——关闭窗口

使用 window 对象的 close()方法可关闭指定的已经打开的窗口。关闭窗口的使用方法如下：

```
winObj.close();
```

其中，winObj 代表需要关闭的 window 对象，它既可以是当前窗口的 window 对象，也可以是用户指定的任何 window 对象。

另外，关闭当前窗口还可以使用 self.close()方法。使用 close()方法关闭窗口时，如果指定被关闭的窗口有状态条，浏览器会弹出警告信息。当浏览器弹出该提示信息后，其运行效果与打开确认对话框类似，所有页面的加载及 JavaScript 脚本的执行都将被暂停，直到用户做出反应。

在 JavaScript 中使用 window.close()方法关闭当前窗口时，如果当前窗口是通过 JavaScript 打开的，则不会有提示信息。在某些浏览器中，如果打开需要关闭浏览器的窗口只有当前一个时，使用 window.close()关闭窗口时，同样不会有提示信息。

【例 11.5】 (实例文件：ch11\11.5.html)关闭窗口。代码如下：

```
<!DOCTYPE html>
<html>
<head>
<title>window 属性</title>
</head>
<body>
<script language="JavaScript">
 function shutwin(){
 window.close();
 return;}
</script>
 <a href="javascript:shutwin();">关闭本窗口</a>
</body>
</html>
```

在上述代码中，创建了一个超级链接，并为超级链接添加了一个事件，即单击超级链接时，会调用函数 shutwin。在函数 shutwin 中，使用了 window 对象的方法 close 关闭当前窗口。

上述代码在 IE 9.0 浏览器中的显示效果如图 11-12 所示。当单击超级链接【关闭本窗口】时，会弹出一个对话框询问是否关闭当前窗口，如图 11-13 所示。如果选择【是(Y)】则会关闭当前窗口，否则不关闭当前窗口。

图 11-12　浏览效果

图 11-13　信息提示框

11.3.3　案例——控制窗口状态栏

几乎所有的 Web 浏览器都有状态条(栏)，如果需要打开浏览器，即使相关信息在状态栏中显示，则可以为浏览器设置默认的状态条信息。Window 对象的 defaultStatus 属性可实现该功能。其使用语法格式如下：

```
window.defaultStatus="statusMsg";
```

其中，statusMsg 代表了需要在状态条显示的默认信息。用户在浏览部分网页时，如果发现其状态条会显示某些信息，那么使用 defaultStatus 属性就可以在用户打开网页时显示指定的信息。

使用 window.defaultStatus 属性可以设置网页的默认状态条信息，而使用 window.status 可以动态设置状态条的显示信息。如果将两者与鼠标事件结合，就可以在状态条显示默认信息的同时，随着用户鼠标改变状态条的信息，以达到提示用户操作的效果。

【例 11.6】　(实例文件：ch11\11.6.html)使用 defaultStatus 属性与 status 属性结合鼠标事件控制状态条信息显示。代码如下：

```
<!DOCTYPE HTML >
<html>
<head>
<title>显示状态条信息</title>
<script language="JavaScript" type="text/javaScript">
  <!--
    window.defaultStatus = "本站内容更加精彩！";
  //-->
</script>
</head>
<body>
  请看状态条上显示的内容
</body>
</html>
```

上述代码在 IE 9.0 浏览器中的显示效果如图 11-14 所示。

图 11-14　显示网页默认的状态条信息

11.4　实战演练——设置弹出窗口

要求：通过单击页面中的某个按钮，需要打开一个在屏幕中央显示，大小为 500×400 不

可变的新窗口，且当文档大小大于窗口大小时，显示滚动条。窗口名称为_blank，目标 URL
为 index.html。

【例 11.7】(实例文件：ch11\11.7.html)代码如下：

```
<!DOCTYPE HTML>
<html>
<head>
<title>打开新窗口</title>
<script language="JavaScript" type="text/javaScript">
<!--
function openWin()
{
    var url = "index.html"; //指定 URL
    var _name = "_blank"; //指定打开窗口的名称
    var _feature = ""; //打开窗口的效果
    var _left = (window.screen.width - 400) / 2; //计算新窗口居中时距屏幕左边的
距离
    var _top = (window.screen.Height - 300) / 2; //计算新窗口居中时距屏幕上方的
距离
    _feature += "left=" + _left + ","; //新窗口距离屏幕上方的距离
    _feature += "top=" + _top + ","; //新窗口距离屏幕左边的距离
    _feature += "width=500,"; //新窗口的宽度
    _feature += "height=400,"; //新窗口的高度
    _feature += "resizable=0,"; //大小不可更改
    _feature += "scrollbars=1,"; //滚动条显示
    _feature += "menubar=0,toolbar=0,status=0,location=0,directories=0"; //
其他显示效果
    var win = window.open( url, _name, _feature);
}
//-->
</script>
</head>
<body>
  <form name="frmData" method="post" action="#">
    <table width="600" align="center" border="1" cellspacing="0">
        <thead>
            <th colspan="3">网上购物</th>
        </thead>
        <tr>
            <td valign="top" width="200">
                <ul>
                <li><a href="#" onmouseover="return showMsg('主页')">主页
</a></li>
                <li><a href="#" onmouseover="return showMsg('简介')">简介
</a></li>
        <li><a href="#" onmouseover="return showMsg('联系方式')">联系方式
</a></li>
        <li><a href="#" onmouseover="return showMsg('业务介绍')">业务介绍
</a></li>
                </ul>
            </td>
            <td valign="top" width="300">
                上网购物是新的一种消费理念
            </td>
```

```
        </tr>
<tr align="center">
        <td colspan="3" align="center">
            <input type="button" value="打开新窗口" onclick="openWin()">
        </td>
    </tr>
    </table>
  </form>
</body>
</html>
```

在上述代码中，使用了 window.open()方法的 top 与 left 参数来设置窗口的居中显示。在 IE 9.0 浏览器中上述文件的显示效果，如图 11-15 所示。在打开的页面中单击【打开新窗口】 按钮，浏览效果如图 11-16 所示。

图 11-15　预览网页效果

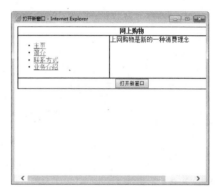

图 11-16　打开新窗口的效果

11.5　跟我练练手

1. 练习目标

能够熟练掌握本章所讲内容。

2. 上机练习

练习 1：JavaScript 的对话框操作。
练习 2：JavaScript 的窗口操作。

11.6　高 手 甜 点

甜点 1：如何实现页面自动滚动？

利用 Window 对象的 scroll()方法可以指定窗口的当前位置，从而实现窗口滚动效果。具体实现代码如下：

```
<script language="JavaScript">
```

```
var position = 0;
function scroller(){
  if (true){
    position++;
    scroll(0,position);
    clearTimeout(timer);
    var timer = setTimeout("scroller()",10);
  }
}
scroller();
</script>
```

甜点 2: 如何设置计时器效果?

Window 对象的 setTimeout() 方法用于在指定的毫秒数后调用函数或计算表达式。例如下面的代码就是在实现了单击按钮后,依次根据时间的流逝而显示不同内容的:

```
<html>
<head>
<script type="text/javascript">
function timedText()
{
 var t1=setTimeout("document.getElementById('txt').value='2
seconds!'",2000)
 var t2=setTimeout("document.getElementById('txt').value='4
seconds!'",4000)
 var t3=setTimeout("document.getElementById('txt').value='6
seconds!'",6000)
}
</script>
</head>
<body>
<form>
<input type="button" value="显示计时的文本!" onClick="timedText()">
<input type="text" id="txt">
</form>
<p>在按钮上面点击。输入框会显示出已经流逝的 2、4、6 秒钟。</p>
</body>
</html>
```

上述代码在 IE 9.0 浏览器中的显示,效果如图 11-17 所示,当单击完按钮后,将依次显示不同的秒数。

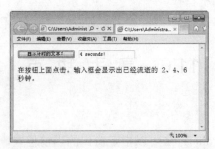

图 11-17   程序运行效果

第 12 章
有问就有答
——事件和
事件处理

事件和事件处理是网页设计中必须面对的问题，它可以使网页多姿多彩。在一个 Web 网页中，浏览器可以通过调用 JavaScript 来响应用户的操作。当用户点击某个超链接，或者编辑表单域中的内容时，浏览器就会调用响应的 JavaScript 代码。在这个过程中，JavaScript 响应的操作就是事件。事件将用户和 Web 页面连接在一起，使用户可以与用户进行交互，以响应用户的操作。

本章要点(已掌握的在方框中打勾)

☐ 了解事件与事件处理的概念。

☐ 熟悉JavaScript 的鼠标键盘事件。

☐ 掌握JavaScript 处理事件的方式。

12.1　了解事件与事件处理

JavaScript 是基于对象的语言，其最基本的特征就是采用事件驱动，使在图形界面环境下的一切操作变得简单化。通常鼠标或热键的动作被称为事件；由鼠标或热键引发的一连串程序动作，被称为事件驱动；对事件进行处理的程序或函数，被称为事件处理程序。

12.1.1　事件与事件处理概述

事件由浏览器动作，例如浏览器载入文档或用户敲击键盘、滚动鼠标等动作触发，而事件处理程序则说明一个对象如何响应事件。在早期支持 JavaScript 脚本的浏览器中，事件处理程序是作为 HTML 标记的附加属性加以定义的，其形式如下：

```
<input type="button" name="MyButton" value="Test Event" onclick="MyEvent()">
```

在 JavaScript 中大部分事件的命名都是描述性的，例如 click、submit、mouseover 等，通过其名称就可以知道其含义。但是也有少数事件的名字不易理解，例如 blur 在英文中的含义是模糊的，而在事件处理程序中它表示的是一个域或者一个表单失去焦点。在一般情况下，前缀添加在事件名称之前，例如 click 事件，其处理器名为 onclick。

事件不仅仅局限于鼠标和键盘操作，也包括浏览器的状态的改变，例如绝大部分浏览器支持类似 resize 和 load 这样的事件等。Load 事件在浏览器载入文档时被触发，如果某事件要在文档载入时被触发，一般应该在<body>标记中加入语句 onload="MyFunction()"；而 resize 事件只有在用户改变浏览器窗口的大小时才被触发。当用户改变窗口大小时，有时需要改变文档页面的内容布局，从而使其以恰当、友好的方式显示给用户。

现代事件模型中引入的 Event 对象，它包含其他的对象使用的常量和方法的集合。当事件发生后，可产生临时的 Event 对象实例，而且还附带当前事件的信息，例如鼠标定位、事件类型等，然后将其传递给相关的事件处理器进行处理。待事件处理完毕后，该临时 Event 对象实例所占据的内存空间将被释放，浏览器等待其他事件的出现并进行处理。如果短时间内发生的事件较多，浏览器会按事件发生的顺序将这些事件排序，然后按照排好的顺序依次执行这些事件。

事件可以发生在很多场合，包括浏览器本身的状态和页面中的按钮、链接、图片、层等。同时，根据 DOM 模型，文本也可以作为对象，并响应相关的动作，例如点击鼠标、文本被选择等。事件的处理方法甚至结果同浏览器的环境都有很大的关系，浏览器的版本越新，所支持的事件处理器就越多，支持也就越完善。所以在编写 JavaScript 脚本时，只有充分考虑浏览器的兼容性，才可以编写出适合多数浏览器的安全脚本。

12.1.2　JavaScript 的常用事件

JavaScript 的鼠标事件如表 12-1 所示。

表 12-1　鼠标事件

事　件	说　明
ondblclick	鼠标双击时触发此事件
onmouseup	鼠标按下后松开鼠标时触发此事件
onmouseout	鼠标移出目标的上方时触发此事件
onmousemove	鼠标在目标的上方移动时触发此事件
onmouseover	鼠标移到目标的上方时触发此事件
onmousedown	按下鼠标时触发此事件
onclick	鼠标单击时触发此事件

JavaScript 的键盘事件如表 12-2 所示。

表 12-2　键盘事件

事　件	说　明
onkeypress	鼠标双击时触发此事件
onkeydown	鼠标按下后松开鼠标时触发此事件
onkeyup	鼠标移出目标的上方时触发此事件

JavaScript 的页面相关事件如表 12-3 所示。

表 12-3　页面相关事件

事　件	说　明
onabort	图片在下载过程中被用户中断时触发此事件
onbeforeunload	当前页面的内容将要被改变时触发的事件
onerror　-	捕抓当前页面因为某种原因而出现的错误，例如脚本错误与外部数据引用的错误
onload	页面内空完成传送到浏览器时触发的事件，包括外部文件引入完成
onmove	浏览器的窗口被移动时触发的事件
onresize	当浏览器的窗口大小被改变时触发的事件
onunload	当前页面将被改变时触发的事件
onScroll	浏览器的滚动条位置发生变化时触发的事件
onStop	浏览器的停止按钮被按下时或者正在下载的文件被中断触发的事件

JavaScript 的表单相关事件如表 12-4 所示。

表 12-4　表单相关事件

事　件	说　明
onblur	某元素失去活动焦点时产生该事件
onchange	当网页上某元素的内容发生改变时产生该事件
onfocus	网页上的元素获得焦点时产生该事件

续表

事　件	说　明
onreset	复位表格时产生该事件
onsubmit	提交表单时产生该事件

JavaScript 的滚动字幕相关事件如表 12-5 所示。

表 12-5　滚动字幕相关事件

事　件	说　明
onBounce	在 Marquee 内的内容移动至 Marquee 显示范围之外时触发的事件
onFinish	当 Marquee 元素完成需要显示的内容后触发的事件
onStart	当 Marquee 元素开始显示内容时触发的事件

JavaScript 的编辑相关事件如表 12-6 所示。

表 12-6　编辑相关事件

事　件	说　明
onBeforeCopy	当页面当前的被选择内容将要复制到浏览者系统的剪贴板前触发的事件
onBeforeCut	当页面中的一部分或者全部内容被移出当前页面[剪贴]并移动到浏览者的系统剪贴板时触发的事件
onBeforeEditFocus	当前元素将要进入编辑状态时触发的事件
onBeforePaste	当内容将要从浏览者的系统剪贴板传送[粘贴]到页面中时触发的事件
onBeforeUpdate	当浏览者粘贴系统剪贴板中的内容需要通知目标对象时触发的事件
onContextMenu	当浏览者按下鼠标右键出现菜单时或者通过键盘的按键触发页面菜单时触发的事件
onCopy	当页面当前的被选择内容被复制后触发的事件
onCut	当页面当前的被选择内容被剪切时触发的事件
onDrag	当某个对象被拖动时触发的事件
onDragDrop	一个外部对象被鼠标拖进当前窗口或者帧
onDragEnd	当鼠标拖动结束时触发的事件，即鼠标的按钮被释放了
onDragEnter	当对象被鼠标拖动进入其容器范围内时触发的事件
onDragLeave	当对象被鼠标拖动离开其容器范围内时触发的事件
onDragOver	当被拖动的对象在另一对象容器范围内拖动时触发的事件
onDragStart	当某对象将被拖动时触发的事件
onDrop	在一个拖动过程中，释放鼠标键时触发的事件
onLoseCapture	当元素失去鼠标移动所形成的选择焦点时触发的事件
onPaste	当内容被粘贴时触发的事件
onSelect	当文本内容被选择时的事件
onSelectStart	当文本内容选择将开始发生时触发的事件

JavaScript 的数据绑定事件如表 12-7 所示。

表 12-7　数据绑定事件

事　件	说　明
onAfterUpdate	当数据完成由数据源到对象的传送时触发的事件
onDataAvailable	当数据接收完成时触发事件
onDatasetChanged	数据在数据源发生变化时触发的事件
onDatasetComplete	当来自数据源的全部有效数据读取完毕时触发的事件
onErrorUpdate	当使用 onBeforeUpdate 事件触发取消了数据传送时，代替 onAfterUpdate 事件
onRowEnter	当前数据源的数据发生变化并且有新的有效数据时触发的事件
onRowExit	当前数据源的数据将要发生变化时触发的事件
onRowsDelete	当前数据记录将被删除时触发的事件
onRowsInserted	当前数据源将要插入新数据记录时触发的事件

JavaScript 的外部事件如表 12-8 所示。

表 12-8　外部事件

事　件	说　明
onAfterPrint	当文档被打印后触发的事件
onBeforePrint	当文档即将被打印时触发的事件
onFilterChange	当某个对象的滤镜效果发生变化时触发的事件
onHelp	当浏览者按下 F1 或者浏览器的帮助选择时触发的事件
onPropertyChange	当对象的属性之一发生变化时触发的事件
onReadyStateChange	当对象的初始化属性值发生变化时触发的事件

12.1.3　事件处理程序的调用

在使用事件处理程序对页面进行操作时，最主要的问题是如何通过对象的事件来调用事件处理程序。通常，调用的方式主要有以下两种。

1. 在 JavaScript 中调用

在 JavaScript 中调用事件处理程序，首先需要获得要处理对象的引用，然后将要执行的处理函数赋值给对应的事件。例如以下代码：

```
<input name="bt_save" type="button" value="保存">
  <script language="javascript">
    var b_save=document.getElementById("bt_save");
    b_save.onclick=function(){
        alert("单击了保存按钮");
    }
</script>
```

在上述代码中，一定要将<input name="bt_save" type="button" value="保存">放在 JavaScript 代码的上方，否则将弹出 "b_save'为空或不是对象" 的错误提示。

上述实例也可以通过以下代码来实现：

```
<input name="bt_save" type="button" value="保存">
 <script language="javascript">
   form1.bt save.onclick=function(){
      alert("单击了保存按钮");
   }
 </script>
```

在 JavaScript 中指定事件处理程序时，事件名称必须小写，否则程序将不能正确响应事件。

2. 在 HTML 中调用

在 HTML 中分配事件处理程序，只需在 HTML 标记中添加相应的事件，并在其中指定要执行的代码或函数名即可。例如以下代码：

```
<input name="bt_save" type="button" value="保存" onclick="alert('单击了保存按钮');">
```

上述实例也可以通过以下代码来实现：

```
<input name="bt save" type="button" value="保存"
onclick="clickFunction();">
function clickFunction(){
    alert("单击了保存按钮");
}
```

12.2 鼠标键盘事件

鼠标和键盘事件是页面操作中使用最频繁的操作，利用鼠标事件可以在页面中实现鼠标移动、单击时的特殊效果，利用键盘事件可以制作页面的快捷键等。

12.2.1 案例——鼠标的单击事件

鼠标在单击某表单域时会触发 onclick 事件。

【例 12.1】 (实例文件：ch12\12.1.html)通过按钮变换背景颜色。代码如下：

```
<!DOCTYPE>
<html>
<head>
<title>通过按钮变换背景颜</title>
</head>
<body>
<script language="javascript">
var Arraycolor=new
```

```
Array("olive","teal","red","blue","maroon","navy","lime","fuschia","green",
"purple","gray","yellow","aqua","white","silver");
var n=0;
function turncolors(){
    if (n==(Arraycolor.length-1)) n=0;
    n++;
    document.bgColor = Arraycolor[n];
}
</script>
<form name="form1" method="post" action="">
<p>
    <input type="button" name="Submit" value="变换背景"
onclick="turncolors()">
</p>
  <p>用按钮随意变换背景颜色.</p>
</form>
</body>
</html>
```

运行上述代码，预览效果如图 12-1 所示。单击【变换背景】按钮，将动态地改变页面的背景颜色；当用户再次单击该按钮时，页面背景将以不同的颜色进行显示，如图 12-2 所示。

图 12-1　预览效果

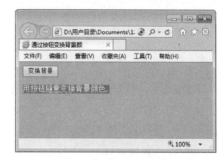

图 12-2　改变背景颜色

12.2.2　案例——鼠标的按下与松开事件

鼠标的按下与松开事件分别是 onmousedown 事件和 onmouseup 事件。当用户把光标放在对象上长按鼠标时会触发 onmousedown 事件。例如在应用中，有时需要获取在某个 div 元素上鼠标按下时的光标位置(x、y 坐标)并设置光标的样式为"手型"。

当用户把光标放在对象上鼠标按键被按下后再松开时会触发 onmouseup 事件。如果接收鼠标长按事件的对象与鼠标松开时的对象不是同一个对象，那么 onmouseup 事件将不会被触发。onmousedown 事件与 onmouseup 事件有先后顺序，在同一个对象上前者在先，后者在后。onmouseup 事件通常与 onmousedown 事件共同使用控制同一对象的状态改变。

【例 12.2】 (实例文件：ch12\12.2.html)用事件制作超链接文本，并改变链接文本的颜色。代码如下：

```
<!DOCTYPE>
<html>
<head>
```

```
<title>用事件制作超链接文本</title>
</head>
<body>
<form name="form1" method="post" action="">
  <p id="p1" style="color:#AA9900 " onmousedown="mousedown()"
onmouseup="mouseup()"><u>鼠标的按下松开事件</u></p>
</form>
<script language="javascript">
<!--
function mousedown(event)
{
  var e=window.event;
  var obj=e.srcElement;
  obj.style.color='#0022AA';
}
function mouseup(event)
{
  var e=window.event;
  var obj=e.srcElement;
  obj.style.color='#AA9900';
  window.open("","鼠标的按下松开事件","");
}
//-->
</script>
</body>
</html>
```

运行上述代码,预览效果如图 12-3 所示。将光标放置在超级链接文本上并按下,这时文本的颜色会改变,如图 12-4 所示。当在文本上松开鼠标时,文本将恢复默认颜色,并弹出一个空白页面,如图 12-5 所示。

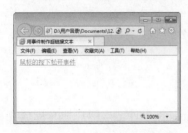

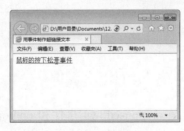

图 12-3 预览效果   图 12-4 改变链接文本的颜色   图 12-5 弹出空白页面

12.2.3 案例——鼠标的移入与移出事件

onmouseover 事件在鼠标进入对象范围(移到对象上方)时触发。onmouseout 事件在鼠标离开对象时触发。onmouseout 事件通常与 onmouseover 事件共同使用改变对象的状态。例如,当鼠标移到某段文字的上方时,文字颜色将显示为红色;当鼠标离开文字时,文字又会恢复到原来的黑色。其实现代码如下:

```
<font onmouseover ="this.style.color='red'"
onmouseout="this.style.color="black"">文字颜色改变</font>。
```

【**例 12.3**】 (实例文件：ch12\12.3.html)用事件动态改变图片的焦点。代码如下：

```
<!DOCTYPE >
<html>
<head>
<title> 鼠标移动时改变图片焦点</title>
</head>
<body>
<script language="javascript">
<!--
function visible(cursor,i)
{
if (i==0)
cursor.filters.alpha.opacity=100;
else
    cursor.filters.alpha.opacity=30;
}
//-->
</script>
<table border="0" cellpadding="0" cellspacing="0">
  <tr>
    <td align="center" bgcolor="#CCCCCC">
    <img src="01.jpg" border="0" style="filter:alpha(opacity=100)"
onMouseOver="visible(this,1)" onMouseOut="visible(this,0)" width="150"
height="130">
</td>
  </tr>
</table>
</body>
</html>
```

运行上述代码，在 IE 9.0 浏览器中可以看到相关的运行结果，当鼠标放置在图片上时，图片的焦点会被激活，如图 12-6 所示。当鼠标移动到空白处时，图片的焦点将不被选中，如图 12-7 所示。

图 12-6　获取图片焦点

图 12-7　失去图片焦点

12.2.4　案例——鼠标的移动事件

鼠标移动事件是鼠标在页面上进行移动时触发事件处理程序，在该事件中可以用 Document 对象事件读取鼠标在页面中的位置。

【**例 12.4**】 (实例文件：ch12\12.4.html)用事件获取鼠标在浏览器中的位置坐标。代码如下：

```
<!DOCTYPE>
<html>
```

```
<head>
<title>获取鼠标位置坐标</title>
<meta http-equiv="Content-Type" content="text/html; charset=gb2312">
</head>
<body>
<script language="javascript">
<!--
var x=0,y=0;
function MousePlace()
{
    x=window.event.x;
    y=window.event.y;
    window.status="X: "+x+"  "+"Y: "+y;
}
document.onmousemove=MousePlace;
//-->
</script>
</body>
</html>
```

运行上述代码，预览效果如图 12-8 所示。当移动鼠标时，状态栏中的鼠标坐标数据也在改变。

图 12-8　获取鼠标坐标位置

12.2.5　案例——键盘事件

键盘事件是指键盘状态的改变。常用的键盘事件有 onkeydown 按键事件、onkeypress 按键事件和 onkeyup 放开键事件等。

(1) onkeydown 事件。该事件在键盘的按键被按下时触发。onkeydown 事件用于接收键盘的所有按键(包括功能键)被按下时的事件。onkeydown 事件与 onkeypress 事件都在按键被按下时触发，但两者是有区别的。

例如，在用户输入信息的界面中，经常会有用户同时输入多条信息(存在多个文本框)的情况出现。为方便用户使用，通常情况下，当用户按回车键时，光标自动跳入到下一个文本框。实现回车跳入下一文本框功能的代码如下：

```
<input type="text" name="txtInfo" onkeydown="if(event.keyCode==13)
event.keyCode=9">
```

上述代码通过判断及更改 event 事件的触发源的 ASC II 值，来控制光标所在的位置。

(2) onkeypress 按键事件。onkeypress 事件在键盘按键被按下时触发。onkeypress 事件与 onkeydown 事件两者有先后顺序，onkeypress 事件是在 onkeydown 事件之后发生的。此外，当按下键盘上的任何一个键时，都会触发 onkeydown 事件；但是 onkeypress 事件只在按下键盘的任一字符键(如 A~Z 数字键)时才会被触发；如果单独按下功能键(F1~F12)、Ctrl 键、Shift 键、Alt 键等，则不会触发 onkeypress 事件。

(3) onkeyup 放开键事件。该事件在键盘的按键被按下然后放开时触发。例如，页面中要求用户输入数字信息时，对用户输入的信息的判断，使用的就是 onkeyup 事件，具体代码如下：

```
<input type="text" name="txtNum" onkeyup="if(isNaN(value))execCommand
('undo');">
```

【例 12.5】 (实例文件：ch12\12.5.html)用键盘事件刷新页面。代码如下：

```
<!DOCTYPE>
<html>
<head>
<title>按A键对页面进行刷新</title>
</head>
<body>
<script language="javascript">
<!--
function Refurbish()
{
    if (window.event.keyCode==97)
    {
        location.reload();
    }
}
document.onkeypress=Refurbish;
//-->
</script>
<center>
<img src="02.jpg" width="805" height="554">
</center>
</body>
</html>
```

运行上述代码，按下键盘上的 A 键就可以实现对页面的刷新，而无需用鼠标单击浏览器中的【刷新】按钮，如图 12-9 所示。

图 12-9 网页预览效果

12.3　JavaScript 处理事件的方式

JavaScript 脚本处理事件主要通过匿名函数、显式声明、手工触发等方式进行，这些方式在隔离 HTML 文件结构与逻辑关系方面的程度略为不同。

12.3.1　案例——匿名函数方式

匿名函数的方式是通过 Function 对象构造匿名函数，并将其方法复制给事件，这时匿名函数就变成了该事件的事件处理器。

【**例 12.6**】　(实例文件：ch12\12.6.html)匿名函数的实例。代码如下：

```
<! DOCTYPE HTML >
<html>
  <head>
    <meta http-equiv="Content-Type" content="text/html; charset=gb2312">
    <title>Sample Page!</title>
  </head>
  <body>
    <center>
      <br>
      <p>通过匿名函数处理事件</p>
      <form name=MyForm id=MyForm>
        <input type=button name=MyButton id=MyButton value="测试">
      </form>
      <script language="JavaScript" type="text/javascript">
        <!--
        document.MyForm.MyButton.onclick=new Function()
        {
          alert("已经单击该按钮!");
        }
        -->
      </script>
    </center>
    </body>
</html>
```

上述代码包含一个匿名函数，其具体内容如下：

```
document.MyForm.MyButton.onclick=new Function()
{
  alert("已经单击该按钮!");
}
```

上述代码的作用是将名为 **MyButton** 的 **button** 元素的 **click** 动作的事件处理器设置为新生成的 Function 对象的匿名实例，即匿名函数。本例代码在 IE 9.0 浏览器中的显示效果如图 12-10所示。

图 12-10　通过匿名函数处理事件

12.3.2　案例——显式声明方式

在设置时间处理器时，如果不使用匿名函数，而将该事件的处理器设置为已经存在的函数，那么当鼠标移出图片区域时，就会实现图片的转换，从而使图片播放扩展为多幅图片定式轮番播放的广告模式。其设置方法是首先在<head>和</head>标签对之间嵌套 JavaScript 脚本定义两个函数：

```
function MyImageA()
{
   document.all.MyPic.src="fengjing1.jpg";
}
function MyImageB()
{
   document.all.MyPic.src="fengjing2.jpg";
}
```

再通过 JavaScript 脚本代码将<img>标记元素的 mouseover 事件的处理器设置为已定义的函数 MyImageA()，将 mouseout 事件的处理器设置为已定义的函数 MyImageB()：

```
document.all.MyPic.onmouseover=MyImageA;
document.all.MyPic.onmouseout=MyImageB;
```

【例 12.7】　(实例文件：ch12\12.7.html)图片翻转。代码如下：

```
<!DOCTYPE HTML>
<html>
  <head>
    <title>通过使用鼠标变换图片</title>
    <script language="JavaScript" type="text/javascript">
    <!--
    function MyImageA()
    {
       document.all.MyPic.src="tu1.jpg";
    }
    function MyImageB()
    {
       document.all.MyPic.src="tu2.jpg";
```

```
      }
      -->
    </script>
  </head>
  <body>
    <center>
      <p>在图片内外移动鼠标，图片轮换</p>
      <img name="MyPic" id="MyPic" src="tu1.jpg" width=300 height=200></img>
      <script language="JavaScript" type="text/javascript">
        <!--
        document.all.MyPic.onmouseover=MyImageA;
        document.all.MyPic.onmouseout=MyImageB;
        -->
      </script>
    </center>
  </body>
</html>
```

在 IE 9.0 浏览器中运行上述代码，其显示结果如图 12-11 所示。当鼠标移动在图片区域时，图片就会发生变化，如图 12-12 所示。

图 12-11　显示结果

图 12-12　变化结果

不难看出，通过显式声明的方式定义事件的处理器可使代码紧凑、可读性强。其对显式声明的函数没有任何限制，还可以将该函数作为其他事件的处理器。

12.3.3　案例——手工触发方式

手工触发处理事件的元素很简单，即通过其他元素的方法来触发一个事件而不需要通过用户的动作来触发该事件。如果某个对象的事件有其默认的处理器，此时再设置该事件的处理器时，就将可能出现其他情况。

【例 12.8】 (实例文件：ch12\12.8.html)手动触发事件。代码如下：

```
<! DOCTYPE HTML >
<html>
  <head>
    <meta http-equiv="Content-Type" content="text/html; charset=gb2312">
    <title>使用手工触发的方式处理事件</title>
    <script language="JavaScript" type="text/javascript">
```

```
    <!--
    function MyTest()
    {
      var msg="通过不同的方式返回不同的结果：\n\n";
      msg+="单击【测试】按钮,即可直接提交表单\n";
      msg+="单击【确定】按钮,即可触发 onsubmit()方法,然后才提交表单\n";
      alert(msg);
    }
    -->
  </script>
 </head>
 <body>
  <br>
  <center>
  <form name=MyForm1 id=MyForm1 onsubmit ="MyTest()" method=post
action="haapyt.asp">
    <input type=button value="测试"
onclick="document.all.MyForm1.submit();">
    <input type=submit value="确定">
  </center>
 </body>
</html>
```

在 IE 9.0 浏览器中运行上面的 HTML 文件，其显示结果如图 12-13 所示。单击其中的
【测试】按钮，即可触发表单的提交事件，并且直接将表单提交给目标页面 haapyt.asp。如果
单击默认触发提交事件的【确定】按钮，则弹出的信息框如图 12-14 所示。此时单击【确
认】按钮，即可将表单提交给目标页面 haapyt.asp。所以当事件在事实上已包含导致事件发生
的方法时，该方法不会调用有问题的事件处理器，而会导致与该方法对应的行为发生。

图 12-13　显示结果

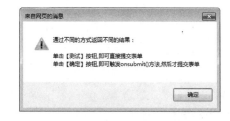

图 12-14　单击【确定】按钮后弹出的信息框

12.4 实战演练——通过事件控制文本框的背景颜色

本实例是用户在选择页面的文本框时，文本框的背景颜色发生变化，如果选择其他文本
框时，原来选择的文本框的颜色恢复为原始状态。

【例 12.9】 (实例文件：ch12\12.9.html)通过事件控制文本框的背景颜色。代码如下：

```
<!DOCTYPE HTML>
<html>
```

```
<head>
<title>文本框获得焦点时改变背景颜色</title>
<meta http-equiv="Content-Type" content="text/html; charset=gb2312">
</head>
  <script language="javascript">
  <!--
    function txtfocus(event){
    var e=window.event;
    var obj=e.srcElement;
    obj.style.background="#F00066";
    }
  function txtblur(event){
    var e=window.event;
    var obj=e.srcElement;
    obj.style.background="FFFFF0";
  }
//-->
</script>
<body>
<table align="center" width="360" height="228" border="0">
  <tr>
    <td width="188">登录名称:</td>
    <td width="226"><form name="form1" method="post" action="">
      <input type="text" name="textfield" onfocus="txtfocus()">
    </form></td>
  </tr>
  <tr>
    <td>密码:</td>
    <td><form name="form2" method="post" action="">
      <input type="text" name="textfield2" onfocus="txtfocus()"
onBlur="txtblur()">
    </form></td>
  </tr>
  <tr>
    <td>姓名:</td>
    <td><form name="form3" method="post" action="">
      <input type="text" name="textfield3" onfocus="txtfocus()"
onBlur="txtblur()">
    </form></td>
  </tr>
  <tr>
    <td>性别:</td>
    <td><form name="form4" method="post" action="">
      <input type="text" name="textfield5" onfocus="txtfocus()"
onBlur="txtblur()">
    </form></td>
  </tr>
  <tr>
    <td>联系方式: </td>
    <td><form name="form5" method="post" action="">
      <input type="text" name="textfield4" onfocus="txtfocus()"
onBlur="txtblur()">
```

```
    </form></td>
  </tr>
</table>
</body>
</html>
```

上述代码在 IE 9.0 浏览器中的显示效果如图 12-15 所示。选择文本框输入内容时，即可发现文本框的背景色发生了变化。

图 12-15　程序运行结果

本实例主要是通过获得焦点事件(onfocus)和失去焦点事件(onblur)来完成。其中 onfocus 事件是当某个元素获得焦点时发生的事件；onblur 是当前元素失去焦点时发生的事件。

12.5　跟我练练手

1. 练习目标

能够熟练掌握本章所讲内容。

2. 上机练习

练习 1：鼠标键盘事件的使用。
练习 2：JavaScript 处理事件的方式。

12.6　高 手 甜 点

甜点 1：如何检查浏览器的版本？

使用 Javascript 代码可以轻松地实现检查浏览器版本的目的，具体代码如下：

```
<script type="text/javascript">
  var browser=navigator.appName
  var b_version=navigator.appVersion
```

```
    var version=parseFloat(b_version)
    document.write("浏览器名称："+ browser)
    document.write("<br />")
    document.write("浏览器版本："+ version)
</script>
```

甜点 2：如何格式化 alert 弹出窗口的内容？

使用 alert 弹出窗口时，窗口内容的显示格式，可以借助转义字符进行格式化。如果希望窗口内容按指定位置换行，可添加转义字符\n；如果希望转义字符间有制表位间隔，可使用转义字符\t。其他情况请借鉴转义字符部分。

第 13 章
页面与用户的互动——表单和表单元素

在网页中，表单的作用比较重要，它主要负责采集浏览者的相关数据。例如常见的注册表、调查表和留言表等。在 HTML 中，表单拥有多个新的表单输入类型。这些新特性提供了更好的输入控制和验证。本章主要讲述表单的基本元素的使用方法和表单的高级元素的使用方法，最后结合综合案例，进一步讲述表单的综合实用技巧。

本章要点(已掌握的在方框中打勾)

☐ 了解 JavaScript 的基本概念。

☐ 熟悉 JavaScript 的编写工具。

☐ 掌握 JavaScript 在 HTML 中的使用。

☐ 熟悉 JavaScript 和浏览器的关系。

13.1 案例——表单概述

表单主要用于收集网页上浏览者的相关信息。其标签格式为"<form>…</form>"。表单的基本语法格式如下：

```
<form action="url" method="get|post" enctype="mime">
</form >
```

其中，action=url 用来指定处理提交表单的格式，它可以是一个 URL 地址，也可以是一个电子邮件地址。method=get 或 post 用来指明提交表单的 HTTP 方法。enctype=cdata 用来指明把表单提交给服务器时的互联网媒体形式。

表单是一个能够包含表单元素的区域。通过添加不同的表单元素，将显示不同的效果。

【例 13.1】 (实例文件：ch13\13.1.html)代码如下：

```html
<!DOCTYPE html>
<html>
<body>
<form>
下面是输入用户登录信息
<br>
用户名称
<input type="text" name="user">
<br>
用户密码
<input type="password" name="password">
<br>
<input type="submit" value="登录">
</form>
</body>
</html>
```

在 IE 9.0 浏览器中的显示效果如图 13-1 所示，可以看到用户登录的信息页面。

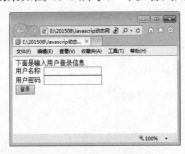

图 13-1 用户登录窗口

13.2 表单基本元素的使用

表单元素是能够让用户在表单中输入信息的元素。常见的有文本框、密码框、下拉菜单、单选框、复选框等。本节主要讲述表单基本元素的使用方法和技巧。

13.2.1 案例——单行文本输入框

文本框是一种让访问者自己输入内容的表单对象，通常被用来填写单个字符，例如用户姓名和地址等。其代码格式如下：

```
<input type="text" name="..." size="..." maxlength="..." value="...">
```

其中，type="text"定义单行文本输入框；name 属性定义文本框的名称，要保证数据的准确采集，必须定义一个独一无二的名称；size 属性定义文本框的宽度，单位是单个字符宽度；maxlength 属性定义最多输入的字符数；value 属性定义文本框的初始值。

【例 13.2】 (实例文件：ch13\13.2.html)代码如下：

```
<!DOCTYPE html>
<html>
<head><title>输入用户的姓名</title></head>
<body>
<form>
请输入您的姓名：
<input type="text" name="yourname" size="20" maxlength="15">
请输入您的地址：
<input type="text" name="youradr" size="20" maxlength="15">
</form>
</body>
</html>
```

上述代码在 IE 9.0 浏览器中的显示效果如图 13-2 所示，可以看到窗口显示的是两个单行文本输入框。

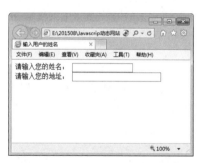

图 13-2 单行文本输入框

13.2.2 案例——多行文本输入框

多行输入框(textarea)主要用于输入较长的文本信息。其代码格式如下：

```
<textarea name="..." cols="..." rows="..." wrap="..."></textarea >
```

其中，name 属性定义多行文本框的名称，要保证数据的准确采集，必须定义一个独一无二的名称；cols 属性定义多行文本框的宽度，单位是单个字符宽度；rows 属性定义多行文本框的高度，单位是单个字符宽度；wrap 属性定义输入内容大于文本域时显示的方式。

【例 13.3】 (实例文件：ch13\13.3.html)代码如下：

```
<!DOCTYPE html>
<html>
<head><title>多行文本输入</title></head>
<body>
<form>
请输入您最新的工作情况<br>
<textarea name="yourworks" cols ="50" rows = "5"></textarea>
<br>
<input type="submit" value="提交">
</form>
</body>
</html>
```

上述代码在 IE 9.0 浏览器中的显示效果如图 13-3 所示，可以看到窗口显示的是一个多行文本输入框。

图 13-3　多行文本输入框

13.2.3　案例——密码域

密码输入框是一种特殊的文本域，主要用于输入一些保密信息。当网页浏览者输入文本时，页面会显示黑点或者其他符号，这样就增加了输入文本的安全性。其代码格式如下：

```
<input type="password" name="..." size="..." maxlength="...">
```

其中 type="password"定义密码框；name 属性定义密码框的名称，要保证唯一性；size 属性定义密码框的宽度，单位是单个字符宽度；maxlength 属性定义最多输入的字符数。

【例 13.4】 (实例文件：ch13\13.4.html)代码如下：

```
<!DOCTYPE html>
<html>
<head><title>输入用户姓名和密码 </title></head>
<body>
<form >
用户姓名:
<input type="text" name="yourname">
<br>
登录密码:
```

```
<input type="password" name="yourpw"><br>
</form>
</body>
</html>
```

上述代码在 IE 9.0 浏览器中的显示效果如图 13-4 所示,当用户在输入密码时可以看到密码以黑点的形式显示。

图 13-4　密码输入框

13.2.4　案例——单选按钮

单选按钮是指网页浏览者在一组选项里只能选择一个的按钮。其代码格式如下:

```
<input type="radio" name=" ..." value = "...">
```

其中 type="radio"定义单选按钮;name 属性定义单选按钮的名称(单选按钮都是以组为单位使用的,在同一组中的单选项都必须用同一个名称);value 属性定义单选按钮的值,在同一组中,它们的域值必须是不同的。

【例 13.5】 (实例文件:ch13\13.5.html)实现代码如下:

```
<!DOCTYPE html>
<html>
<head><title>选择感兴趣的图书</title></head>
<body>
<form >
请选择您感兴趣的图书类型:
<br>
<input type="radio" name="book" value = "Book1">网站编程<br>
<input type="radio" name="book" value = "Book2">办公软件<br>
<input type="radio" name="book" value = "Book3">设计软件<br>
<input type="radio" name="book" value = "Book4">网络管理<br>
<input type="radio" name="book" value = "Book5">黑客攻防<br>
</form>
</body>
</html>
```

上述代码在 IE 9.0 浏览器中的显示效果如图 13-5 所示。从中可以看到有 5 个单选按钮,但用户只能选择其中一个按钮。

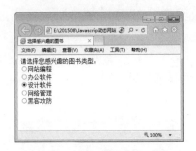

图 13-5　单选按钮显示效果

13.2.5　案例——复选框

复选框可使网页浏览者在一组选项里同时选择多个选项。每个复选框都是一个独立的元素，都必须有一个唯一的名称。其代码格式如下：

```
<input type="checkbox" name="..." value ="...">
```

其中 type="checkbox"定义复选框；name 属性定义复选框的名称，在同一组中的复选框都必须用同一个名称；value 属性定义复选框的值。

【例 13.6】 (实例文件：ch13\13.6.html)实现代码如下：

```
<!DOCTYPE html>
<html>
<head><title>选择感兴趣的图书</title></head>
<body>
<form >
请选择您感兴趣的图书类型: <br>
<input type="checkbox" name="book" value = "Book1">网站编程<br>
<input type="checkbox" name="book" value = "Book2">办公软件<br>
<input type="checkbox" name="book" value = "Book3">设计软件<br>
<input type="checkbox" name="book" value = "Book4">网络管理<br>
<input type="checkbox" name="book" value = "Book5" checked>黑客攻防<br>
</form>
</body>
</html>
```

技巧　　　　checked 属性主要用于设置默认选中的项。

上述代码在 IE 9.0 浏览器中的显示效果如图 13-6 所示。从中可以看到有 5 个复选框，其中【黑客攻防】复选框已被默认选中。

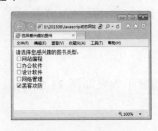

图 13-6　复选框的效果

13.2.6 案例——下拉选择框

下拉选择框主要用于在有限的空间里设置多个选项。下拉选择框既可以用做单选，也可以用做复选。其代码格式如下：

```
<select name="..." size="..." multiple>
<option value="..." selected>
...
</option>
...
</select>
```

其中，size 属性定义下拉选择框的行数；name 属性定义下拉选择框的名称；multiple 属性表示可以多选，如果不设置本属性，那么只能单选；value 属性定义选择项的值；selected 属性表示默认已经选择本选项。

【例 13.7】 (实例文件：ch13\13.7.html)实现下拉选择框。代码如下：

```
<!DOCTYPE html>
<html>
<head><title>选择感兴趣的图书</title></head>
<body>
<form>
请选择您感兴趣的图书类型：<br>
<select name="fruit" size = "3" multiple>
<option value="Book1">网站编程
<option value="Book2">办公软件
<option value="Book3">设计软件
<option value="Book4">网络管理
<option value="Book5">黑客攻防
</select>
</form>
</body>
</html>
```

上述代码在 IE 9.0 浏览器中的显示效果如图 13-7 所示，即可看到下拉选择框，其中显示为 3 行选项，用户可以按住 Ctrl 键，选择多个选项。

图 13-7 下拉选择框的效果

13.2.7 案例——普通按钮

普通按钮用来控制其他定义了处理脚本的处理工作。其代码格式如下：

```
<input type="button" name="..." value="..." onClick="...">
```

其中，type="button"定义普通按钮；name 属性定义普通按钮的名称；value 属性定义按钮的显示文字；onClick 属性表示单击行为或其他的事件，通过指定脚本函数来定义按钮的行为。

【例 13.8】 (实例文件：ch13\13.8.html)代码如下：

```
<!DOCTYPE html>
<html>
<body>
<form>
点击下面的按钮，把文本框1的内容拷贝到文本框2中：
<br/>
文本框 1: <input type="text" id="field1" value="学习 HTML 的技巧">
<br/>
文本框 2: <input type="text" id="field2">
<br/>
<input type="button" name="..." value="单击我"
onClick="document.getElementById('field2').value=document.getElementById('field1').value">
</form>
</body>
</html>
```

上述代码在 IE 9.0 浏览器中的显示效果如图 13-8 所示，单击【单击我】按钮，即可实现将文本框中内容复制到文本框 2 中。

图 13-8　单击按钮后的复制效果

13.2.8　案例——提交按钮

提交按钮用来将输入的信息提交到服务器。其代码格式如下：

```
<input type="submit" name="..." value="...">
```

其中，type="submit"定义提交按钮；name 属性定义提交按钮的名称；value 属性定义按钮的显示文字。通过提交按钮可以将表单里的信息提交给表单中的 action 所指向的文件。

【例 13.9】 (实例文件：ch13\13.9.html)代码如下：

```
<!DOCTYPE html>
<html>
<head><title>输入用户名信息</title></head>
```

```
<body>
<form  action="http://www.yinhangit.com/yonghu.asp" method="get">
请输入你的姓名:
<input type="text" name="yourname">
<br>
请输入你的住址:
<input type="text" name="youradr">
<br>
请输入你的单位:
<input type="text" name="yourcom">
<br>
请输入你的联系方式:
<input type="text" name="yourcom">
<br>
<input type="submit" value="提交">
</form>
</body>
</html>
```

上述代码在 IE 9.0 浏览器中的显示效果如图 13-9 所示,输入内容后单击【提交】按钮,即可实现将表单中的数据发送到制定的文件。

图 13-9　提交按钮

13.2.9　案例——重置按钮

复位按钮用来重置表单中输入的信息。其代码格式如下:

```
<input type="reset" name="..." value="...">
```

其中,type="reset"定义复位按钮;name 属性定义复位按钮的名称;value 属性定义按钮的显示文字。

【例 13.10】 (实例文件:ch13\13.10.html)实现重置按钮。代码如下:

```
<!DOCTYPE html>
<html>
<body>
<form>
请输入用户名称:
<input type='text'>
<br/>
请输入用户密码:
<input type='password'>
```

```
<br>
<input type="submit" value="登录">
<input type="reset" value="重置">
</form>
</body>
</html>
```

上述代码在 IE 9.0 浏览器中的显示效果如图 13-10 所示，输入内容后单击【重置】按钮，即可实现将表单中的数据清空的目的。

图 13-10　重置按钮

13.3　表单高级元素的使用

除了上述基本元素外，HTML 中还有一些高级元素。例如 url、eamil、time、range、search 等。对于这些高级元素的属性，IE 9.0 浏览器暂不支持，本节将使用 Opera 13.60 浏览器查看其显示效果。

13.3.1　案例——url 属性

url 属性用于说明网站的网址。在提交表单时，会自动验证 url 的值。其代码格式如下：

```
<input type="url" name="userurl"/>
```

另外，用户可以使用普通属性设置 rul 输入框，例如使用 max 属性设置其最大值、使用 min 属性设置其最小值、使用 step 属性设置合法的数字间隔、使用 value 属性规定其默认值。

【例 13.11】 (实例文件：ch13\13.11.html)实现 url 属性。代码如下：

```
<!DOCTYPE html>
<html>
<body>
<form>
<br/>
请输入网址：
<input type="url" name="userurl"/>
</form>
</body>
</html>
```

上述代码在 Opera 11.60 浏览器中的显示效果如图 13-11 所示，用户即可输入相应的网址。

图 13-11   url 属性的效果

13.3.2   案例——eamil 属性

与 url 属性类似，email 属性用于浏览者输入 e-mail 地址。在提交表单时，会自动验证 email 域的值。其代码格式如下：

```
<input type="email" name="user_email"/>
```

【例 13.12】 (实例文件：ch13\13.12.html)实现 e-mail 属性。代码如下：

```
<!DOCTYPE html>
<html>
<body>
<form>
<br/>
请输入您的邮箱地址：
<input type="email" name="user_email"/>
<br>
<input type="submit" value="提交">
</form>
</body>
</html>
```

上述代码在 Opera 11.60 浏览器中的显示效果如图 13-12 所示，用户可在其中输入相应的邮箱地址。如果用户输入的邮箱地址不合法，单击【提交】按钮后会弹出图中"请输入一个有效的电子邮件地址"的提示信息。

图 13-12   eamil 属性的效果

13.3.3 案例——date 和 time

在 HTML 中，新增了一些日期和时间输入类型，包括 date、datetime、datetime-local、month、week 和 time。它们的具体含义如表 13-1 所示。

表 13-1　日期和时间输入类型

属　　性	含　　义
date	用于选取日、月、年
month	用于选取月、年
week	用于选取周和年
time	用于选取时间
datetime	用于选取时间、日、月、年
datetime-local	用于选取时间、日、月、年(本地时间)

上述属性的代码格式类似，例如以 date 属性为例，代码格式如下：

```
<input type="date" name="user_date" />
```

【例 13.13】 (实例文件：ch13\13.13.html)实现 date 属性。代码如下：

```
<!DOCTYPE html>
<html>
<body>
<form>
<br/>
请选择购买商品的日期：
<br>
<input type="date" name="user_date" />
</form>
</body>
</html>
```

上述代码在 Opera 11.6 浏览器中的显示效果如图 13-13 所示。当用户单击输入框中的向下三角按钮时，即可在弹出的窗口中选择需要的日期。

图 13-13　date 属性的效果

13.3.4 案例——number 属性

number 属性提供了一个输入数字的输入类型。用户可以直接在文本框中输入数字、或者通过单击微调框中的向上或者向下三角按钮选择数字。其代码格式如下：

```
<input type="number" name="shuzi" />
```

【例 13.14】 (实例文件：ch13\13.14.html)实现 number 属性。代码如下：

```
<!DOCTYPE html>
<html>
<body>
<form>
<br/>
此网站我曾经来
<input type="number" name="shuzi "/>次了哦！
</form>
</body>
</html>
```

上述代码在 Opera 11.6 浏览器中的显示效果如图 13-14 所示。

图 13-14 number 属性的效果

 强烈建议用户使用 min 和 max 属性规定输入的最小值和最大值。

13.3.5 案例——range 属性

Range 属性用于显示一个滚动的控件。和 number 属性一样，用户可以使用 max、min 和 step 属性控制控件的滚动范围。代码格式如下：

```
<input type="range" name="..." min="..." max="..." />
```

其中 min 和 max 分别控制滚动控件的最小值和最大值。

【例 13.15】 (实例文件：ch13\13.15.html)实现 range 属性。代码如下：

```
<!DOCTYPE html>
<html>
<body>
```

```
<form>
<br/>
英语成绩公布了！我的成绩名名次为：
<input type="range" name="ran" min="1" max="10" />
</form>
</body>
</html>
```

上述代码在 Opera 11.6 浏览器中的显示效果如图 13-15 所示，用户可以拖曳滑块，选择合适的数字。

图 13-15　range 属性的效果

 默认情况下，滑块位于滚珠的中间位置。如果用户指定的最大值小于最小值，则允许使用反向滚动轴。目前浏览器对这一属性还不能很好地支持。

13.3.6　案例——required 属性

required 属性规定必须在提交之前填写输入域(不能为空)。required 属性适用于以下类型的输入属性：text、search、url、email、password、date、pickers、number、checkbox、radio 等。

【例 13.16】 (实例文件：ch13\13.16.html)实现 required 属性。代码如下：

```
<!DOCTYPE html>
<html>
<body>
<form>
下面是输入用户登录信息
<br>
用户名称
<input type="text" name="user" required="required">
<br>
用户密码
<input type="password" name="password" required="required">
<br>
<input type="submit" value="登录">
</form>
```

```
</body>
</html>
```

上述代码在 Opera 11.6 浏览器中的显示效果如图 13-16 所示。如果用户只输入了密码，而没有输入"用户名称"，那么在单击【登录】按钮时，将弹出"必须填写"提醒信息。

图 13-16　required 属性的效果

13.4　表单对象在 javascript 中的应用

表单，在网页中的作用不可小视，它主要负责数据采集，例如对访问者的名字和 E-mail 地址、调查表、留言簿等的采集。一个表单有表单标签(包含了处理表单数据所用 CGI 程序的 URL 以及数据提交到服务器的方法)、表单域(包含了文本框、密码框、隐藏域、多行文本框、复选框、单选框、下拉选择框和文件上传框等)、表单按钮(包括提交按钮、复位按钮和一般按钮；用于将数据传送到服务器上的 CGI 脚本或取消输入，还可以用表单按钮来控制其他定义了处理脚本的处理工作)等 3 个基本组成部分。

13.4.1　案例——HTML 表单基础

表单是 HTML 语言最有用的功能，向表单添加 JavaScript 脚本，可以增加表单的交互性，并可提供大量有用的特性。

1. 定义表单

在 HTML 中，表单是客户端与服务器进行数据传输的一种工具，其作用是收集客户端的信息，并且允许客户端的用户以标准格式向服务器提交数据。在 HTML 中，表单内容全部在 <form>标签中。其语法格式如下：

```
<form name="frmName"
   [ method="get|post"]
   action="frmAction"
   [ target=" _blank| _parent | _self| _top"]
   [enctype="text/plain|application/x-www-form-urlencoded|multipart/form-
data"]>
  表单域内容
</form>
```

<form>对象的属性有以下几种。

(1) name：虽然在不命名的情况下也可以使用表单，但是为了方便在 JavaScript 中使用表单，需要为其指定一个名称。

(2) method：是一个可选的属性，用于指定 form 提交(把客户端表单的信息发送给服务器的动作被称为"提交")的方法。表单提交的方法有 get 和 post 两种。如果用户不指定 form 的提交方法，则默认的提交方法是 post。

 　　　　使用 get 方法提交表单需要注意：URL 的长度应限制在 8192 个字符以内。如果发送的数据量太大，数据将被截断，从而导致意外或失败的处理结果。因此，如果传输的数据量过大，提交 form 时不能使用 get 方法。

(3) action：用于指定表单的处理程序的 URL 地址。其内容可以说是某个处理程序或页面(还可以使用#代替 action 的值，指明当前 form 的 action 就是其本身)，但是需要注意到是 action 属性的值，必须包含具体的网络路径。例如，指定当前页面 action 为 check 下的 userCheck.html。其方法如下：

```
<form action="/check/userCheck.html">
```

另外，用户使用 JavaScript 等脚本语言，可以按照需要指定 form 的 action 值。例如，使用 JavaScript 指定 action 的值为/check/userCheck.htm。其方法如下：

```
document.loginForm.action="/check/userCheck.html"
```

(4) target 属性用于指定当前 form 提交后，目标文档的显示方法。target 属性是可选的，它有 4 个值。如果用户没有指定 target 属性的值，那么系统会默认 target 的值为_self。

● _blank：在未命名的新窗口中打开目标文档。

● _parent：在显示当前文档的窗口的父窗口中打开目标文档。

● _self：在提交表单所使用的窗口中打开目标文档。

● _top：在当前窗口内打开目标文档，确保目标文档占用整个窗口。

(5) enctype 属性的作用是指定 form 提交时的编码方式。entype 默认的编码方式是 application/x-www-form-urlencoded。如果需要在提交 form 时上传文件，entype 的值必须是 multipart/form-data。enctype 的值有以下 3 种。

● text/plain：纯文本编码。

● application/x-www-form-urlencoded：URL 编码。

● multipart/form-data：MIME 编码。

(6) element[]：包含所有为目标 form 元素对象所引入的用户界面元素形成数组(按钮、单选按钮)，且数组元素的下标按元素载入顺序分配。

(7) encoding 是表单的 MIME 类型，用 enctype 属性定义。在一般情况下，该属性是不必要的。

另外，form 对象有 Submit()和 Reset()两个方法，通过这两个方法可以提交数据或重置表单，而不需要用户单击某个按钮。

(8) reset()。reset()方法会将表单中所有元素值重新设置为缺省状态，如果在表单中定义了 Reset 按钮，则 reset()方法执行后的效果与单击 Reset 按钮的效果相同。

（9）submit()。submit()方法会将表单数据发送给服务器的程序处理，如果在表单中定义了 Submit 按钮，则 submit()方法执行后的效果与单击 Submit 按钮的效果相同。

 如果使用 submit()方法向服务器发送数据或者通过电子邮件发送数据，多数浏览器会提示用户是否核实提交的信息。如果用户选择取消发送，那么就再也无法使用该方法发送了信息了。

2. 在 JavaScript 中访问 Form 对象

一个表单隶属于一个文档，对于表单对象的引用可以通过使用隶属文档的表单数组进行引用，即使在只有一个表单的文档中，表单也是一个数组的元素。在 JavaScript 中对表单引用的条件是：必须先在页面中用标识创建表单，并将定义表单部分放在引用之前。

在 JavaScript 中访问表单对象可用以下两种方法实现。

（1）直接访问表单。在表单对象的属性中首先必须指定其表单名，然后通过下列标识访问表单即可。例如：document.myform。

（2）通过数组来访问表单。除了使用表单名来访问表单外，还可以使用表单对象数组访问表单对象。但因表单对象是由浏览器环境提供的，而浏览器环境所提供的数组下标是 0 到 n，所以可通过下列格式实现表单对象的访问。

```
document.forms[0]
document.forms[1]
document.forms[2]
...
```

3. 表单数据的传递

在实际应用中，在提交表单数据之前，经常需要使用 JavaScript 脚本验证用户输入的信息是否合法或者对某个字段进行转换、运算等操作，均涉及表单数据如何传递给处理函数的问题。表单传递的方法一般要遵循以下几条原则。

- 当函数需要访问表单中多于一个的表单对象时，传递整个 form 元素对象。
- 当函数需要访问表单中某个特定的表单元素对象时，传递整个表单控件对象。
- 当函数只需访问表单中特定的表单元素对象的某个属性时，传递该属性值的引用。

在表单数据传递方法选取的问题上，具体使用哪一种方法进行数据传递完全取决于页面的实际需要，但总的原则在于选择最短的引用路径，以避免编写不必要的 JavaScript 代码。在遵循上述原则的基础上，可以使用以下 3 种方法进行表单数据的传递。

（1）完全引用法。

该方法是一种比较传统的方法，即使用全局引用的方法来操作目标表单中的特定表单元素。若使用此种方法，则无需给处理函数传递任何与表单相关的参数。

在文档中表单的定义如下：

```
<form name="Form1" id=" Form1" >
  <input type="text" name="Text1" id="Text1" value="Default Value"
onchange="CheckData()">
</form>
```

其中 CheckData()是处理函数，在文本域中文本内容发生改变时被触发，则在该函数中可通过以下方法返回文本域 Text1 的文本内容：

```
var MyValue=document.Form1.Text1.value;
var MyValue=document.forms[0].Text1.value;
var MyValue=document.forms[0].elements[0].value;
var MyValue=document.Form1. elements[0].value;
var MyValue=document.getElementById("Text1").value;
```

上述方法虽然比较直观，但在需要引用的表单元素较多时，就会增加 JavaScript 脚本代码的冗余度，执行效率不高，一般用于访问文档中多个表单的场合。

(2) 使用 this.form 作为参数传递。

完全引用法在引用目标表单多个表格元素对象时，执行效率不高，这时可以使用 this.form 作为参数传递给处理函数进行表单引用，从而克服使用完全引用法传递表单数据所带来的不足。以上面的表单为例，更改文本域的 onchange 事件处理程序为以下形式：

```
onchange="CheckData(this.form)"
```

同时修改 CheckData()函数的定义为以下形式：

```
function CheckData(targetForm)
{
...
}
```

在 CheckData()函数中可使用以下方式返回文本域 Text1 的文本内容：

```
var MyValue=targetForm. elements[0].value;
var MyValue=targetForm.Text1.value;
```

(3) 直接传递。

使用 this 关键字作为参数可以传递给处理函数，但使用 this.form 和 this 作为参数所引用的对象不同。前者是对当前整个表单的引用，而后者是对当前元素的引用，也称为直接传递法。以上面的表单为例，更改文本域的 onchange 事件处理程序为以下形式：

```
onchange="CheckData(this)"
```

同时修改 CheckData()函数的定义为以下形式：

```
function CheckData(targetObject)
{
...
}
```

在 CheckData()函数中可使用 var MyValue=targetObject.value；方式返回文本域 Text1 的文本内容。直接传递法的另一种表现方法是直接传递目标数据给处理函数调用，这时需要更改文本域的 onchange 事件处理程序为以下形式：

```
onchange="CheckData(this.value)"
```

在 CheckData()函数中可使用以下方式返回文本域 Text1 的文本内容：

```
var MyValue=targetObject
```

13.4.2 案例——编辑表单元素的脚本

在 HTML 中，几乎所有客户端向服务器传递的信息都需要放在表单中。通常情况下，用户在注册某个网站或者论坛时，需要填写用户名、密码、邮箱等信息。这些信息被存放在一个不可见的表单中，而用户的信息就储存在表单的各种控件中。表单控件就是在表单中，其作用是接收用户信息并与用户交互，同时控制用户信息的一些 HTML 元素。常用的表单控件有文本框、列表框、组合框、复选框、单选按钮、按钮等。

1. 文本框

文本框是用来记录用户输入信息的 HTML 元素，是最常用的表单元素。由于文本框中的信息可以被编辑，因此需要修改某些信息时，经常使用文本框来实现客户端与服务器之间传递数据的功能文本框有单行文本框、多行文本框、密码文本框等多种。

各文本框详细内容如下。

(1) 单行文本框。单行文本框多用来记录及显示数据量较小的信息，例如用户名、姓名、电子邮箱等。其语法格式如下：

```
<input type="text" name="Text1" size="20" maxlength="15">
```

其中，各属性的含义如下。

- type="text"：定义单行文本输入框。
- name：定义文本框的名称。要保证数据的准确采集，必须定义一个独一无二的名称。
- size：定义文本框的宽度，单位是单个字符宽度。
- maxlength：定义最多可输入的字符数。
- value：定义文本框的初始值。

(2) 多行文本框。多行文本框多用来记录及显示数据量较大的信息，例如产品描述信息、自我介绍、文字创作的内容等。其语法格式如下：

```
<textarea name="example2" cols="20" rows="2" wrap="PHYSICAL"></ textarea >
```

其中，各个属性的含义如下。

- name：定义多行文本框的名称。要保证数据的准确采集，必须定义一个唯一的名称。
- cols：定义多行文本框的宽度，其单位是单个字符宽度。
- rows：定义多行文本框的高度，其单位是单个字符高度。
- wrap：定义输入内容大于文本域时显示的方式 owanp 的可选值如下。

① 默认值：文本自动换行，当输入内容超过文本域的右边界时，文本会自动转到下一行，而数据在被提交处理时自动换行的地方不会有换行符出现。

② Off：用来避免文本换行，当输入的内容超过文本域右边界时，文本将向左滚动，必须用 Return 才能将插入点移到下一行。

③ Virtual：允许文本自动换行。当输入内容超过文本域的右边界时，文本会自动转到

下一行，而数据在被提交处理时自动换行的地方不会有换行符出现。

④ Physical：让文本换行，当数据被提交处理时换行符也将被一起提交处理。

(3) 密码文本框。密码文本框用来记录及显示密码。它可将所有输入的信息都显示成系统默认的字符，从而起到隐藏信息的作用。其语法格式如下：

```
<input type="password" name="example3" size="20" maxlength="15">
```

其中，各属性的含义如下。

- type="password"：定义密码框。
- name：定义密码框的名称。要保证数据的准确采集，必须定义一个独一无二的名称。
- size：定义密码框的宽度，其单位是单个字符宽度。
- maxlength：定义最多可输入的字符数。

(4) 文件上传框。有时候，需要用户上传自己的文件，文件上传框看上去和其他文本域差不多，只是它还包含了一个浏览按钮。访问者可以通过输入需要上传的文件路径或者单击浏览按钮来上传文件。在使用文件域以前，要先确定自己的服务器是否允许匿名上传文件。表单标签中必须设置 ENCTYPE="multipart/form-data"来确保文件能被正确编码。另外，表单的传送方式必须设置成 POST。其语法格式如下：

```
<input type="file" name="myfile" size="15" maxlength="100">
```

其中，各属性的含义如下。

- type="file"：定义文件上传框。
- name：定义文件上传框的名称。要保证数据的准确采集，必须定义一个唯一的名称。
- size：定义文件上传框的宽度。其单位是单个字符宽度。
- maxlength：定义最多可输入的字符数。

2. 按钮

按钮的类型有普通按钮、重置按钮和提交按钮 3 种。各按钮的详细内容如下。

(1) 普通按钮。

在 HTML 页面中按钮的使用标记为 button。普通按钮元素值在 HTML 页面中的使用方法如下：

```
<input type="button" [name="btnName"] value="btnValue"
[onclick="clkHandle()"]>
```

其中，type 属性是必需属性，其属性值必须是 button，用于指定 input 元素的类型是按钮。name 属性用于指定按钮元素的名称，为元素指定 name 属性。在 JavaScript 中根据 name 属性值可方便地获取对象。value 属性用于指定 button 按钮在页面中显示的按钮文本，如果 vaule 属性赋值为"确定"，那么在 HTML 页面中会显示一个【确定】按钮。按钮多数用来供用户单击，因此按钮处理最多的事件就是 onclick 事件。在添加 button 元素时可以指定 onclick 事件的事件处理程序。

(2) 重置按钮。

重置按钮用来控制页面中与重置按钮在同一个 form 中的所有元素的值保持初始状态。例如在页面中添加一个【重置】按钮：<input type="reset" name="btnRst" value="重置">。

当用户单击【重置】按钮时，如果在文本框中输入信息，文本框就会自动清空；如果页面中存在复选框，单击 "重置" 按钮后，所有的复选框都会被置为未选中状态；如果页面中存在单选按钮，所有的单选按钮都会处于未选中状态。

(3) 提交按钮。

提交按钮与重置按钮都是按钮的特殊形式。提交按钮在 HTML 页面中的使用方法如下：

```
<input type="submit" name="btnSbt" value="提交">
```

其中 type 属性的类型是 submit，表示当前按钮是一个提交按钮。用户单击提交按钮相当于提交的是按钮所在的表单(form)，即相当于执行以下代码：

```
document.forms[0].submit();
```

用户单击【提交】按钮后，系统会按照 form 定义时指定的 action 属性的值，找到提交的结果或处理程序。另外，使用图像按钮可以使网页看起来更为美观。创建图像按钮有多种方法，常用的方法是给图片加上链接，并附加一个 JavaScript 编写的触发器。其格式如下：

```
<a href="JavaScript:document.Form1.submit();">
<img src="1.gif" width="55" height="21" border="0" alt="Submit">
</a>
```

3. 复选框

复选框有两种状态：选中与被选中。复选框被选中后，还可以将其状态更改为没有选中状态，这也是复选框与单选按钮的区别之一。

在 HTML 页面中，复选框需要使用 input 元素，其 type 类型是 checkbox。其使用方法如下：

```
<input type="checkbox" [name="chkName"][ value="yes"][ checked][onclick="clkFun"]>
```

其中，各个参数的含义如下。

● type：用来指定 input 元素的类型为 checkbox，在 HTML 页面中得到一个复选框。

● name：指定当前复选框的名称，在 JavaScript 中可通过复选框的名称得到复选框。

● value：用于指定复选框的值，用户指定复选框的值以后，使用 JavaScript 得到的复选框对象的值就是 value 属性的值。

● checked：由于指定复选框是否被选中，如果指定了复选框的 checked 属性，复选框会添加一个 √ 号。

● onclick：代表复选框的单击事件，onclick 属性的值一般是一个已经定义的单击事件的事件处理函数名。

复选框只有一个方法：click()，它模拟复选框上的单击动作。另外它还有一个事件：onclick。只要复选框被单击，就会发生该事件。

4. 单选按钮

在 HTML 页面中单选按钮的使用方法如下：

```
<input type="radio" name="rdoName" value="vdoVal"[ checked]>
```

其中，各个参数的含义如下。

- type：用于指定 input 元素的类型，单选按钮的类型是 radio，type 属性为必选属性。
- name：用于指定单选按钮的属性，同时各个单选按钮之间以 name 属性区分是否互斥。name 属性值相同的单选按钮之间是互斥的，即 name 属性值相同的单选按钮，被选中其中的一个之后，其他的按钮就自动将状态改为被选中。name 属性值在单选按钮中是必选的，否则系统无法确定哪些单选按钮是互斥的。
- value：用于指定单选按钮的值。
- checked：用于指定单选按钮是否被选中，在单选按钮定义时，指定其 checked 属性，单选按钮显示为选中状态。

5. 下拉列表框和组合框

组合框是以下拉列表的形式列出多条数据，如图 13-17 所示；列表框是将多条数据在一个区域中显示，如图 13-18 所示。

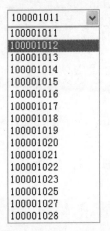

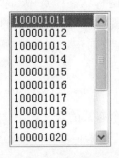

图 13-17　组合框的效果　　　　　　图 13-18　列表框的效果图

在 HTML 中，列表框与组合框都使用<select>标记，同时两者通过 size 属性控制其是列表框还是组合框。列表框与组合框都有子元素<option>，且子元素的使用方法相同。

在 HTML 中，select 元素是成对出现的，每个 select 元素都需要有关闭标记</select>。select 元素有 option 子元素，子元素可以没有关闭标记。select 元素及其子元素的使用方法如下：

```
<select[name=sltName][id=sltId][size=sltSize][multipie][disabled]>
  <option[selected][ value="openVal1"]>optionLabel1[</option>]
  ...
  <option[selected][ value="openValn"]>optionLabeln[</option>]
</select>
```

其中，各个参数的含义如下。

- name：表示从客户端向服务器传递信息。
- id：唯一标识 select 元素。
- size：指定显示的列表项的数量。组合框与列表框的区别通过 size 属性来体现的。如果不指定 size 属性的值，或者将 size 的值赋为 1，则在加载 HTML 页面时，select 元素将按照组合框的形式显示。如果指定的 size 属性的值大于 1，则在页面中 select 元素将按照列表框的形式显示。
- multiple：如果需要在列表框中同时选择多条记录，则需要为 select 元素指定 multiple 属性。multiple 属性有两种实现形式：一是直接在 select 元素中添加 multiple，二是在 select 元素中添加 multiple="multiple"。为 select 元素添加 multiple 属性后，用户只要使用 Ctrl 或 Shift 键，就可以实现同时选择多条信息的效果，如图 13-19 所示。

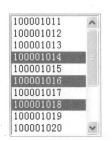

图 13-19　同时选中多条记录的效果

- disabled：需要限制 select 元素不能被使用时，可以为 select 元素添加 disabled 属性。
- option：option 元素的 selected 属性用来指定列表项是否被选中。如果为 option 元素指定了 selected 属性，那么这条 option 元素会高亮显示。
- value：用来指定 option 元素的值，如果选中了 select 元素的某条记录，那么这个 select 元素的值就是被选中的那条记录的 value 属性的值。
- optionLabel1：用来指明列表项显示的内容，相当于显示用的 label1。
- select：select 元素最经常使用的事件就是 onchange 事件，另外还有 onclick 事件、ondblclick 事件等。

13.4.3　案例——使用 JavaScript 获取网页内容实现数据验证

在 JavaScript 中获取页面元素的方法有很多种。其中，比较常用的方法是根据元素名称获取和根据元素 Id 获取。例如，在 JavaScript 中获取名为 txtName 的 HTML 网页文本框元素，具体的代码如下：

```
var _txtNameObj=document.forms[0].elements("txtName")
```

其中变量_txtNameObj 即为名为 txtName 的文本框元素。

【例 13.17】(实例文件：ch13\13.17.html)使用 JavaScript 获取网页内容，实现数据验证。代码如下：

```
<html>
  <head>
    <title>验证表单数据的合法性</title>
    <script language="JavaScript">
      <!--
      function validate()
```

```
        {
            var _txtNameObj = document.all.txtName;          //获取文本框对象
            var  _txtNameValue =  _txtNameObj.value;          //文本框对象的值
            if((_txtNameValue == null) || (_txtNameValue.length < 1))
            { //判断文本框的值是否为空
                window.alert("输入的内容不能是空字符! ");
                _txtNameObj.focus(); //文本框获得焦点
                return;
            }
            if(_txtNameValue.length > 20)
            { //判断文本框的值, 长度是否大于20
                window.alert("输入的内容过长, 不能超过20! ");
                _txtNameObj.focus();
                return;
            }
            if(isNaN(_txtNameValue))
            { //判断文本框的值, 是否全是数字
                window.alert("输入的内容必须由数字组成! ");
                _txtNameObj.focus();
                return;
            }
        }
        //-->
    </script>
  </head>
  <body>
    <form method=post action="#">
    <input type="text" name="txtName">
    <input type="button" value="确定" onclick="validate()">
    </form>
  </body>
</html>
```

上述代码先获得了文本框对象及其值，再对其值是否为空进行判断，对其值长度是否大于20进行判断，并对其值是否全是数字进行判断。在 IE 9.0 浏览器中预览上述 HTML 文件，单击【确定】按钮，即可看到"输入的内容不能是空字符！"提示信息，如图 13-20 所示。

如果在文本框中输入数字的长度大于 20，单击【确定】按钮，即可看到"输入的内容过长，不能超过 20！"的提示信息，如图 13-21 所示。

图 13-20　文本框为空效果图

图 13-21　文本框长度过大效果

当输入内容的是非数字时，就会看到"输入的内容必须由数字组成！"的提示信息，如图 13-22 所示。

图 13-22 文本框内容不是数字的效果

13.5 实战演练——创建用户反馈表单

本实例将使用表单内的各种元素开发一个简单的网站用户意见反馈页面。

具体操作步骤如下。

step 01 分析需求。反馈表单非常简单，通常包含 3 个部分，需要在页面上方给出标题，标题下方是正文部分，即表单元素，最下方是表单元素提交按钮。在设计该页面时，需要把"用户注册"标题设置成 H1 大小，正文使用 p 来限制表单元素。

step 02 构建 HTML 页面，实现表单内容。代码如下：

```
<!DOCTYPE html>

<html>
<head>
<title>用户反馈页面</title>
</head>
<body>
<h1 align=center>用户反馈表单</h1>
<form method="post" >
<p>姓    名:
<input type="text" class=txt size="12" maxlength="20" name="username" />
</p><p>性    别:
<input type="radio" value="male" />男
<input type="radio" value="female" />女
</p><p>年    龄:
<input type="text" class=txt name="age"  />
</p>
<p>联系电话:
<input type="text" class=txt name="tel" />
</p><p>电子邮件:
<input type="text" class=txt name="email" />
```

```
</p><p>联系地址：
<input type="text"  class=txt name="address" />
</p>
<p>
请输入您对网站的建议<br>
<textarea name="yourworks" cols ="50" rows = "5"></textarea>
<br>
<input type="submit" name="submit" value="提交"/>
<input type="reset" name="reset" value="清除" />
</p>
</form>
</body>
</html>
```

上述代码在 IE 9.0 浏览器中的显示效果如图 13-23 所示。从中可以看到创建的用户反馈表单包含有"用户注册"、"姓名"、"性别"、"年龄"、"联系方式"、"电子邮件"、"地址"、"意见反馈"等输入框和"提交"按钮等。

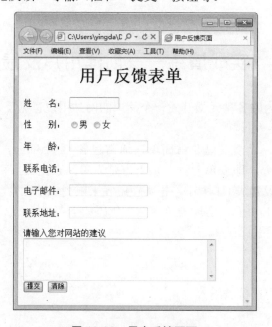

图 13-23　用户反馈页面

13.6　跟我练练手

1. 练习目标

能够熟练掌握本章所讲内容。

2. 上机练习

练习 1：表单基本元素的使用。
练习 2：表单高级元素的使用。

练习 3：表单对象在 JavaScript 中的应用。

13.7 高手甜点

甜点 1：如何在表单中实现文件上传框？

在 HTML 语言中，使用 file 属性实现文件上传框。其语法格式为 "<input type="file" name="..." size="..." maxlength="...">"。其中 type="file"定义为文件上传框；name 属性为文件上传框的名称；size 属性定义文件上传框的宽度，单位是单个字符宽度；maxlength 属性定义最多可输入的字符数。文件上传框在 IE 9.0 浏览器中的显示效果如图 13-24 所示。

图 13-24 文件上传框

甜点 2：制作的单选框为什么可以同时选中多个？

此时用户需要检查单选框的名称，保证同一组中的单选框名称必须相同，这样才能保证单选框只能同时选中其中的一个。

第 14 章
级联样式表
——CSS

设计一个美观、大方、简约、高访问量的网站，是网页设计者的追求。然而，仅通过 HTML 实现是非常困难的，HTML 语言仅仅定义了网页结构，对于文本样式却没有过多涉及。这就需要一种技术对页面布局、字体、颜色、背景和其他图文效果的实现提供更加精确的控制，这种技术就是级联样式表，简称CSS。

本章要点(已掌握的在方框中打勾)

☐ 了解 CSS 的相关概念与语法。

☐ 熟悉 CSS 的编辑和浏览工具。

☐ 掌握在 HTML 中使用 CSS 的方法。

☐ 掌握 CSS 选择器的使用。

☐ 掌握 CSS 选择器声明的使用。

14.1 CSS 简介

使用 CSS3 最大的优势是，在后期维护中如果有一些外观样式需要修改，那么只需修改相应的代码即可。

14.1.1 CSS 的功能

随着 Internet 不断发展，用户对页面效果的诉求越来越强烈，只依赖 HTML 这种结构化标记，实现样式已经不能满足网页设计者的需要。其表现有以下几个方面。

(1) 维护困难。为了修改某个特殊标记格式，需要花费很多时间，尤其对整个网站而言，后期修改和维护成本较高。

(2) 标记不足。HTML 本身的标记十分少，很多标记都是为网页内容服务，而关于内容样式标记，例如文字间距、段落缩进很难在 HTML 中找到。

(3) 网页过于臃肿。由于没有统一对各种风格样式进行控制，HTML 页面往往体积过大，占用掉了很多宝贵的宽度。

(4) 定位困难。在整体布局页面时，HTML 对于各个模块的位置调整显得捉襟见肘，过多的 table 标记将会导致页面的复杂和后期维护的困难。

在这种情况下，就需要寻找一种可以将结构化标记与丰富的页面表现相结合的技术。CSS 样式技术就产生了。

CSS(Cascading Style Sheet，层叠样式表)，又称 CSS 样式表或样式表，其文件扩展名为.css。CSS 是用于增强或控制网页样式，并允许将样式信息与网页内容分离的一种标记性语言。

引用样式表的目的是将"网页结构代码"和"网页样式风格代码"分离，从而使网页设计者可以对网页布局进行更多的控制。利用样式表，可以将整个站点上所有网页都指向某个 CSS 文件，设计者只需要修改 CSS 文件中的某一行，整个网页上对应的样式都会随之发生改变。

14.1.2 CSS 发展历史

万维网联盟是一个非营利的标准化联盟。该联盟于 1996 年制定并发布了一个网页排版样式标准，即层叠样式表，用来对 HTML 有限的表现功能进行补充。

随着 CSS 的广泛应用，CSS 技术越来越成熟。CSS 现在有三个不同层次的标准，即 CSS1、CSS2 和 CSS3。

CSS1(CSS Level 1)是 CSS 的第一层次标准，它正式发布于 1996 年 12 月 17 日，修改于 1999 年 1 月 11 日。该标准提供了简单的样式表机制，使网页的编者通过附属的样式对 HTML 文档的表现进行描述。

CSS2(CSS Level 2)于 1998 年 5 月 12 日被正式作为标准发布。CSS2 基于 CSS1，包含了 CSS1 的所有特色和功能，并在多个领域进行了完善，对表现样式文档和文档内容进行了分离。CSS2 支持多媒体样式表，使得我们能够根据不同的输出设备给文档制定不同的表现形式。

2001 年 5 月 23 日，万维网联盟完成了 CSS3 的工作草案，在该草案中制订了 CSS3 的发展路线图，详细列出了所有模块，并计划在未来逐步对其进行规范。在以后的时间内，万维网联盟逐渐发布了不同模块。

CSS 1 主要定义了网页的基本属性，例如字体、颜色、空白边等。CSS 2 在此基础上添加了一些高级功能，例如浮动和定位，以及一些高级的子选择器、相邻选择器和通用选择器等。CSS 3 开始遵循模块化开发，这将有助于理清模块化规范之间的不同关系，减少完整文件的大小。以前的规范是一个完整的模块，实在是太庞大，而且比较复杂，所以，新的 CSS 3 规范将其分成了多个模块。

14.1.3　浏览器与 CSS

CSS 3 制定完成之后，具有了很多新功能，即新样式。但这些新样式在浏览器中不能获得完全支持。其主要原因是各个浏览器对 CSS 3 在很多细节处理上存在差异，例如一种标记的某个属性这种浏览器支持，而另外一种浏览器却不支持，那么其显示效果肯定不一样。

各主流浏览器，为了自己的产品利益和推广，定义了很多私有属性，以便加强页面显示样式和效果，导致现在的各种浏览器都存在大量的私有属性。虽然使用私有属性，可以快速构建效果，但会给网页设计者带来很大的麻烦，在设计时就需要考虑在不同浏览器上的显示效果。如果所有浏览器都支持 CSS 3 样式，那么网页设计者只需要使用一种统一标记，就能在不同浏览器上显示统一的样式效果。

当 CSS 3 被所有浏览器接受和支持的时候，整个网页设计将会变得非常容易，其布局也更加合理，样式也更加美观，到时，整个 Web 页面显示会焕然一新。虽然现在 CSS 3 还没有被完全普及，各个浏览器对 CSS 3 的支持还处于发展阶段，但 CSS 3 是一个新的具有很大发展潜力的技术，在样式修饰方面，是其他技术无可替代的。现在学习 CSS 3 技术，可保证技术不落伍。

14.1.4　CSS 基础语法

CSS 样式表由若干条样式规则组成，这些样式规则在不同的元素或文档中用来定义它们显示的外观。每一条样式规则由 3 部分构成：选择符(selector)、属性(property)和属性值(value)。其基本格式如下：

```
selector{property: value}
```

(1) selector 选择符有多种形式，可以是文档中的 HTML 标记，例如<body>、<table>、<p>等，也可以是 XML 文档中的标记。

(2) property 属性则是选择符指定的标记所包含的属性。

(3) value 指定了属性的值。如果定义选择符的多个属性，则属性和属性值为一组，组与组之间用分号(;)隔开。其基本格式如下：

```
selector{property1: value1; property2: value2;… }
```

示例样式规则，代码如下：

```
p{color:red}
```

该样式规则中的选择符 p，为段落标记<p>提供样式，color 为指定文字颜色属性；red 为属性值。该样式表示标记<p>指定的段落文字为红色。

如果要为段落设置多种样式，则可以使用下列语句：

```
p{font-family:"隶书"; color:red; font-size:40px; font-weight:bold}
```

14.2　编辑和浏览 CSS

由于 CSS 文件是纯文本格式文件，因此在编辑 CSS 时有多种选择，例如使用简单的纯文本编辑工具——记事本等。当然也可以选择专业的 CSS 编辑工具，例如 Dreamweaver 等。记事本编辑工具适合于初学者，不适合大项目编辑，但专业工具软件通常占有的空间较大，打开不太方便。用户可根据自身需求选择合适的编辑工具。

14.2.1　案例——手工编写 CSS

由于 CSS 是文本格式，因此传统的文本编辑器如记事本、Word 都可以编辑 CSS，当然这些编辑软件不支持语法提示，也不支持验证，严重影响了开发效率。但使用记事本手工编写 CSS 文件，可以使初学者更快地掌握 CSS 3 技术。

【例 14.1】 (实例文件：ch14\14.1.html)手工编写 CSS。步骤如下。

step 01　打开记事本，输入 HTML 代码，如图 14-1 所示。

step 02　添加 CSS 代码，修饰 HTML 元素，在 head 标记中间添加 CSS 样式代码，如图 14-2 所示。从窗口中可以看出，在 head 标记中间添加了一个 style 标记，即 CSS 样式标记。在 style 标记中间，对 p 样式进行了设定，设置段落居中显示并且颜色为红色。

step 03　程序编辑完成后，使用 IE 9.0 浏览器打开程序，显示效果如图 14-3 所示。从中可以看到段落在页面中间以红色字体显示。

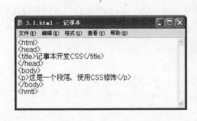

图 14-1　记事本开发 HTML

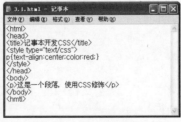

图 14-2　添加样式

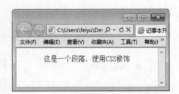

图 14-3　CSS 样式显示窗口

14.2.2 案例——Dreamweaver 编写 CSS

随着 Web 的发展，越来越多的开发人员开始使用功能更多、界面更友好的专用 CSS 编辑器，例如 Dreamweaver 的 CSS 编辑器和 Visual Studio 的 CSS 编辑器。这些编辑器都带有语法着色和输入提示功能，甚至有自动创建 CSS 的功能，深受开发人员喜爱。

【例 14.2】 (实例文件：ch14\14.2.html)使用 Dreamweaver 创建 CSS。步骤如下。

step 01 使用 Dreamweaver 创建 HTML 文档。本例创建了一个名称为 14.2.html 文档，如图 14-4 所示。

step 02 在设计模式中，选中"使用 CSS 标记修饰"段落后，右击并在弹出的快捷菜单中选择【CSS 样式】|【新建】命令，弹出如图 14-5 所示的对话框。

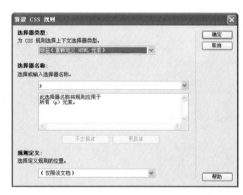

图 14-4 网页显示窗口   图 14-5 【新建 CSS 规则】对话框

step 03 在【为 CSS 规则选择上下文选择器类型】下拉表框中，选择【标签(重新定义 HTML 元素)】选项(学习完后面的章节后，读者可以根据需要，选择不同的选择器类型)。选择完成后，单击【确定】按钮，会弹出如图 14-6 所示的对话框。

step 04 选择 p 的各种样式设置，选择完成后，单击【确定】按钮，就完成了 p 样式设置。设置完成后，HTML 文档内容会发生变化，如图 14-7 所示。从代码模式窗口中可以看到在 head 标记中，增加了一个 style 标记，用来放置 CSS 样式。其样式用来修饰段落 p。

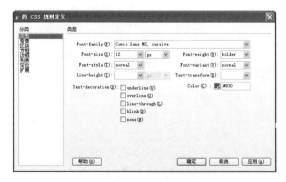

图 14-6 【p 的 CSS 规则定义】对话框   图 14-7 设置完成后的显示效果

step 05 在 Firefox 5 浏览器中预览该网页，其显示结果如图 14-8 所示。从中可以看到字
体颜色被设置成了浅红色，大小为 12px，字体较粗。

上述使用 Dreamweaver 设置 CSS，只是其中一种。读者还可以直接在代码模式中编写
CSS 代码，此时会有很好的语法提示。

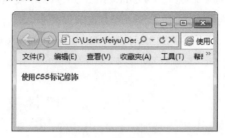

图 14-8　CSS 样式显示

14.3　在 HTML 中使用 CSS 的方法

CSS 样式表能很好地控制页面显示，以达到分离网页内容和样式代码。CSS 样式表控制
HTML5 页面达到好的样式效果的方式通常包括行内样式、内嵌样式、链接样式和导入样式。

14.3.1　案例——行内样式

行内样式是所有样式中比较简单、直观的方式，即直接把 CSS 代码添加到 HTML 的标记
中，作为 HTML 标记的属性标记存在。通过这种方式，可以很简单地对某个元素单独定义
样式。

使用行内样式的方法是直接在 HTML 标记中使用 style 属性。该属性的内容是 CSS 的属
性和值。例如：

```
<p style="color:red">段落样式</p>
```

【例 14.3】 (实例文件：ch14\14.3.html)行内样式的使用。代码如下：

```
<!DOCTYPE html>
<html>
<head>
<title>行内样式</title>
</head>
<body>
<p style="color:red;font-size:20px;text-decoration:underline;text-
align:center">此段落使用行内样式修饰</p>
<p style="color:blue;font-style:italic">正文内容</p>
</body>
</html>
```

上述代码在 IE 9.0 浏览器中的显示效果如图 14-9 所示。从中可以看到在两个 p 标记中都
使用了 style 属性，并且设置了 CSS 样式。各个样式之间互不影响，分别显示着自己的样式效
果。第 1 个段落设置的字体颜色为红色，居中显示，带有下划线。第二个段落设置的字体颜

色为蓝色字体，以斜体显示。

图 14-9　行内样式显示效果

尽管行内样式简单，但这种方法不常使用，因为这种添加方式无法完全发挥样式表"内容结构和样式控制代码"分离的优势。而且这种方式也不利于样式的重用。如果需要为每一个标记都设置 style 属性，那么后期的维护成本就会高，网页也容易"过胖"，故不推荐使用。

14.3.2　案例——内嵌样式

内嵌样式是将 CSS 样式代码添加到\<head\>与\</head\>之间，并且用\<style\>和\</style\>标记进行声明的方式。这种方式虽然没有完全实现页面内容和样式控制代码的分离，但可以设置一些比较简单的样式，并统一页面样式。

其格式如下：

```
<head>
  <style type="text/css" >
   p
   {
     color:red;
     font-size:12px;
   }
  </style>
</head>
```

由于有些较低版本的浏览器不能识别\<style\>标记，因而浏览器不能完全地将内嵌样式应用到页面显示上，而是直接将标记中的内容以文本的形式显示。为了解决此类问题，可以使用 HTML 注释将标记中的内容隐藏。如果浏览器能够识别\<style\>标记，那么标记内被注释的 CSS 样式定义代码就能发挥作用。

```
<head>
  <style type="text/css" >
  <!--
   p
   {
     color:red;
     font-size:12px;
   }
  -->
  </style>
</head>
```

【例 14.4】 (实例文件：ch14\14.4.html)内嵌样式的使用。代码如下：

```
<!DOCTYPE html>
<html>
<head>
<title>内嵌样式</title>
<style type="text/css">
p{
        color:orange;
        text-align:center;
        font-weight:bolder;
        font-size:25px;
}
</style>
</head><body>
<p>此段落使用内嵌样式修饰</p>
<p>正文内容</p>
</body></html>
```

上述代码在 IE 9.0 浏览器中的显示效果如图 14-10 所示。从中可以看到两个 p 标记都被 CSS 样式修饰，其样式保持一致，段落居中并以加粗的橙色字体显示。

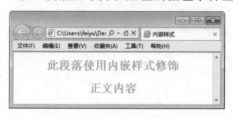

图 14-10   内嵌样式显示效果

在上述例子中，所有 CSS 编码都在<style>标记中，这方便了后期维护，页面相比较与行内样式大大瘦身。但如果一个网站，拥有很多页面，对于不同页面的 p 标记都希望采用同样风格时，内嵌方式就会显得有点麻烦。因此种内嵌方式只适用于特殊页面设置单独的样式风格。

14.3.3 案例——链接样式

链接样式是 CSS 中使用频率最高，也是最实用的方法。它能很好地将"页面内容"和"样式风格代码"分离成两个文件或多个文件，实现了页面框架 HTML 代码和 CSS 代码的完全分离，使前期制作和后期维护都十分方便。同一个 CSS 文件，根据需要可以链接到网站中所有的 HTML 页面上，这可使网站整体风格统一、协调，并大大减少后期维护的工作量。

链接样式是指在外部定义 CSS 样式表并形成以.css 为扩展名的文件，然后在页面中通过<link>链接标记链接到页面中，而且该链接语句必须放在页面的<head>标记区，如下所示：

```
<link rel="stylesheet" type="text/css" href="1.css" />
```

其中，rel 指定链接到样式表，其值为 stylesheet；type 表示样式表类型为 CSS 样式表；href 指定了 CSS 样式表所在位置，此处表示当前路径下名称为 1.css 文件。

这里使用的是相对路径。如果 HTML 文档与 CSS 样式表没有在同一路径下，则需要指定样式表的绝对路径或引用位置。

【例 14.5】

(1) (实例文件：ch14\14.5.html)链接样式的使用。代码如下：

```
<!DOCTYPE html>
<html>
<head>
<title>链接样式</title>
<link rel="stylesheet" type="text/css" href="14.5.css" />
</head><body>
<h1>CSS 学习</h1>
<p>此段落使用链接样式修饰</p>
</body></html>
```

(2) (实例文件：ch14\14.5.css)代码如下：

```
h1{text-align:center;}
p{font-weight:29px;text-align:center;font-style:italic;}
```

上述代码在 IE 9.0 浏览器中的显示效果如图 14-11 所示。从中可以看出标题和段落以不同的样式显示：标题居中显示，段落以斜体居中显示。

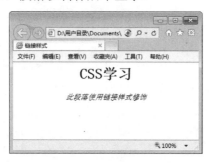

图 14-11 链接样式显示

链接样式最大优势是将 CSS 代码和 HTML 代码完全分离，并且同一个 CSS 文件能被不同的 HTML 所链接使用。在设计整个网站时，可以将所有页面链接到同一个 CSS 文件，使用相同的样式风格。如果整个网站需要修改样式，那么只需修改 CSS 文件就可以了。

14.3.4 案例——导入样式

导入样式和链接样式基本相同，都是创建一个单独的 CSS 文件，然后再引入到 HTML 文件中。只不过其语法和运作方式有差别。采用导入样式的样式表，在 HTML 文件初始化时，会被导入到 HTML 文件内，作为文件的一部分，类似于内嵌效果。而链接样式是在 HTML 标记需要样式风格时才以链接方式引入。

导入外部样式表是指在内部样式表的<style>标记中，使用@import 导入一个外部样式表，例如：

```
<head>
  <style type="text/css" >
  <!--
```

```
@import "1.css"
--> </style>
</head>
```

导入外部样式表相当于将样式表导入到内部样式表中，其方式更有优势。导入外部样式表必须在样式表的开始部分。

【例 14.6】

(1) (实例文件：ch14\14.6.html)导入样式的使用。代码如下：

```
<html>
<head>
<title>导入样式</title>
<style>
@import "14.6.css"
</style>
</head>
<body>
<h1>CSS 学习</h1>
<p>此段落使用导入样式修饰</p>
</body>
</html>
```

(2) (实例文件：ch14\14.6.css)。代码如下：

```
h1{text-align:center;color:#0000ff}
p{font-weight:bolder;text-decoration:underline;font-size:20px;}
```

上述代码在 IE 9.0 浏览器中的显示效果如图 14-12 所示。从中可以看出标题和段落以不同样式显示：标题居中显示，颜色为蓝色，段落以大小 20px 并加粗显示。

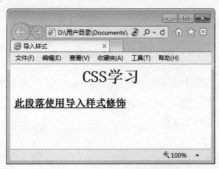

图 14-12 导入样式显示效果

导入样式与链接样式比较，最大的优点是可以一次导入多个 CSS 文件。其格式如下：

```
<style>
@import "14.6.css"
@import "test.css"
</style>
```

14.3.5 案例——优先级问题

如果同一个页面，采用了多种 CSS 使用方式，且这几种样式共同作用于同一个标记，那么就会出现优先级问题，即究竟哪种样式的设置有效果。下面将详细比较各样式的优先级。

1. 行内样式与内嵌样式比较

例如以下情况：

```
<style>
.p{color:red}
</style>
<p style = " color:blue ">段落应用样式</p>
```

在上述样式定义中，段落标记<p>匹配了两种样式规则，一种使用内嵌样式定义颜色为红色；另一种使用 p 行内样式定义颜色为蓝色。而在页面代码中，该标记使用了类选择符。那么，标记内容最终会以哪种样式显示呢？

【例 14.7】 (实例文件：ch14\14.7.html)行内样式和内嵌样式优先级比较。代码如下：

```
<!DOCTYPE html>
<html>
<head>
<title>优先级比较</title>
<style>
.p{color:red}
</style>
</head>
<body>
<p style = " color:blue ">优先级测试</p>
</body>
</html>
```

上述代码在 IE 9.0 浏览器中的显示效果如图 14-13 所示。从中可以看到段落以蓝色字体显示，由此可知行内样式的优先级大于内嵌样式的优先级。

图 14-13　优先级比较显示结果

2. 内嵌样式与链接样式比较

在例 14.7 代码的基础上，将设置颜色样式的代码单独放在一个 CSS 文件中，使用链接样式引入。

【例 14.8】

(1) (实例文件：ch14\14.8.html)测试内嵌样式与链接样式的优先级。代码如下：

```
<!DOCTYPE html>
<html>
<head>
```

```
<title>优先级比较</title>
<link href="14.8.css" type="text/css" rel="stylesheet">
<style>p{color:red}
</style></head>
<body>
<p>优先级测试</p>
</body>
</html>
```

(2) (实例文件：ch14\14.8.css)

```
p{color:yellow}
```

上述代码在 IE 9.0 浏览器中的显示效果如图 14-14 所示。

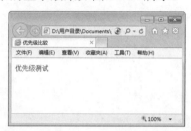

图 14-14　优先级测试结果

从中可以看出，内嵌样式和链接样式同时对段落 p 修饰，段落显示红色字体。由此可知，内嵌样式的优先级大于链接样式的优先级。

3. 链接样式和导入样式比较

下面进行链接样式和导入样式测试，分别创建两个 CSS 文件，一个作为链接，另一个作为导入。

【例 14.9】

(1) (实例文件：ch14\14.9.html)链接样式和导入样式的优先级比较。代码如下：

```
<!DOCTYPE html>
<html>
<head>
<title>优先级比较</title>
<style>
@import "14.9_2.css"
</style>
<link href="14.9_1.css" type="text/css" rel="stylesheet">
</head><body>
<p>优先级测试</p>
</body></html>
```

(2) (实例文件：ch14\14.9_1.css)代码如下：

```
p{color:green}
```

(3) (实例文件：ch14\14.9_2.css)代码如下：

```
p{color:purple}
```

上述代码在 IE 9.0 浏览器中的显示效果如图 14-15 所示。从中可以看出，段落以绿色显示。由此可知，链接样式的优先级大于导入样式的优先级。

图 14-15 优先级比较结果

14.4 CSS 选择器

选择器(selector)又被称为选择符。所有 HTML 语言中的标记都是通过不同的 CSS 选择器进行控制的。选择器不只是 HTML 文档中的元素标记，它还可以是类(Class，这不同于面向对象中的列)、ID(元素的唯一特殊名称，便于在脚本中使用)或是元素的某种状态(例如 a:link)。根据 CSS 选择符的用途可将选择器分为标签选择器、类选择器、ID 选择器、全局选择器和伪类选择器等。

14.4.1 案例——标签选择器

HTML 文档由多个不同标记组成，而 CSS 选择器就是用来声明那些标记采用样式。例如 p 选择器，用于声明页面中所有<p>标记的样式风格。同样也可以通过 h1 选择器来声明页面中所有<h1>标记的 CSS 风格。

标签选择器最基本的形式如下：

```
tagName{property:value}
```

其中 tagName 表示标记名称，例如 p、h1 等 HTML 标记；proerty 表示 CSS 3 属性；value 表示 CSS 3 属性值。

通过一个具体标记来命名，可以对文档里该标记出现的每一个地方用样式定义。这种做法通常用在设置那些在整个网站都会出现的基本样式。例如，下面的定义就用于为某网站设置默认字体。

```
body, p, td, th, div, blockquote, dl, ul, ol {
  font-family: Tahoma, Verdana, Arial, Helvetica, sans-serif;
  font-size: 1em;
  color: #000000;
}
```

这个相当长的选择器是一系列的标记，所有这些标记都将以定义的样式(字体、字号和颜色)显示。理论上，< body >标记就是所需要的全部(因为所有其他标记会出现在〈body〉标记内部，并且将因此继承它的属性)，但是许多浏览器不能恰当地将这些样式属性带入表格和其他元素里。因此,为了完整,这里指定了其他元素。

【例 14.10】 (实例文件:ch14\14.10.html)标签选择器的使用。代码如下:

```
<!DOCTYPE html>
<html>
<head>
<title>标签选择器</title>
<style>
p{color:blue;font-size:20px;}
</style>
</head>
<body>
<p>此处使用标签选择器控制段落样式</p>
</body>
</html>
```

上述代码在 IE 9.0 浏览器中的显示效果如图 14-16 所示。从中可以看到段落以蓝色字体显示,大小为 20px。

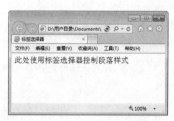

图 14-16　标签选择器显示

如果在后期维护中,需要调整段落颜色,那么只需修改 color 属性的值即可。另外,CSS 3 语言对于所有属性和值都有严格要求,如果声明的属性在 CSS 3 规范中没有,或者某个属性值不符合属性要求,那么都将不能使 CSS 语句生效。

14.4.2　案例——类选择器

在一个页面中,如果使用标签选择器,就会控制该页面中所有此标记的显示样式。如果需要为此类标记中的某个标记重新设定,此时仅使用标签选择器是不能达到效果的,还需要使用类(class)选择器。

类选择器用来为一系列标记定义相同的呈现方式,常用语法格式如下:

```
. classValue {property:value}
```

classValue 是选择器的名称,具体名称由 CSS 制定者自己命名。如果一个标记具有 class 属性且 class 属性值为 classValue,那么该标记的呈现样式将由该选择器指定。在定义类选择符时,需要在 classValue 前面加一个句点(.)。

使用示例如下所示:

```
.rd{color:red}
.se{font-size:3px}
```

上述语句定义了两个类选择器,分别是 rd 和 se。类的名称可以是任意英文字符串或以英文开头与数字的组合，一般情况下，是其功能及效果的简要缩写。

在 p 标记的 class 属性中可以使用类选择符，代码如下：

```
<p class="rd">class 属性是被用来引用类选择器的属性</p>
```

在前面定义的选择器只能被应用于指定的标记中(例如 p 标记)。如果需要在不同标记中使用相同的呈现方式，则代码如下：

```
<p class="rd">段落样式</p>
<h3 class="rd">标题样式</h3>
```

【例 14.11】 (实例文件：ch14\14.11.html)类选择器的使用。代码如下：

```
<!DOCTYPE html>
<html>
<head><title>类选择器</title>
<style>
.aa{
   color:blue;
   font-size:20px;
}
.bb{
    color:red;
    font-size:22px;
}
</style></head><body>
<h3 class=bb>学习类选择器</h3>
<p class="aa">此处使用类选择器 aa 控制段落样式</p>
<p class="bb">此处使用类选择器 bb 控制段落样式</p>
</body></html>
```

上述代码在 IE 9.0 浏览器中的显示效果如图 14-17 所示。从中可以看到第一个段落以蓝色字体显示，大小为 20px，第二个段落以红色字体显示，大小为 22px，标题也以红色字体显示，大小为 22px。

图 14-17　类选择器显示效果

14.4.3　案例——ID 选择器

ID 选择器和类选择器类似，都是针对特定属性的属性值进行匹配。ID 选择器定义的是某一个特定的 HTML 元素，一个网页文件中只能有一个元素使用某一 ID 的属性值。

定义 ID 选择器的基本语法格式如下：

```
#idValue{property:value}
```

在上述基本语法格式中，idValue 是选择器名称，可由 CSS 定义者自己命名。如果某标记具有 id 属性，并且该属性值为 idValue，那么该标记的呈现样式将由该 ID 选择器指定。在正常情况下 id 属性值在文档中具有唯一性。

定义 ID 选择器，代码如下：

```
#fontstyle
{
  color:red;
  font-weight:bold;
  font-size:large
}
```

在页面中，只有具有 ID 属性的标记才能够使用 ID 选择器定义样式，所以与类选择器相比，使用 ID 选择器具有一定的局限性。类选择器与 ID 选择器主要区别如下。

(1) 类选择器可以给任意数量的标记定义样式，但 ID 选择器在页面标记中只能使用一次。

(2) ID 选择器比类选择器更具有优先级，即当 ID 选择器与类选择器发生冲突时，优先使用 ID 选择器。

【例 14.12】 (实例文件：ch14\14.12.html)ID 选择器的使用。代码如下：

```
<!DOCTYPE html>
<html>
<head>
<title>ID 选择器</title>
<style>
#fontstyle{
   color:blue;
   font-weight:bold;
}
#textstyle{
   color:red;
   font-size:22px;
}
</style>
</head>
<body>
<h3 id=textstyle>学习 ID 选择器</h3>
<p id=textstyle>此处使用 ID 选择器 aa 控制段落样式</p>
<p id=fontstyle>此处使用 ID 选择器 bb 控制段落样式</p>
</body>
</html>
```

上述代码在 IE 9.0 浏览器中的显示效果如图 14-18 所示。从中可以看到第一个段落以红色字体显示，大小为 22px，第二个段落以红色字体显示，大小为 22px，标题同样以蓝色字体显示，大小为 20px。

另外，标题 h3 和第一个段落都使用了名称 textstyle 的 ID 选择器，并都显示了 CSS 方案，由此可知在很多浏览器中，ID 选择器可以用于多个标记。但这里需要指出的是，将 ID 选择器用于多个标记是错误的，因为每个标记定义的 ID 不只是 CSS 可以调用，JavaScript 等脚本语言同样也可以调用。如果一个 HTML 中有两个相同的 id 标记，那么将会导致 JavaScript 在查找 id 时出错，例如使用方法 getElementById()。

图 14-18　ID 选择器显示效果

14.4.4　案例——全局选择器

如果想让一个页面中所有 html 标记使用同一种样式，那么可以使用全局选择器来实现。全局选择器，顾名思义就是对所有 HTML 元素起作用。其语法格式如下：

```
*{property:value}
```

其中"*"表示对所有元素起作用；property 表示 CSS3 属性名称，value 表示属性值。使用示例如下：

```
*{margin:0; padding:0;}
```

【例 14.13】 (实例文件：ch14\14.13.html)全局选择器的使用。代码如下：

```
<!DOCTYPE html>
<html>
<head><title>全局选择器</title>
<style>
*{
  color:red;
  font-size:30px
}
</style></head>
<body>
<p>使用全局选择器修饰</p>
<p>第一段</p>
<h1>第一段标题</h1>
</body>
</html>
```

上述代码在 IE 9.0 浏览器中的显示效果如图 14-19 所示。从中可以看到两个段落和标题都以红色字体显示，大小为 30px。

图 14-19　全局选择器

14.4.5　案例——组合选择器

将多种选择器进行搭配使用，就构成了复合选择器，也称组合选择器。一般的组合方式是标签选择器和类选择器组合，或标签选择器和 ID 选择器组合。由于这两种组合方式的原理和效果一样，所以下面只介绍标签选择器和类选择器的组合。

组合选择器只是一种组合形式，并不算是一种真正的选择器，但在实际中经常使用。使用示例如下：

```
.orderlist li {}
.tableset td {}
```

在使用的时候一般将组合器用在重复出现并且样式相同的标签里，例如 li 列表、td 单元格、dd 自定义列表等。使用示例如下：

```
h1.red {color: red}
<h1 class="red"></h1>
```

【例 14.14】 (实例文件：ch14\14.14.html)组合选择器的使用。代码如下：

```
<!DOCTYPE html>
<html>
<head>
<title>组合选择器</title>
<style>
p{
  color:red
}
p .firstPar{
  color:blue
}
.firstPar{
  color:green
}
</style></head><body>
<p>这是普通段落</p>
<p class="firstPar">此处使用组合选择器</p>
<h1 class="firstPar">我是一个标题</h1>
</body>
</html>
```

上述代码在 IE 9.0 浏览器中的显示效果如图 14-20 所示。从中可以看到第一个段落的颜色为红色，采用的是 p 标签选择器；第二段的颜色是蓝色，采用的是 p 和类选择器组合的选择器；标题 H1 的颜色是绿色，采用的是类选择器。

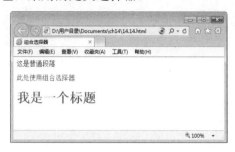

图 14-20　组合选择器显示效果

14.4.6　案例——继承选择器

继承选择器的规则是，子标记在没有定义的情况下所有的样式是继承父标记的；当子标记重复定义了父标记已经定义过的声明时，子标记就执行后面的声明；子标记与父标记不冲突的地方仍然沿用父标记的声明。

使用继承选择器必须先了解 HTML 文档树和 CSS 继承，这样才能够很好地运用继承选择器。每个 HTML 都可以被看作是一个文档树，文档树的根部就是 HTML 标记，而 head 和 body 标记就是其子元素。在 head 和 body 里的其他标记就是 HTML 标记的孙子元素。整个 HTML 就呈现出一种祖先和子孙的树状关系。CSS 的继承是指子孙元素继承祖先元素的某些属性。

使用示例如下：

```
<div class="test">
<span><img src="xxx" alt="示例图片"/></span>
</div>
```

对于上面层而言，如果将其修饰样式改为以下代码：

```
.test span img {border:1px blue solid;}
```

则表示该选择器先找到 class 为 test 的标记，再从它的子标记里查找 span 标记，然后从 span 的子标记中找到 IMG 标记；也可以采用下面的形式：

```
div span img {border:1px blue solid;}
```

从中可以看出其选择规律是从左往右，依次细化，最后锁定要控制的标记。

【例 14.15】(实例文件：ch14\14.15.html)继承选择器的使用。代码如下：

```
<!DOCTYPE html>
<html>
<head>
<title>继承选择器</title>
<style type="text/css">
h1{color:red; text-decoration:underline;}
h1 strong{color:#004400; font-size:40px;}
</style>
```

```
</head>
<body>
<h1>测试 CSS 的<strong>继承</strong>效果</h1>
<h1>此处使用继承<font>选择器</font>了么？</h1>
</body>
</html>
```

上述代码在 IE 9.0 浏览器中的显示效果如图 14-21 所示。从中可以看到第一个段落的颜色为红色，但是"继承"两个字使用的颜色却是绿色，且字符大小为 40px。除了这两个设置外，其他的 CSS 样式都是继承父标记<h1>的样式，例如下划线设置。第二个段落，虽然使用了 font 标记修饰选择器，但其样式都是继承且父类标记 h1。

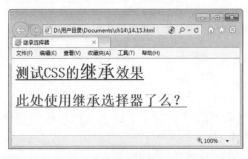

图 14-21　继承选择器显示效果

14.4.7　案例——伪类

伪类也是选择器的一种，但是使用伪类定义的 CSS 样式并不作用在标记上，而是作用在标记的状态上。由于很多浏览器支持不同类型的伪类，没有一个统一的标准，所以很多伪类都不常被用到。伪类包括:first-child、:link、:visited、:hover、:active、:focus 和:lang 等。其中:link、:visited、:hover 和:active 等超链接的伪类主流浏览器都支持。

伪类选择符定义的样式常用在标记<a>上，它表示链接 4 种不同的状态：未访问链接(link)、已访问链接(visited)、激活链接(active)和鼠标停留在链接上(hover)。需要注意的是，a 可以只具有一种状态(:link)，或者同时具有两种或 3 种状态。例如，任何一个有 href 属性的 a 标签，在没有任何操作时都已具备:link 的条件，即满足有链接属性这个条件；如果是访问过的 a 标记，则同时会具备 :link 和:visited 两种状态。当把鼠标移到访问过的 a 标记上的时候，a 标记就同时具备了:link、:visited、:hover 3 种状态。

使用示例如下：

```
a:link{color:#FF0000; text-decoration:none}
a:visited{color:#00FF00; text-decoration:none}
a:hover{color:#0000FF; text-decoration:underline}
a:active{color:#FF00FF; text-decoration:underline}
```

上述样式表示该链接未访问时颜色为红色且无下划线；在被访问后该链接变为绿色且无下划线；在被激活后变为蓝色且有下划线；当鼠标放在链接上变为紫色且有下划线。

【例 14.16】(实例文件：ch14\14.16.html)伪类的使用。代码如下：

```
<!DOCTYPE html>
<html>
<head>
<title>伪类</title>
<style>
a:link {color: red}          /* 未访问的链接 */
a:visited {color: green}     /* 已访问的链接 */
a:hover {color:blue}         /* 鼠标移动到链接上 */
a:active {color: orange}     /* 选定的链接 */
</style>
</head>
<body>
<a href="">链接到本页</a>
<a href="http://www.sohu.com">搜狐</a>
</body>
</html>
```

上述代码在 IE 9.0 浏览器中的显示效果如图 14-22 所示。从中可以看到两个超级链接，第一个超级链接是鼠标停留在其上，颜色显示为蓝色；第二个是访问过后，颜色显示为绿色。

图 14-22　伪类显示效果

14.4.8　案例——属性选择器

在前面的小节中使用 CSS 3 样式对 HTML 标记的修饰，都是通过 HTML 标记名称或自定义名称指向具体的 HTML 元素，进而控制 HTML 标记样式。除此之外，还可以直接使用属性控制 HTML 标记样式，这种方法被称为属性选择器法。

属性选择器根据某个属性是否存在或属性值寻找元素，因此它能够实现某些非常有意思和强大的效果。属性选择器最初出现在 CSS 2 中，在 CSS 3 中，又新加了 3 个属性选择器。在现在的 CSS 3 中，共有 7 个属性选择器，其语法格式和说明如表 14-1 所示。

表 14-1　常见的属性选择器

属性选择器语法格式	说　明
E[foo]	选择匹配 E 的元素，且该元素定义了 foo 属性。注意，E 选择器可以省略，表示选择定义了 foo 属性的任意类型元素
E[foo= "bar "]	选择匹配 E 的元素，且该元素将 foo 属性值定义为"bar"。注意，E 选择器可以省略，用法与上一个选择器类似

续表

属性选择器语法格式	说　明
E[foo~= "bar "]	选择匹配 E 的元素，且该元素定义了 foo 属性，foo 属性值是一个以空格符分隔的列表，其中一个列表的值为"bar"。注意，E 选择符可以省略，表示可以匹配任意类型的元素 例如，a[title~="b1"]匹配<a title="b1 b2 b3"></a>，而不匹配<a title="b2 b3 b5"></a>
E[foo|="en"]	选择匹配 E 的元素，且该元素定义了 foo 属性，foo 属性值是一个用连字符(-)分隔的列表，值开头的字符为"en"。注意，E 选择符可以省略，表示可以匹配任意类型的元素 例如，[lang|="en"] 匹配 <body lang="en-us"></body>，而不是匹配 <body lang="f-ag"></body>
E[foo^="bar"]	选择匹配 E 的元素，且该元素定义了 foo 属性，foo 属性值包含了前缀为"bar"的子字符串。注意，E 选择符可以省略，表示可以匹配任意类型的元素。 例如，body[lang^="en"] 与 <body lang="en-us"></body> 匹配，而 与 <body lang="f-ag"></body>不匹配
E[foo$="bar"]	选择匹配 E 的元素，且该元素定义了 foo 属性，foo 属性值包含后缀为"bar"的子字符串。注意，E 选择符可以省略，表示可以匹配任意类型的元素 例如，img[src$="jpg"]与<img src="p.jpg"/>匹配，而与<img src="p.gif"/>不匹配
E[foo*="bar"]	选择匹配 E 的元素，且该元素定义了 foo 属性，foo 属性值包含"b"的子字符串。注意，E 选择器可以省略，表示可以匹配任意类型的元素 例如，img[src$="jpg"]与<img src="p.jpg"/>匹配，而与<img src="p.gif"/>不匹配

【例 14.17】 (实例文件：ch14\14.17.html)属性选择器的使用。代码如下：

```
<!DOCTYPE html>
<html>
<head>
<title>属性选择器</title>
<style>
[align]{color:red}
[align="left"]{font-size:20px;font-weight:bolder;}
[lang^="en"]{color:blue;text-decoration:underline;}
[src$="gif"]{border-width:5px;boder-color:#ff9900}
</style>
</head>
<body>
<p align=center>这是使用属性定义样式</p>
<p align=left>这是使用属性值定义样式</p>
<p lang="en-us">此处使用属性值前缀定义样式</p>
<p>下面使用了属性值后缀定义样式
<img src="2.gif" border="1"/>
</body>
</html>
```

上述代码在 IE 9.0 浏览器中的显示效果如图 14-23 所示。从中可以看到第一个段落使用属性 align 定义样式，其颜色为红色。第二个段落使用属性值 left 修饰样式，并且大小为 20px，字符加粗显示，其颜色为红色，这是因为该段落使用了 align 属性。第三个段落显示红色，且带有下划线，这是因为属性 lang 的值前缀为 en。最后一个图片，以边框样式显示，这是因为属性值后缀为 gif。

图 14-23　属性选择器显示

14.4.9　案例——结构伪类选择器

结构伪类是 CSS 3 新增的类型选择器。顾名思义，结构伪类就是利用文档结构树(DOM)实现元素过滤，即通过文档结构的相互关系匹配特定的元素，从而减少文档内对 class 属性和 ID 属性的定义，使得文档更加简洁。

在 CSS 3 版本中，新增的结构伪类选择器如表 14-2 所示。

表 14-2　新增的结构伪类选择器

选 择 器	含 义
E:root	匹配文档的根元素，对于 HTML 文档，就是 HTML 元素
E:nth-child(n)	匹配其父元素的第 n 个子元素，第一个编号为 1
E:nth-last-child(n)	匹配其父元素的倒数第 n 个子元素，第一个编号为 1
E:nth-of-type(n)	与:nth-child()作用类似，但是仅匹配使用同种标签的元素
E:nth-last-of-type(n)	与:nth-last-child()作用类似，但是仅匹配使用同种标签的元素
E:last-child	匹配父元素的最后一个子元素，等同于:nth-last-child(1)
E:first-of-type	匹配父元素下使用同种标签的第一个子元素，等同于:nth-of-type(1)
E:last-of-type	匹配父元素下使用同种标签的最后一个子元素，等同于:nth-last-of-type(1)
E:only-child	匹配父元素下仅有的一个子元素，等同于:first-child:last-child 或 :nth-child(1):nth-last-child(1)
E:only-of-type	匹配父元素下使用同种标签的唯一一个子元素，等同于:first-of-type:last-of-type 或 :nth-of-type(1):nth-last-of-type(1)
E:empty	匹配一个不包含任何子元素的元素。注意，文本节点也被看作子元素

【例 14.18】 (实例文件：ch14\14.18.html)结构伪类选择器的使用。代码如下：

```
<!DOCTYPE html>
<html>
<head><title>结构伪类</title>
<style>
tr:nth-child(even){
background-color:#f5fafe
}
tr:last-child{font-size:20px;}
</style>
</head>
<body>
<table border=1 width=80%>
<th>姓名</th><th>编号</th><th>性别</th>
<tr><td>刘海松</td><td>006</td><td>男</td></tr>
<tr><td>王峰</td><td>001</td><td>女</td></tr>
<tr><td>李张力</td><td>002</td><td>男</td></tr>
<tr><td>于辉</td><td>008</td><td>男</td></tr>
<tr><td>张浩</td><td>004</td><td>女</td></tr>
<tr><td>刘永权</td><td>003</td><td>男</td></tr>
</table>
</body>
</html>
```

上述代码在 IE 9.0 浏览器中的显示效果如图 14-24 所示。从中可以看到表格中奇数行显示的是指定颜色，并且最后一行字体以 20px 显示，其原因就是采用了结构伪类选择器。

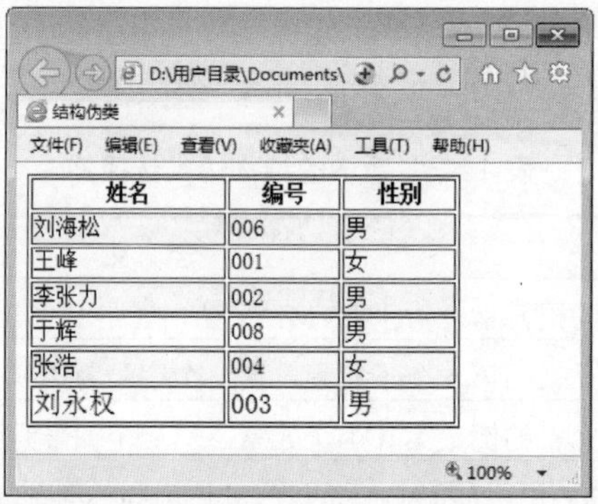

图 14-24 结构伪类选择器显示效果

14.4.10 案例——UI 元素状态伪类选择器

UI 元素状态伪类(The UI element states pseudo-classes)也是 CSS 3 的新增选择器。UI 即 User Interface(用户界面)的简称。UI 设计是指对软件的人机交互、操作逻辑、界面美观的整体设计。好的 UI 设计不仅能让软件变得有个性、有品位，还能让软件的操作变得舒适、简单、自由，充分体现软件的定位和特点。

UI 元素的状态一般包括可用、不可用、选中、未选中、获取焦点、失去焦点、锁定、待机等。CSS 3 定义了 3 种常用的状态伪类选择器，详细说明如表 14-3 所示。

表 14-3　状态伪类选择器

选 择 器	说 明
E:enabled	选择匹配 E 的所有可用 UI 元素。注意，在网页中，UI 元素一般是指包含在 form 元素内的表单元素。例如与 input:enabled <form><input type=text/><input type=button disabled=disabled/></form>中的文本框匹配，而不匹配该代码中的按钮
E:disabled	选择匹配 E 的所有不可用元素。注意，在网页中，UI 元素一般是指包含在 form 元素内的表单元素。例如，input:disabled 与<form><input type=text/><input type=button disabled=disabled/></form>中的按钮匹配，而不匹配该代码中的文本框
E:checked	选择匹配 E 的所有可用 UI 元素。注意，在网页中，UI 元素一般是指包含在 form 元素内的表单元素。例如，input:checked，与 <form><input type=checkbox/><input type=radio checked=checked/><./form>中的单选按钮匹配，但不匹配该代码中的复选框

【例 14.19】 (实例文件：ch14\14.19.html)UI 元素状态伪类选择器的使用。代码如下：

```
<!DOCTYPE html>
<html>
<head>
<title>UI 元素状态伪类选择器</title>
<style>
input:enabled {    border:1px dotted #666;    background:#ff9900;    }
input:disabled {    border:1px dotted #999;    background:#F2F2F2;    }
</style>
</head>
<body>
<center>
<h3 align=center>用户登录</h3>
<form method="post" action="">
用户名:<input type=text name=name><br>
密  码: <input type=password name=pass disabled="disabled"><br>
<input type=submit value=提交>
<input type=reset value=重置>
</form>
<center>
</body>
</html>
```

上述代码在 IE 9.0 浏览器中的显示效果如图 14-25 所示。从中可以看到表格中可用的表单元素的颜色都显示为浅黄色，而不可用元素的颜色都显示为灰色。

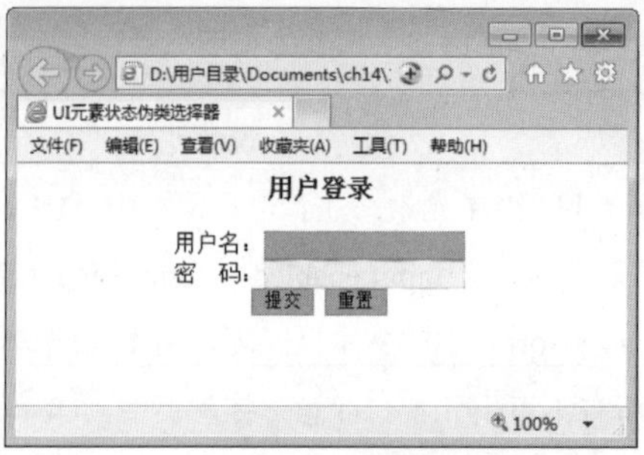

图 14-25　UI 元素状态伪类选择器应用效果

14.5　选择器声明

使用 CSS 选择器可控制 HTML 标记样式，其中每个选择器属性可以一次声明多个，即创建多个 CSS 属性修饰 HTML 标记。实际上也可以直接将选择器声明多个，并且任何形式的选择器(如标记选择器、class 类别选择器、ID 选择器等)都是合法的。

14.5.1　案例——集体声明

在一个页面中，有时需要使不同种类的标记样式保持一致，例如需要使 p 标记和 h1 字体保持一致，此时可以让 p 标记和 h1 标记共同使用类选择器。除了这个方法之外，还可以使用集体声明方法。集体声明就是在声明各种 CSS 选择器时，如果某些选择器的风格是完全相同的，或者部分相同，可以将风格相同的 CSS 选择器同时声明。

【例 14.20】 (实例文件：ch14\14.20.html)集体声明的应用。代码如下：

```
<!DOCTYPE html>
<html>
<head>
<title>集体声明</title>
<style type="text/css">
 h1,h2,p{
 color:red;
font-size:20px;
font-weight:bolder;
}
</style></head><body>
<h1>此处使用集体声明</h1>
<h2>此处使用集体声明</h2>
<p>此处使用集体声明</p>
</body>
</html>
```

上述代码在 IE 9.0 浏览器中的显示效果如图 14-26 所示。从中可以看到网页上的标题 1、标题 2 和段落的颜色都以红色显示，且字体加粗显示，并且大小为 20px。

图 14-26　集体声明显示效果

14.5.2　案例——多重嵌套声明

在 CSS 控制 HTML 标记样式时，还可以使用层层递进的方式，即嵌套方式，对指定位置的 HTML 标记进行修饰。例如，当<p>与</p>之间包含 "<a>…</a>" 标记时，就可以使用这种方式对 HTML 标记修饰。

【例14.21】 (实例文件：ch14\14.21.html)多重嵌套声明的应用。代码如下：

```html
<!DOCTYPE html>
<html>
<head>
<title>多重嵌套声明</title>
<style>
p{font-size:20px;}
p a{color:red;font-size:30px;font-weight:bolder;}
</style></head><body>
<p>这是一个多重嵌套<a href="">测试</a></p>
</body>
</html>
```

上述代码在 IE 9.0 浏览器中的显示效果如图 14-27 所示。从中可以看到在段落中，只有超级链接的颜色为红色，字体大小为 30px，其原因是使用了嵌套声明。

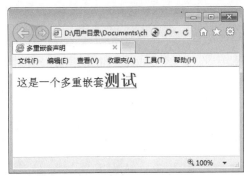

图 14-27　多重嵌套声明显示效果

14.6 实战演练——制作五彩标题

使用 CSS，可以给网页标题设置不同的字体样式。

本实例要求使用标记 h1 创建一个标题，然后使用 CSS 样式对标题进行修饰，可以从颜色、尺寸、字体、背景、边框等方面入手。实例完成后，其效果如图 14-28 所示。

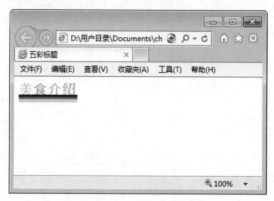

图 14-28　五彩标题显示效果

具体实现步骤如下。

step 01　构建 HTML 页面。

创建 HTML 页面，完成基本框架并创建标题。其代码如下：

```
<!DOCTYPE html>
<html>
<head>
<title>五彩标题</title>
</head>
<body>
<body>
<h1>
<span class=c1>美</span>
<span class=c2>食</span>
<span class=c3>介</span>
<span class=c4>绍</span></h1>
</body>
</html>
```

上述代码在 IE 9.0 浏览器中的显示效果如图 14-29 所示。从中可以看到标题 h1 在网页中的显示没有任何修饰。

step 02　使用内嵌样式。

如果要对 h1 标题进行修饰，需要添加 CSS。本步骤使用内嵌样式，在<head>标记中添加 CSS，其代码如下：

```
<style>
h1 {}
</style>
```

上述代码在 IE 9.0 浏览器中的显示效果如图 14-30 所示。从中可以看到文字在网页中的显示效果没有任何变化。

图 14-29　标题显示效果

图 14-30　引入 style 标记显示效果

step 03 改变颜色、字体和尺寸。

添加 CSS 代码，改变标题样式。其代码如下：

```
h1 {
font-family: Arial, sans-serif;
font-size: 24px;
color: #369;
}
```

上述代码在 IE 9.0 浏览器中的显示效果如图 14-31 所示。从中可以看到文字的颜色为浅蓝色，字体为 Arial。

step 04 加入灰色边框。

为 h1 标题加入边框，其代码如下：

```
padding-bottom: 4px;
border-bottom: 2px solid #ccc;
```

上述代码在 IE 9.0 浏览器中的显示效果如图 14-32 所示。从中可以看到"美食介绍"文字下面，添加了一个边框。

图 14-31　添加文本修饰标记

图 14-32　添加边框样式

step 05 增加背景图。

使用 CSS 样式为标记<h1>添加背景图片，其代码如下：

```
background: url(01.jpg) repeat-x bottom;
```

上述代码在 IE 9.0 浏览器中的显示效果如图 14-33 所示。从中可以看到"美食介绍"文字下面，添加了一个背景图片，图片在水平(X)轴方向上为平铺状态。

step 06 定义标题宽度。

使用 CSS 属性，将标题变小，使其正好符合 4 个文字的宽度。其代码如下：

```
width:140px;
```

上述代码在 IE 9.0 浏览器中的显示效果如图 14-34 所示。从中可以看到"美食介绍"文字下面背景图缩短了，正好和文字宽度相同。

step 07 定义字体颜色。

在 CSS 样式中，为每个字定义颜色，其代码如下：

```
.c1{
    color: #B3EE3A;
}
.c2{
    color:#71C671;
}
.c3{
    color: #00F5FF;
}
.c4{
    color:#00EE00;
}
```

上述代码在 IE 9.0 浏览器中的显示效果如图 14-35 所示。从中可以看到每个字体显示着不同的颜色，加上背景色共有 5 种颜色。

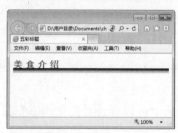
图 14-33　添加背景效果

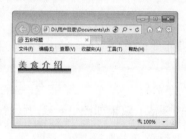
图 14-34　定义宽度效果

图 14-35　定义文字颜色效果

14.7　跟我练练手

1. 练习目标

能够熟练掌握本章所讲内容。

2. 上机练习

练习 1：CSS 编写工具的使用。

练习 2：在 HTML 中使用 CSS 的方法。

练习 3：CSS 选择器的使用。

练习 4：CSS 选择器声明的应用。

14.8　高　手　甜　点

甜点 1：使用 CSS 定义的字符在不同的浏览器中显示的大小一样吗？

使用 font-size:14px 定义的宋体字符，在 IE 9.0 浏览器中的实际高是 16px，空白是 3px，而该字符在 Firefox 浏览器中的实际高是 17px，上空 1px，下空 3px。解决这种问题的办法是在文字定义时设定 line-height，并确保所有文字都有默认的 line-height 值。

甜点 2：CSS 在网页制作中一般有 4 种用法，那么具体使用时该采用哪种用法呢？

当有多个网页要用到 CSS 时，采用外连 CSS 文件的方式，这样可大大减少网页代码，修改起来非常方便；只在单个网页中使用的 CSS，采用文档头部方式；只有在一个网页一两个地方才用到的 CSS，采用行内插入方式。

甜点 3：CSS 的行内样式、内嵌样式和链接样式可以在一个网页中混用吗？

3 种用法可以混用，且不会造成混乱。这就是它为什么被称之为"层叠样式表"的原因。浏览器在显示网页时是这样处理的：先检查有没有行内插入式 CSS，有就执行，针对本句的其他 CSS 就不去管它了；其次检查内嵌方式的 CSS，有就执行了；在前两者都没有的情况下再检查外连文件方式的 CSS。因此 3 种 CSS 的执行优先级是：行内样式、内嵌样式、链接样式。

第 15 章
JavaScript 控制样式表

    JavaScript 和样式表有一个共同特点，二者都在浏览器上解析并运行。样式表可以设置网页的样式和布局，增加网页静态特效。JavaScript 是一种脚本语言，在网页中直接被浏览器解释、运行。如果将 JavaScript 的程序和样式表的静态效果结合起来，那么就可以创建出大量的动态特效。

本章要点(已掌握的在方框中打勾)

☐ 了解 DHTML 的概述。

☐ 掌握前台动态网页的使用。

☐ 掌握 JS 控制表单背景色和文字提示。

15.1 DHTML 简介

DHTML，又称动态 HTML，它并不是一门独立的新语言。通常来说，DHTML 是 JavaScript、HTML DOM、CSS 以及 HTML/XHTML 的结合。DHTML 是一种制作网页的方式，而不是一种网络技术(就像 JavaScript 和 ActiveX)；它也不是一个标记、一个插件或浏览器。它可以通过 JavaScript、VBScript、HTML DOM、Layers 或 CSS 来实现。这里需要注意的是，同一效果的 DHTML 在不同的浏览器中被实现的方式是不同的。

DHTML 由以下 3 部分内容构成。

(1) 客户端脚本语言。

使用客户端脚本语言(例如 JavaScript 和 VBScript)来改变 HTML 代码有很长一段时间了。当用户把鼠标放在一幅图片上时，该幅图片改变了显示效果，那么它就是一个 DHTML 的例子。Microsoft 和 Netscape 浏览器都允许用户使用脚本语言去改变 HTML 语言中大多数的元素，而这些能够被脚本语言改变的页面元素被称为文本对象模型(Document Object Model)。

(2) DOM。

DOM 是 DHTML 中的核心内容，它使得 HTML 代码能够被改变。DOM 中包括一些有关环境的信息。例如：当前时间和日期、浏览器版本号、网页 URL，以及 HTML 中的元素标记。将这些 DOM 开放给脚本语言，浏览器就允许用户改变这些元素了。相对来说，还有一些元素不能被直接改变，但是用户能通过使用脚本语言改变一些其他元素来改变它们。

在 DOM 中有一部分内容，专门用来指定什么元素能够改变，它就是事件模型。所谓事件就是把鼠标放在一个页面元素上(onmouseover)，加载一个页面(onload)，提交一个表单(onsubmit)，在表单文字的输入部分，用鼠标单击一下(onfocus)等。

(3) CSS。

脚本语言能够改变 CSS 中的一些属性。通过改变 CSS，使用户能够改变页面中的许多显示效果。这些效果包括颜色、字体、对齐方式、位置以及像素。

15.2 前台动态网页效果

JavaScript 和 CSS 的结合运用，是喜爱网页特效浏览者的一大喜讯。作为一个网页设计者，通过对 JavaScript 和 CSS 的学习，可以创作出大量的网页特效。例如动态内容、动态样式等。

15.2.1 案例——动态内容

JavaScript 和 CSS 相结合，可以动态地改变 HTML 页面元素内容和样式。这种效果是 JavaScript 常用的功能之一。其实现也比较简单，需要利用 innerHTML 属性。

几乎所有的元素都有 innerHTML 属性。它是一个字符串，用来设置或获取位于对象起始和结束标签内的 HTML。

【**例 15.1**】 (实例文件：ch15\15.1.html)创建动态内容。代码如下：

```html
<!DOCTYPE html>
<html>
<head>
<title>改变内容</title>
<script type="text/javascript">
function changeit(){
     var html=document.getElementById("content");
     var html1=document.getElementById("content1");
     var t=document.getElementById("tt");
     var temp="<br><style>#abc {color:red;font-
size:36px;}</style>"+html.innerHTML;
     html1.innerHTML=temp;
}
</script>
</head>
<body>
<div id="content">
<div id="abc">
祝祖国生日快乐！
</div>
</div>
<div id="content1">
</div>
<input type="button" onclick="changeit()"  value="改变 HTML 内容">
</body>
</html>
```

在上述 HTML 代码中，创建了几个 DIV 层，层下面有一个按钮，并且为按钮添加了一个单击事件，即调用 changeit 函数。在函数 changeit 中，首先使用 getElementById()方法获取 HTML 对象，再使用 innerHTML 属性设置 html1 层的显示内容。

上述代码在 IE 9.0 浏览器中的显示效果如图 15-1 所示。在显示页面中，有一个段落和按钮。当单击该按钮时，会显示出如图 15-2 所示的窗口，从中可以看出段落内容和样式发生了变化，即增加了一个段落，并且字号变大，颜色为红色。

图 15-1 动态内容显示前

图 15-2 动态内容显示后

15.2.2 案例——动态样式

JavaScript 不但可以改变动态内容，还可以根据需要动态地改变 HTML 元素的显示样式，例如显示大小、颜色和边框等。其改变方法是首先需要获取要改变的 HTML 对象，然后利用対象的相关样式属性设定不同的显示样式。

在实现过程中，需要利用 styleSheets 属性、rules 属性和 CSSRules 属性。属性 styleSheets 表示当前 HTML 网页上的样式属性集合，可以以数组形式获取；属性 rules 表示是第几个选择器；属性 cssRules 表示是第几条规则。

【例 15.2】

(1)（实例文件：ch15\15.2.html)创建动态样式。代码如下：

```
<!DOCTYPE html>
<html>
<head>
<link rel="stylesheet" type="text/css" href="15.2.css" />
<script>
function fnInit(){
// 访问 styleSheet 中的一条规则，将其 backgroundColor 改为蓝色。
var oStyleSheet=document.styleSheets[0];
var oRule=oStyleSheet.rules[0];
oRule.style.backgroundColor="#0000FF";
oRule.style.width="200px";
oRule.style.height="120px";
}
</script>
<title>动态样式</title>
</head>
<body>
</HEAD>
<div class="class1">
我会改变颜色
</div>
<a href=# onclick="fnInit()">改变背景色</a>
<body>
</html>
```

上述 HTML 代码定义了一个 DIV 层，其样式规则为 class1，然后创建了一个超级链接，并且为超级链接定义了一个单击事件，当该链接被单击时会调用 fnInit 函数。在 fnInit 函数中，首先使用 document.styleSheets[0]语句获取当前的样式规则集合，然后使用 rules[0]获取第一条样式规则元素，最后使用 oRule.style 对象分别设置背景色、宽度和高度样式。

(2)（实例文件：ch15\15.2.css)样式选择器定义文件。代码如下：

```
.class1
{
width:100px;
background-color:red;
height:80px;
}
```

上述代码在 IE 9.0 浏览器中的显示效果如图 15-3 所示，网页显示了一个 DIV 层和超级链接。当单击超级链接时，会显示如图 15-4 所示的页面，此时 DIV 层背景色变为蓝色，并且层高度和宽度变大。

图 15-3 动态样式改变前

图 15-4 动态样式改变后

15.2.3 案例——动态定位

JavaScript 程序结合 CSS 样式属性，可以动态地改变 HTML 元素所在的位置。其实现方法是使用新的元素属性 pixelLeft 和 pixelTop，重新设定当前 HTML 元素的坐标位置。其中 pixelLeft 属性返回定位元素左边界偏移量的整数像素值，那是因为属性的非像素值返回的是包含单位的字符串，例如 30px。利用该属性可以单独处理以像素为单位的数值。pixelTop 属性以此类推。

【例 15.3】 (实例文件：ch15\15.3.html)动态定位的应用。代码如下：

```
<!DOCTYPE html>
<html>
<head>
<style type="text/css">
#d1 {
position: absolute;
width: 300px;
height: 300px;
visibility: visible;
color: #fff;
background: #555;
}
#d2 {
position: absolute;
width: 300px;
height: 300px;
visibility: visible;
color: #fff;
background: red;
}
#d3 {
position: absolute;
width: 150px;
height: 150px;
visibility: visible;
color: #fff;
background:blue;
}
</style>
```

```
<script>
var d1, d2, d3, w, h;
window.onload = function() {
d1 = document.getElementById('d1');
d2 = document.getElementById('d2');
d3 = document.getElementById('d3');
w = window.innerWidth;
h = window.innerHeight;
}
function divMoveTo(d, x, y) {
d.style.pixelLeft = x;
d.style.pixelTop = y;
}
function divMoveBy(d, dx, dy) {
d.style.pixelLeft += dx;
d.style.pixelTop += dy;
}
</script>
</head>
<body id="bodyId">
<form name="form1">
<h3>移动定位</h3>
<p>
<input type="button" value="移动 d2" onclick="divMoveBy(d2,100,100)"><br>
<input type="button" value="移动 d3 到 d2(0,0)"
onclick="divMoveTo(d3,0,0)"><br>
<input type="button" value="移动 d3 到 d2(75,75)"
onclick="divMoveTo(d3,75,75)"><br>
</p>
</form>
<div id="d1">
<b>d1</b>
</div>
<div id="d2">
<b>d2</b><br><br>
d2 包含 d3
<div id="d3">
<b>d3</b><br><br>
d3 是 d2 的子层
</div>
</div>
</body>
</html>
```

在上述 HTML 代码中，首先定义了 3 个按钮，并为 3 个按钮分别添加了不同的单击事件，即可以调用不同的 JavaScript 函数。然后定义了 3 个 DIV 层：d1、d2 和 d3。其中 d3 是 d2 的子层。在 style 标记中，分别使用 ID 选择器定义了 3 个层的显示样式，例如绝对定位、是否显示、背景色、宽度和高度。在 JavaScript 代码中，使用 window.onload = function()语句表示页面加载时执行该函数，函数内使用 getElementById 语句获取不同的 DIV 对象。在 divMoveTo 函数和 divMoveBy 函数内，都重新定义了新的坐标位置。

上述代码在 IE 9.0 浏览器中的显示效果如图 15-5 所示，网页显示了 3 个按钮，每个按钮执行不同的定位操作。网页下方显示了 3 个层，其中 d2 层包含 d3 层。当单击第二个按钮时，系统将重新动态定位 d3 的坐标位置，其显示效果如图 15-6 所示。其他按钮的显示效果，感兴趣的读者可以自己测试。

图 15-5　动态定位前

图 15-6　动态定位后

15.2.4　案例——显示与隐藏

在有的网站，有时为了节省显示空间会自动或通过人工手动隐藏一些层。实现层的隐藏或展开，需要将 CSS 代码和 JavaScript 代码结合使用。

【例 15.4】 (实例文件：ch15\15.4.html)显示与隐藏。代码如下：

```
<!DOCTYPE html>
<html>
<head>
<title>隐藏和显示</title>
<script language="JavaScript" type="text/JavaScript">
<!--
function toggle(targetid){
    if (document.getElementById){
        target=document.getElementById(targetid);
            if (target.style.display=="block"){
                target.style.display="none";
            } else {
                target.style.display="block";
            }
    }
}
-->
</script>
<style type="text/css">
.div{ border:1px #06F solid;height:50px;width:150px;display:none;}
a {width:100px; display:block}
</style>
</head>

<body>
<a href="#" onclick="toggle('div1')">显示/隐藏</a>
<div id="div1" class="div">
```

```
<img src=11.jpg>
<p>市场价：390元</p>
<p>购买价：190元</p>
</div>
</body>
</html>
```

在上述代码中，创建了一个超级链接和一个 DIV 层 div1。DIV 层中包含了图片和段落信息。在类选择器 div 中，定义了边框样式、高度和宽带，并使用 display 属性设定 3 层的不显示。JavaScript 代码首先根据 ID 名称 targetid，判断 display 的当前属性值。如果其值为 block，则设置为 none；如果其值为 none，则设置为 block。

上述代码在 IE 9.0 浏览器中的显示效果如图 15-7 所示。当单击【显示/隐藏】超级链接时，会显示如图 15-8 所示的效果。此时显示的是一个 DIV 层，层里面包含了图片和段落信息。

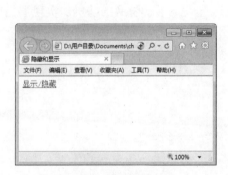

图 15-7　动态显示前

图 15-8　动态显示后

15.3　实战演练——控制表单背景色和文字提示

在 CSS 样式规则中，可以使用鼠标悬浮特效定义超级链接的显示样式。同样，利用该特效可以定义表单的显示样式，即当鼠标放在表单元素的上面时，会显示表单背景色和文字提示。但是这里不是使用鼠标悬浮特效完成的，而是使用 JavaScript 事件完成的，即鼠标 onmouseover 事件，当触发了这个事件后，就可以定义指定元素的显示样式。

具体实现步骤如下。

step 01　创建 HTML，实现基本表单。

```
<!DOCTYPE html>
<html>
<head>
<title>鼠标移上背景变色和文字提示
```

```
</title>
</head>
<body>
<h1 align=center>密码修改页面</h1>
<ol id="need">
<li><label class="old_password">原始密码: </label> <input name=''
type='password' id='' /></li>
<li><label class="new_password">新的密码: </label> <input name=''
type='password' id='' /><dfn>(密码长度为 6~20 字节。不想修改请留空)</dfn></li>
<li><label class="rePassword">重复密码: </label> <input name=''
type='password' id='' /></li>
<li><label class="email">邮箱设置: </label> <input name='' type='text' id=''
/><dfn>(承诺绝不会给您发送任何垃圾邮件。)
</dfn></li>
</ol>
</body>
</html>
```

上述代码创建了一个无序列表。该列表中包含有一个表单，该表单中包含有多个表单元素。

上述代码在 IE 9.0 浏览器中的显示效果如图 15-9 所示。从中可以看到页面显示了 4 个文本框，每个文本框前面都带有序号，其中第二个和第四个文本框带有注解。

step 02 添加 CSS 代码，完成各种样式设置。

```
<style>
#need {margin: 20px auto 0;width: 610px;}
#need li {height: 26px;width: 600px;font: 12px/26px Arial, Helvetica, sans-
serif;background: #FFD;border-bottom: 1px dashed #E0E0E0;display:
block;cursor: text;padding: 7px 0px 7px 10px!important;padding: 5px 0px 5px
10px;}
#need li:hover,#need li.hover {background: #FFE8E8;}
#need input {line-height: 14px;background: #FFF;height: 14px;width:
200px;border: 1px solid #E0E0E0;vertical-align: middle;padding: 6px;}
#need label {padding-left: 30px;}
#need label.old_password {background-position: 0 -277px;}
#need label.new_password {background-position: 0 -1576px;}
#need label.rePassword {background-position: 0 -1638px;}
#need label.email {background-position: 0 -429px;}
#need dfn {display: none;}
#need li:hover dfn, #need li.hover dfn {display:inline;margin-left:
7px;color: #676767;}
</style>
```

上述 CSS 代码定义了表单元素的显示样式，例如表单基本样式、有序列表中列表项、鼠标悬浮时、表单元素等。

上述代码在 IE 9.0 浏览器中的显示效果如图 15-10 所示。从中可以看到页面表单元素带有背景色，并且有序列表的前面的序号和表单元素后面的注解被 CSS 代码去掉了。

图 15-9　表单元素显示效果　　　　图 15-10　CSS 样式定义表单效果

step 03　添加 JavaScript 代码，控制页面背景色。

```javascript
<script type="text/javascript">
function suckerfish(type, tag, parentId) {
if (window.attachEvent) {
window.attachEvent("onload", function() {
var sfEls =
(parentId==null)?document.getElementsByTagName(tag):document.getElementById
(parentId).getElementsByTagName(tag);
type(sfEls);
});
}
}
hover = function(sfEls) {
for (var i=0; i<sfEls.length; i++) {
sfEls[i].onmouseover=function() {
this.className+=" hover";
}
sfEls[i].onmouseout=function() {
this.className=this.className.replace(new RegExp(" hover\\b"), "");
}
}
}
suckerfish(hover, "li");
</script>
```

上述 JavaScript 代码，定义了鼠标放在表单上时表单背景色和提示信息发生的变化。这些变化都是使用 JavaScript 事件完成的，此处调用了 onload 事件、onmouseover 事件等。

上述代码在 IE 9.0 浏览器中的显示效果如图 15-11 所示。从中可以看到当鼠标放到第二个文本框上时，其背景色变为了红色，并且在文本框后出现了注解。

图 15-11　JavaScript 实现表单特效

15.4　跟我练练手

1. 练习目标

能够熟练掌握本章所讲内容。

2. 上机练习

练习 1：网页动态内容效果。
练习 2：网页动态样式效果。
练习 3：网页动态定位效果。
练习 4：网页显示与隐藏效果。

15.5　高 手 甜 点

甜点 1：在 JavaScript 中 innerHTML 与 innerText 的用法与区别是什么？

假设现在有一个 DIV 层，代码如下：

```
<div id="test">
  <span style="color:red">test1</span> test2
</div>
```

innerText 属性表示从起始位置到终止位置的内容，但它去掉了 HTML 标签。例如上述示例代码中的 innerText 的值是 test1、test2，其中 span 标签被去除了。

innerHTML 属性除了全部内容外，还包含对象标签本身。例如上述示例代码中的 text.outerHTML 的值是<div id="test">test1 test2</div>。

甜点 2：JavaScript 是如何控制换行的？

无论使用哪种引号创建字符串，字符串中间不能包含强制换行符。

```
var temp='<h2 class="a">A list</h2>
        <ol>
        </ol>';
```

这样是错误的。
正确的写法是使用反斜杠转义换行符。

```
var temp='<h2 class="a">A list</h2>\
<ol>\
</ol>'
```

第 3 篇

高级应用

第 16 章
页面打印和
浏览器检测

在对页面进行设计时，为了方便用户以更加美观、合理的规格打印页面内容，JavaScript 提供了设置页面打印的功能。现在，JavaScript 的形式源于当初不同的发展脉络，这在一定程度上解释了为何不同的浏览器对 JavaScript 有不同的实现方式。因此，JavaScript 提供了用于检测浏览器的对象。

本章要点(已掌握的在方框中打勾)

☐ 掌握使用 execWB()方法进行打印的方法。

☐ 掌握打印指定框架中的内容的方法。

☐ 掌握分页打印的方法。

☐ 掌握设置页眉/页脚的方法。

☐ 掌握浏览器检测对象的方法。

16.1 案例——使用 WebBrowser 组件的 execWB()方法打印

WebBrowser 组件是 IE 浏览器内置的控件，用户无需下载，就可以使用。该组件最大的优点是客户端能独立完成打印目标文档，从而减轻了服务器的负担。

在使用 WebBrowser 组件时，首先要在<body>标记的下面用"<object>…</object>"标记声明 WebBrowser 组件，具体代码如下：

```
<object id="WebBrowser" width=0 height=0 classid="CLSID:8856F961-340A-11D0-A96B-00C04FD705A2"></object>
```

对页面的打印操作，主要利用 WebBrowser 组件的 ExecWB()方法实现，具体语法格式如下：

```
WebBrowser.ExecWB (nCmdID, nCmdExecOpt, [pvaIn], [pvaOut])
```

参数说明如下。

- WebBrowser：为必选项，是空间名称。
- nCmdID 参数：为必选项，用于执行操作功能的命令。其参数的常用取值如表 16-1 所示。

表 16-1 nCmdID 参数的常用取值

参　　数	常用取值	说　　明
OLECMDID_OPEN	1	打开窗体
OLECMDID_NEW	2	关闭现有所有的 IE 窗口，并打开一个新窗口
OLECMDID_SAVE	3	保存网页
OLECMDID_SAVEAS	4	保存所有网页
OLECMDID_SAVECOPYAS	5	保存并复制网页
OLECMDID_PRINT	6	打印
OLECMDID_PRINTPREVIEW	7	打印预览
OLECMDID_PAGESETUP	8	页面设置
OLECMDID_PROPERTIES	10	当前页面属性
OLECMDID_CUT	11	剪切
OLECMDID_COPY	12	复制
OLECMDID_PASTE	13	粘贴
OLECMDID_PASTESPECIAL	14	选择性粘贴
OLECMDID_UNDO	15	撤销
OLECMDID_REDO	16	重做
OLECMDID_selectALL	17	全选

参　数	常用取值	说　明
OLECMDID_CLEARselectION	18	取消全选
OLECMDID_ZOOM	19	获取焦点
OLECMDID_GETZOOMRANGE	20	获得焦点范围
OLECMDID_updateCOMMANDS	21	下载更新
OLECMDID_REFRESH	22	刷新
OLECMDID_STOP	23	停止
OLECMDID_HIDETOOLBARS	24	隐藏工具栏
OLECMDID_SETTITLE	28	设置标题
OLECMDID_SETDOWNLOADSTATE	29	设置下载状态
OLECMDID_STOPDOWNLOAD	30	停止下载

 表16-1中的关键词都可以在浏览器的菜单里面找到对应的选项。

● nCmdExecOpt 参数：为必选项，用于执行相关的选项，通常情况下该值为 1。其参数的常用取值如表 16-2 所示。

表 16-2　nCmdExecOpt 参数的常用取值

参　数	常用取值	说　明
OLECMDEXECOPT_DODEFAULT	0	默认选项
OLECMDEXECOPT_PROMPTUSER	1	用户提示
LECMDEXECOPT_DONTPROMPTUSER	2	非用户提示
OLECMDEXECOPT_SHOWHELP	3	显示帮助

 对于 ncmdExecopt 参数来说，一般选 1 就可以了。

WebBrower 组件中的 execWB()方法的常用功能如表 16-3 所示。

表 16-3　execWB()方法的常用取值说明

execWB()方法的常用取值	说　明
WebBrowser.ExecWB(1,1)	打开 IE 窗口
WebBrowser.ExecWB(2,1)	关闭现在所有的 IE 窗口，并打开一个新窗口
WebBrowser.ExecWB(4,1)	保存网页
WebBrowser.ExecWB(6,1)	打印
WebBrowser.ExecWB(7,1)	打印预览
WebBrowser.ExecWB(8,1)	打印页面设置

续表

execWB()方法的常用取值	说　明
WebBrowser.ExecWB(10,1)	查看页面属性
WebBrowser.ExecWB(15,1)	撤销
WebBrowser.ExecWB(17,1)	全选
WebBrowser.ExecWB(22,1)	刷新
WebBrowser.ExecWB(45,1)	关闭窗体无提示

下面给出一个实例，该实例的页面中设置了 3 个超级链接，分别是打印预览、打印和直接打印，可使用户快速实现页面的打印功能。

【例 16.1】 (实例文件：ch16\打印\index.html)设置页面打印功能。代码如下：

```html
<html>
<head>
<meta http-equiv="Content-Type" content="text/html; charset=gb2312">
<title>利用 WebBrowser 打印</title>
<link href="CSS/style.css" rel="stylesheet"/>
</head>
<body>
<object id="WebBrowser" classid="ClSID:8856F961-340A-11D0-A96B-
00C04Fd705A2" width="0" height="0">
</object>
<table width="650" height="34" border="0" align="center" cellpadding="0"
cellspacing="0">
  <tr>
    <td align="center"><img src="images/bg.jpg" width="650"
height="46"></td>
  </tr>
</table>
<table width="650" border="1" align="center" cellspacing="0"
bordercolorlight="#FE7529" bordercolordark="#FFFFFF">
  <tr align="center" bgcolor="#FE7529">
    <td width="155" height="30">客户名称</td>
    <td width="59" >联系人</td>
    <td width="84">联系人电话</td>
    <td width="175">E-mail</td>
    <td width="64">所在地区</td>
  </tr>
  </thead>
  <tr>
    <td height="30" bgcolor="#FFFFFF">大众汽车有限公司</td>
    <td align="center" bgcolor="#FFFFFF">刘经理</td>
    <td bgcolor="#FFFFFF">13012346578</td>
    <td bgcolor="#FFFFFF">dazhong@163.com</td>
    <td bgcolor="#FFFFFF">上海市</td>
  </tr>
  <tr>
    <td height="30" bgcolor="#FFFFFF">斯柯达汽车有限公司</td>
    <td align="center" bgcolor="#FFFFFF">陈经理</td>
    <td bgcolor="#FFFFFF">13112346578</td>
    <td bgcolor="#FFFFFF">skd@qq.com</td>
```

```html
    <td bgcolor="#FFFFFF">长春市</td>
  </tr>
  <tr>
    <td height="30" bgcolor="#FFFFFF" style="page-break-after:always">起亚汽
车有限公司</td>
    <td align="center" bgcolor="#FFFFFF">张经理</td>
    <td bgcolor="#FFFFFF">13712345678</td>
    <td bgcolor="#FFFFFF">qiya@163.com</td>
    <td bgcolor="#FFFFFF">南京市</td>
  </tr>
  <tr>
    <td height="30" bgcolor="#FFFFFF">惠民通讯有限公司</td>
    <td align="center" bgcolor="#FFFFFF">李经理</td>
    <td bgcolor="#FFFFFF">13925678945</td>
    <td bgcolor="#FFFFFF">huimin@sina.com</td>
    <td bgcolor="#FFFFFF">北京市</td>
  </tr>
  <tr>
    <td height="30" bgcolor="#FFFFFF">引航科技有限公司</td>
    <td align="center" bgcolor="#FFFFFF">刘经理</td>
    <td bgcolor="#FFFFFF">13045678542</td>
    <td bgcolor="#FFFFFF">yinhang@sina.com</td>
    <td bgcolor="#FFFFFF">武汉市</td>
  </tr>
</table>
  <table width="647" align="center">
    <tr align="center" bgcolor="#FFFFFF">
    <td height="27" colspan="3" align="right"><a href="#"
onClick="webprint(0)">打印预览</a> <a href="#" onClick="webprint(1)">打印</a>
<a href="#" onClick="webprint(2)">直接打印</a> </td>
  </tr>
</table>
<script language="javascript">
<!--
function webprint(n)
{
    switch(n)
    {
        case 0:document.all.WebBrowser.Execwb(7,1);break;
        case 1:document.all.WebBrowser.Execwb(6,1);break;
        case 2:document.all.WebBrowser.Execwb(6,6);break;
    }
}
//-->
</script>
</body>
</html>
```

运行上述代码，预览效果如图 16-1 所示。从中可以看出在页面的右下角有 3 个打印超链接。

图 16-1　网页预览效果

16.2　案例——打印指定框架中的内容

在打印页面时，有时只需要打印页面中的部分内容，实现该功能的步骤是，先将要打印的内容放置到网页框架之中，然后利用 Window 对象的 print()方法打印指定框架中的内容。

实现打印指定框架中的内容的具体方法是，使用内置变量 Parent 为要打印的框架获得焦点。内置变量 parent 指的是包含当前分割窗口的父窗口，也就是在一窗口内如果有分割窗口，而在其中一个分割窗口中又包含分割窗口，则第二层的分割窗口可以用 Parent 变量引用包含它的父分割窗口 oparent 的语法格式如下：

```
parent.mainFrame.fcous()
```

其中参数 mainFrame 为框架的名称。

【例 16.2】(实例文件：ch16\打印指定内容\index.html)利用 parent 对象的 print()方法打印指定框架中的内容。代码如下：

```
<html>
<head>
<meta http-equiv="Content-Type" content="text/html; charset=gb2312">
<title>打印指定框架中的内容</title>
<link href="style.css" rel="stylesheet">
</head>
<body>
<table width="700" height="34" border="0" align="center" cellpadding="0"
cellspacing="0" class="noprint">
  <tr>
    <td align="center"><img src="bg.jpg" width="650" height="46"></td>
  </tr>
</table>
  <tr>
    <td width="32" height="189"> </td>
    <td colspan="2"> </td>
    <td width="24"> </td>
  </tr>
  <tr>
    <td height="264" rowspan="2"> </td>
```

```
    <td width="666" height="25" class="word_orange">当前位置：系统查询 &gt; 借
阅信息打印 &gt;&gt;&gt; </td>
    <td width="58" align="center" class="word Green"><a href="#"
onClick="parent.contentFrame.focus();window.print();">打印</a></td>
    <td rowspan="2"> </td>
  </tr>
  <tr>
    <td height="240" colspan="2" align="center" valign="top"
bgcolor="#FFFFFF"><iframe name="contentFrame" src="content.html"
frameborder="0" width="100%" height="100%"></iframe></td>
  </tr>
  <tr>
    <td> </td>
    <td colspan="2"> </td>
    <td> </td>
  </tr>
</table>
</body>
</html>
```

运行上述代码，预览效果如图 16-2 所示。从中可以看到打印超链接，单击该超链接，即可将页面中的表格打印出来。

图 16-2　网页预览效果

16.3　案例——分页打印

网页中的分页打印功能是利用 CSS 样式中的 page-break-before(在对象前分页)或 page-break-after(在对象后分页)属性来实现的，此外还会用到在打印的每页面显示表头和表尾的 <thead>和<tfoot>标记。

具体参数的含义如下。

- <thead>标记：用于设置表格的表头。
- <tfoot>标记：用于设置表格的表尾。
- page-break-after 属性：该属性在打印文档时发生作用，用于进行分页打印。

page-break-after 属性的语法格式如下：

```
Page Break After: auto|always|avoid|left|right
```

page-break-after 属性中各参数的说明如表 16-4 所示。

表 16-4　page-break-after 属性的参数说明

值	描　述
auto	默认。如果必要则在元素后插入分页符
always	在元素后插入分页符
avoid	避免在元素后插入分页符
left	在元素之后足够的分页符，一直到一张空白的左页为止
right	在元素之后足够的分页符，一直到一张空白的右页为止

下面的实例，利用 CSS 样式中的 page-break-after 属性在指定位置的对象前进行分页，并使分页打印的每一页前面都有表头信息。

【例 16.3】 (实例文件：ch16\分页打印\index.html)分页打印。代码如下：

```html
<html>
<head>
<meta http-equiv="Content-Type" content="text/html; charset=gb2312">
<title>分页打印</title>
<link href="CSS/style.css" rel="stylesheet"/>
<style>
@media print{
.noprint{display:none}
}
</style>

</head>

<body>
<object id="WebBrowser" classid="ClSID:8856F961-340A-11D0-A96B-
00C04Fd705A2" width="0" height="0">
</object>
<table width="700" height="34" border="0" align="center" cellpadding="0"
cellspacing="0" class="noprint">
  <tr>
    <td align="center"><img src="images/bg.jpg" width="650"
height="46"></td>
  </tr>
</table>
.<table width="700" border="1" cellpadding="0" align="center"
cellspacing="0" bgcolor="#FE7529" id="pay" bordercolor="#FE7529"
bordercolordark="#FE7529" bordercolorlight="#FFFFFF" style="border-bottom-
style:none;">
    <thead style="display:table-header-group;font-weight:bold">
  <tr align="center" bgcolor="#FE7529">
    <td width="155" height="30">客户名称</td>
    <td width="59" >联系人</td>
    <td width="84">联系人电话</td>
    <td width="175">E-mail</td>
    <td width="64">所在地区</td>
  </tr>
```

```
  </thead>
  <tr>
    <td height="30" bgcolor="#FFFFFF">大众汽车有限公司</td>
    <td align="center" bgcolor="#FFFFFF">刘经理</td>
    <td bgcolor="#FFFFFF">13012346578</td>
    <td bgcolor="#FFFFFF">dazhong@163.com</td>
    <td bgcolor="#FFFFFF">上海市</td>
  </tr>
  <tr>
    <td height="30" bgcolor="#FFFFFF">斯柯达汽车有限公司</td>
    <td align="center" bgcolor="#FFFFFF">陈经理</td>
    <td bgcolor="#FFFFFF">13112346578</td>
    <td bgcolor="#FFFFFF">skd@qq.com</td>
    <td bgcolor="#FFFFFF">长春市</td>
  </tr>
  <tr>
    <td height="30" bgcolor="#FFFFFF" style="page-break-after:always">起亚汽
车有限公司</td>
    <td align="center" bgcolor="#FFFFFF">张经理</td>
    <td bgcolor="#FFFFFF">13712345678</td>
    <td bgcolor="#FFFFFF">qiya@163.com</td>
    <td bgcolor="#FFFFFF">南京市</td>
  </tr>
  <tr>
    <td height="30" bgcolor="#FFFFFF">惠民通讯有限公司</td>
    <td align="center" bgcolor="#FFFFFF">李经理</td>
    <td bgcolor="#FFFFFF">13925678945</td>
    <td bgcolor="#FFFFFF">huimin@sina.com</td>
    <td bgcolor="#FFFFFF">北京市</td>
  </tr>
  <tr>
    <td height="30" bgcolor="#FFFFFF">引航科技有限公司</td>
    <td align="center" bgcolor="#FFFFFF">刘经理</td>
    <td bgcolor="#FFFFFF">13045678542</td>
    <td bgcolor="#FFFFFF">yinhang@sina.com</td>
    <td bgcolor="#FFFFFF">武汉市</td>
  </tr>
<tfoot style="display:table-footer-group;
border:none;"><tr><td></td></tr></tfoot>
</table>
  <table width="700" align="center" class="noprint">
    <tr align="center" bgcolor="#FFFFFF">
    <td height="27" colspan="3" align="right">
<a href="#" onClick="document.all.WebBrowser.Execwb(7,1)">打印预览</a>
<a href="#" onClick="document.all.WebBrowser.Execwb(6,1)">打印</a>
<a href="#" onClick="document.all.WebBrowser.Execwb(8,1)"> 页面设置</a>
  </td>
  </tr>
</table>
</body>
</html>
```

运行上述代码，预览效果如图 16-3 所示，在页面的右下角可以看到 3 个有关打印的超级
链接。

图 16-3　网页预览效果

单击【打印预览】超级链接，打开【打印预览】窗口，窗口中显示的是需要打印的第一页的内容，如图 16-4 所示。

在【打印预览】窗口中单击页面下方的【下一页】按钮，窗口中显示的是需要打印的下一页的内容，如图 16-5 所示。

图 16-4　打印预览效果

图 16-5　打印预览效果

16.4　案例——设置页眉/页脚

WshShell 对象提供了对本地 Windows 外壳程序的访问，通过 WshShell 对象模拟键盘，可向激活窗口发送键值实现选择、弹出定时提示框、注册表的读写、程序的启动、系统等待、添加 Event Log、创建快捷方式等功能。

设置页眉/页脚主要应用了 WshShell 对象的 RegWrite()方法。该方法用于在注册表中设置指定的键值。其语法格式如下：

```
WshShell.RegWrite(strName, anyValue[,strType])
```

其中，各参数的含义如下。

- strName：表示要创建、添加或更改的项名、值名或值的字符串值。
- anyValue：要创建的新项名称、要添加到现有项中的值名或要指派给现有值名的新值。
- strType：可选。表示值的数据类型的字符串值。

下面通过实例，利用 WshShell 对象的 RegWrite 方法介绍打印时页眉与页脚的设置。

【例 16.4】 (实例文件：ch16\页眉页脚\index.html)设置打印时的页眉与页脚。代码如下：

```
<html>
<head>
<meta http-equiv="Content-Type" content="text/html; charset=gb2312">
<title>设置页眉页脚</title>
<link href="CSS/style.css" rel="stylesheet"/>
<script language="JavaScript">
<!--
var HKEY RootPath="HKEY CURRENT USER\\Software\\Microsoft\\Internet
Explorer\\PageSetup\\";
function PageSetup del(){
  try{
      var WSc=new ActiveXObject("WScript.Shell");
      HKEY Key="header";
      WSc.RegWrite(HKEY RootPath+HKEY Key,"");
      HKEY Key="footer";
      WSc.RegWrite(HKEY RootPath+HKEY Key,"");
  }catch(e){}
}
function PageSetup set(){
  try{
      var WSc=new ActiveXObject("WScript.Shell");
      HKEY Key="header";
      WSc.RegWrite(HKEY RootPath+HKEY Key,"&w&b 页码,&p/&P");
      HKEY Key="footer";
      WSc.RegWrite(HKEY RootPath+HKEY Key,"&u&b&d");
  }catch(e){}
}
//-->
</script>
</head>
<body>
<object id="WebBrowser" classid="ClSID:8856F961-340A-11D0-A96B-
00C04Fd705A2" width="0" height="0">
</object>
<table width="700" height="34" border="0" align="center" cellpadding="0"
cellspacing="0" class="noprint">
  <tr>
    <td align="center"><img src="images/bg.jpg" width="650"
height="46"></td>
  </tr>
</table>
<table width="700" border="1" cellpadding="0" align="center"
cellspacing="0" bgcolor="#FE7529" id="pay" bordercolor="#FE7529"
bordercolordark="#FE7529" bordercolorlight="#FFFFFF" style="border-bottom-
style:none;">
  <thead style="display:table-header-group;font-weight:bold">
  <tr align="center" bgcolor="#FE7529">
    <td width="155" height="30">客户名称</td>
    <td width="59" >联系人</td>
    <td width="84">联系人电话</td>
    <td width="175">E-mail</td>
    <td width="64">所在地区</td>
  </tr>
  </thead>
  <tr>
```

```
    <td height="30" bgcolor="#FFFFFF">大众汽车有限公司</td>
    <td align="center" bgcolor="#FFFFFF">刘经理</td>
    <td bgcolor="#FFFFFF">13012346578</td>
    <td bgcolor="#FFFFFF">dazhong@163.com</td>
    <td bgcolor="#FFFFFF">上海市</td>
  </tr>
  <tr>
    <td height="30" bgcolor="#FFFFFF">斯柯达汽车有限公司</td>
    <td align="center" bgcolor="#FFFFFF">陈经理</td>
    <td bgcolor="#FFFFFF">13112346578</td>
    <td bgcolor="#FFFFFF">skd@qq.com</td>
    <td bgcolor="#FFFFFF">长春市</td>
  </tr>
  <tr>
    <td height="30" bgcolor="#FFFFFF" style="page-break-after:always">起亚汽
车有限公司</td>
    <td align="center" bgcolor="#FFFFFF">张经理</td>
    <td bgcolor="#FFFFFF">13712345678</td>
    <td bgcolor="#FFFFFF">qiya@163.com</td>
    <td bgcolor="#FFFFFF">南京市</td>
  </tr>
  <tr>
    <td height="30" bgcolor="#FFFFFF">惠民通讯有限公司</td>
    <td align="center" bgcolor="#FFFFFF">李经理</td>
    <td bgcolor="#FFFFFF">13925678945</td>
    <td bgcolor="#FFFFFF">huimin@sina.com</td>
    <td bgcolor="#FFFFFF">北京市</td>
  </tr>
  <tr>
    <td height="30" bgcolor="#FFFFFF">引航科技有限公司</td>
    <td align="center" bgcolor="#FFFFFF">刘经理</td>
    <td bgcolor="#FFFFFF">13045678542</td>
    <td bgcolor="#FFFFFF">yinhang@sina.com</td>
    <td bgcolor="#FFFFFF">武汉市</td>
  </tr>
<tfoot style="display:table-footer-group;
border:none;"><tr><td></td></tr></tfoot>
</table>
  <table width="700" align="center" class="noprint">
     <tr align="center" bgcolor="#FFFFFF">
     <td height="27" colspan="3" align="right">
<a href="#" onClick="PageSetup del()">清空页眉页脚</a>
<a href="#" onClick="PageSetup set()">恢复页眉页脚</a>
<a href="#" onClick="document.all.WebBrowser.Execwb(7,1)">打印预览</a>
<a href="#" onClick="document.all.WebBrowser.Execwb(6,1)">打印</a>
<a href="#" onClick="document.all.WebBrowser.Execwb(8,1)">页面设置</a>
</td>
  </tr>
</table>
</body>
</html>
```

运行上述代码，预览效果如图 16-6 所示。从中可以看到在页面的右下角有页眉与页脚的超级链接。

单击【打印预览】按钮，在打开的【打印预览】窗口中查看页眉页脚的内容，如图 16-7 所示。

图 16-6　预览效果

图 16-7　打印预览效果

16.5　浏览器检测对象

浏览器检测对于编写适用于多种浏览器的代码非常有用。使用 Navigator 对象可以检测浏览器，该对象包含了浏览器的整体信息，例如浏览器的名称、版本号码等。

16.5.1　浏览器对象的属性

目前，由于浏览器的市场竞争激烈，Navigator 对象的一些属性还不能完全被所有的浏览器支持。Navigator 对象的属性，如表 16-5 所示。

表 16-5　Navigator 对象的属性

属　　性	描　　述
appCodeName	返回浏览器的代码名
appMinorVersion	返回浏览器的次级版本
appName	返回浏览器的名称
appVersion	返回浏览器的平台和版本信息
browserLanguage	返回当前浏览器的语言
cookieEnabled	返回指明浏览器中是否启用 cookie 的布尔值
cpuClass	返回浏览器系统的 CPU 等级
online	返回指明系统是否处于脱机模式的布尔值
Platform	返回运行浏览器的操作系统平台
systemLanguage	返回 OS 使用的默认语言
userAgent	返回由客户机发送服务器的 user-agent 头部的值
userLanguage	返回 OS 的自然语言设置

16.5.2　案例——检测浏览器的名称与版本

使用 Navigator 对象的属性可以检测浏览器的名称、版本号、使用的语言等信息。

359

【**例 16.5**】 (实例文件：ch16\16.5.html)检测并显示浏览器的名称与版本。代码如下：

```
<!DOCTYPE html>
<html>
<body>
<div id="example"></div>
<script>
txt = "<p>浏览器的代码名: " + navigator.appCodeName + "</p>";
txt+= "<p>浏览器名称: " + navigator.appName + "</p>";
txt+= "<p>浏览器的版本信息: " + navigator.appVersion + "</p>";
txt+= "<p>是否支持 Cookie: " + navigator.cookieEnabled + "</p>";
txt+= "<p>运行浏览器的操作系统: " + navigator.platform + "</p>";
document.getElementById("example").innerHTML=txt;
</script>
</body>
</html>
```

在 IE 9.0 浏览器中运行上述代码，显示效果如图 16-8 所示。

图 16-8　检测效果

16.6　跟我练练手

1. 练习目标

能够熟练掌握本章所讲内容。

2. 上机练习

练习 1：使用 WebBrowser 组件的 execWB()方法进行打印。

练习 2：打印指定框架中的内容。

练习 3：分页打印。

练习 4：设置页眉/页脚。

练习 5：浏览器检测对象。

16.7 高手甜点

甜点 1：外部脚本必须包含<script>标签吗？

在外部脚本文件中，只能包含脚本语言代码，不能包含其他代码(例如 HTML 代码等)、不能包含<script>标签。

甜点 2：如何获得客户端浏览器的名称？

使用 navigator.appName 可以获取客户端浏览器的名称，但是该方法获取的浏览器的名称只有两种，分别是 IE 和 Netscap。如果用户想获取具体的浏览器的产品名称，例如 Firefox，Chrome 等，只能通过 navigator.userAgent 来获取。

第 17 章
网络中的鸿雁
——Cookie

由于 HTTP Web 协议是无状态协议，对于事务处理没有记忆能力。这就意味着如果后续处理需要先前的信息，则它必须重传，但这有可能导致每次连接传送的数据量增大。自从客户端与服务器进行动态交互的 Web 应用程序出现之后，HTTP 无状态的特性严重阻碍了这些应用程序的实现，毕竟交互是需要承前启后的，例如简单的购物车程序也要知道用户到底在之前选择了什么商品。于是，用于保持 HTTP 连接状态的技术就应运而生了，它就是 Cookie，有时也用其复数形式写作 Cookies。Cookie 将数据存储在客户端，并显示永久的数据存储。本章将讲述 Cookie 的基本概念、常用方法和技巧。

本章要点(已掌握的在方框中打勾)

- ☐ 了解 Cookie 对象。
- ☐ 了解 Cookie 的作用。
- ☐ 掌握设置 Cookie 的方法。
- ☐ 掌握保存 Cookie 的方法。
- ☐ 掌握 Cookie 的常见操作。

17.1　Cookie 概述

1. 什么是 Cookie 对象

Cookie 常用于识别用户。Cookie 是服务器留在用户计算机中的小文件。每当相同的计算机通过浏览器请求页面时，它会发送 Cookie 数据。

Cookie 的工作原理是：当一个客户端浏览器连接到一个 URL 上时，它会先扫描本地储存的 cookie，如果发现其中有和此 URL 相关联的 cookie，那么它会把它们返回给服务器端。

Cookie 主要应用于以下几个方面。

(1) 在页面之间传递变量。因为浏览器不会保存当前页面上的任何变量信息，如果页面被关闭，则页面上的所有变量信息也会消失。通过 Cookie，可以把变量值保存在 Cookie 中，然后另外的页面可以重新读取这些值。

(2) 记录访客的一些信息。利用 Cookie 可以保存客户曾经输入的信息、或者记录访问网页的次数。

(3) 通过把所查看的页面存在在 Cookie 临时文件夹中，用以提高以后的浏览速度。

用户通过 header 可在客户端生成 Cookie 格式如下：

```
Set-cookie:NAME = VALUE;[expires=DATE;][path=PATH;][domain=DOMAIN_NAME;] [secure]
```

NAME 为 cookie 的名称；VALUE 为 cookie 的值；expires=DATE 为到期日；path=PATH; domain=DOMAIN_NAME;为与某个地址相对应的路径和域名；secure 表示 cookie 不能通过单一的 HTTP 连接传递。

2. Cookie 的作用

Cookie 到底有什么作用呢？①自动识别注册的用户，例如百度账户在登录一次后，下次再打开百度首页，就会看到该账户已经登录了。②网站利用 Cookie 跟踪统计用户访问该网站的习惯，比如什么时间访问，访问了哪些页面，在每个网页的停留时间等。从而为用户提供个性化的服务。另一方面，这些信息也可以作为网站了解用户行为的工具，对于网站经营策略的改进有一定参考价值。例如，客户在某家航空公司站点查阅航班时刻表，该网站可能就创建了包含客户旅行计划的 Cookie，也可能它只记录了你在该站点上曾经访问过的 Web 页，在客户下次访问时，网站会根据客户的情况对显示的内容进行调整，将客户所感兴趣的内容放在前列。这是高级的 Cookie 应用。

17.1.1　设置 Cookie

目前 Cookie 最广泛的应用是记录用户的登录信息，方便用户在下次访问该网站时不需要输入用户名和密码。当然这种方便也存在用户信息泄密的问题，尤其在多个用户共用一台电脑时很容易发生这样的问题。

如果用户不需要使用 Cookie，可以在浏览器中将其删除或者禁止 Cookie 的作用，具体操作步骤如下。

step 01 启动 IE 浏览器，选择【工具】选项，在弹出的快捷菜单中选择【Internet 选项】命令，如图 17-1 所示。

step 02 打开【Internet 选项】对话框，在【常规】选项卡的【浏览历史记录】选项下单击【删除】按钮，即可快速删除 Cookie 保存的信息，如图 17-2 所示。

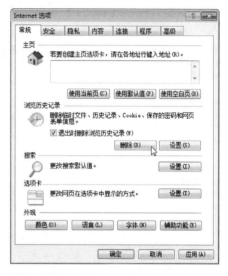

图 17-1　选择【Internet 选项】命令　　　　图 17-2　【Internet 选项】对话框

step 03 选择【隐私】选项卡，通过调整设置滑块设置 IE 浏览器对 Cookie 允许使用的程度。例如本例中将其设置为【阻止所有 Cookie】，包括该计算机上已经存在的 Cookie，也不能被网站读取，如图 17-3 所示。

图 17-3　【隐私】选项卡

step 04 如果只是想禁止个别网站的 Cookie，那么单击【站点】按钮，在打开的【每个站点的隐私操作】对话框中添加需要屏蔽的网站，然后单击【阻止】按钮，即可禁止指定网站的 Cookie，如图 17-4 所示。

step 05 在【隐私】选项卡中单击【高级】按钮，打开【高级隐私设置】对话框，用户可以对第一方 Cookie 和第三方 Cookie 进行设置。其中第一方 Cookie 是指正在浏览的网站的 Cookie，第三方 Cookie 是指非正在浏览的网站的 Cookie。选择【替代自动 cookie 处理】复选框，然后在【第一方 Cookie】列表中选择【接受】单选按钮，在【第三方 Cookie】列表中选择【阻止】单选按钮，最后单击【确定】即可，如图 17-5 所示。

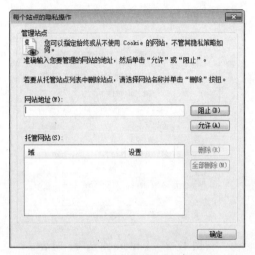

图 17-4　【每个站点的隐私操作】对话框　　　　图 17-5　【高级隐私设置】对话框

上述方法对于以文本存在的 Cookie 非常有效。对于在内存保存的 Cookie，用户可以通过注册表来禁止，具体操作步骤如下。

step 01 在系统桌面上单击【开始】按钮，在弹出的菜单中选择【运行】命令，打开【运行】对话框，在【打开】文本框中输入"regedit"，然后单击【确定】按钮，如图 17-6 所示。

图 17-6　【运行】对话框

step 02 打开【注册表编辑器】窗口，依次展开 HKEY_LOCAL_MACHINE/SOFTWARE/Microsoft/Windows/CurrentVersion/Internet Settings/Cache/Special Paths/Cookise 分支，右击，在弹出的快捷菜单中选择【删除】命令，如图 17-7 所示。

图 17-7 【注册表编辑器】窗口

step 03 弹出【确认项删除】对话框，单击【是】按钮，即可禁止 Cookie 的作用，如图 17-8 所示。

图 17-8 【确认项删除】对话框

17.1.2 保存 Cookie 数据

通过 IE 浏览器的【导入和导出】功能，用户可以保存 Cookie，Cookie 保存访问信息和用户状态，通过保存 Cookie 数据，用户可以便于日后查看和恢复数据。具体操作步骤如下。

step 01 在 IE 浏览器界面中选择【文件】选项，然后在弹出的快捷菜单中选择【导入和导出】命令，如图 17-9 所示。

step 02 打开【导入/导出设置】对话框，选择【导出到文件】单选按钮，单击【下一步】按钮，如图 17-10 所示。

step 03 打开【您希望导出哪些内容？】对话框，选择 Cookie 复选框，单击【下一步】按钮，如图 17-11 所示。

图 17-9 选择【导入和导出】命令

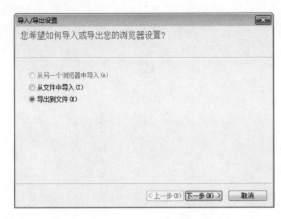

图 17-10　【导入/导出设置】对话框

图 17-11　【您希望导出哪些内容？】对话框

step 04　打开【您希望将 Cookie 导出到何处？】对话框，单击【浏览】按钮，设置导出
的路径。设置完成后单击【完成】按钮，即可保存 Cookie，如图 17-12 所示。

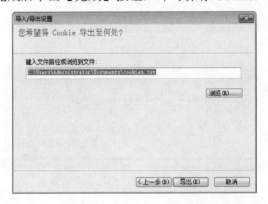

图 17-12　【您希望将 Cookie 导出到何处？】对话框

17.2　Cookie 的常见操作

下面通过案例讲述 Cookie 在网页制作中常用的操作方法和技巧。

17.2.1　案例——创建 Cookie

使用 setcookie()函数可创建 Cookie，它的语法格式如下：

```
setcookie(name, value, expire, path, domain, secure)
```

其中，name 是必需的，表示 Cookie 的名称；value 是可选的，表示 Cookie 变量的值；
expire 是可选的，表示 Cookie 的失效时间；path 是可选的，表示 Cookie 在服务器的有效路
径；domain 是可选的，表示 Cookie 的有效域名；secure 是可选的，表示 Cookie 是否仅通过
安全的 https，值为 0 或 1，若值为 1，则表示 cookie 只能在 https 连接上有效，若值为默认值
0，则表示 Cookie 在 http 和 https 连接上均有效。

【例 17.1】创建名为 user 的 cookie，为它赋值""Cookie 保存的值""，并规定该 cookie 的过期天数。代码如下：

```
function setCookie(c_name,value,expiredays)
{
 c name="user";
value=" Cookie 保存的值";
expiredays= time()+3600
var exdate=new Date()
exdate.setDate(exdate.getDate()+expiredays);
//设置失效时间
document.cookie=c name+ "=" +escape(value)+((expiredays==null) ? "" :
";expires="+exdate.toGMTString());
//escape()汉字转成 unicode 编码,toGMTString() 把日期对象转成字符串
}
```

运行上述函数，会在 Cookies 文件夹下自动生成一个 Cookie 文件，它将天数转换成了有效的日期，将 cookie 名称、值及其过期日期存入了 document.cookie 对象中。在 Cookie 失效后，Cookie 文件将被自动删除。

 如果用户没有设置 Cookie 的到期时间，那么在关闭浏览器时会自动删除 Cookie 数据。

17.2.2 案例——读取 Cookie 数据

使用$_COOKIE 变量可取回 cookie 的值。下面通过实例讲解如何取回【例 17.1】中创建的名为 "user" 的 cookie 的值，并把它显示在页面上。

【例 17.2】 读取名称为"user" 的 cookie 的值，代码如下：

```
function getCookie(c_name)
{
c_name="user";
if (document.cookie.length>0)
  {
  c_start=document.cookie.indexOf(c_name + "=")
  if (c_start!=-1)
    {
    c_start=c_start + c_name.length+1
    c_end=document.cookie.indexOf(";",c_start)
    if (c_end==-1) c_end=document.cookie.length
    return unescape(document.cookie.substring(c_start,c_end))
    }
  }
return ""
}
```

17.2.3 案例——删除 Cookie

常见的删除 Cookie 的方法有两种，分别是在浏览器中手动删除和使用函数删除。在浏览器中删除 Cookie 的方法在前面的章节中已经讲过，本节及讲述使用函数删除 Cookie 的

方法。

【例 17.3】 删除名称为"user" 的 cookie，代码如下：

```
function delCookie(name)
{
  c name="user";
  var exp = new Date();
  exp.setTime(exp.getTime() - 1);
  var cval=getCookie(name);
  if(cval!=null)
     document.cookie= name + "="+cval+";expires="+exp.toGMTString();
}
```

在上述代码中，setTime 函数返回的是当前的系统时间，把过期时间减少 1 秒，这样过期时间就会变成过去的时间，从而删除 Cookie。

17.3 实战演练——在欢迎界面中设置和检查 Cookie

在本实例中，除了需要创建和读取 Cookie 以外，还需要创建一个检查函数。该函数的作用是：如果 cookie 已被设置好，则显示欢迎词，否则显示提示框来要求用户输入名字。该函数的代码如下：

```
function checkCookie()
{
 username=getCookie('username')
 if (username!=null && username!="")
 {alert('欢迎再次光临 '+username+'!')}
 else
 {
  username=prompt('请输入的用户名:',"")
  if (username!=null && username!="")
  {
    setCookie('username',username,365)
  }
 }
}
```

整个页面的全部代码如下：

```
<html>
<head>
<script type="text/javascript">
function getCookie(c_name)
{
if (document.cookie.length>0)
  {
  c_start=document.cookie.indexOf(c_name + "=")
  if (c start!=-1)
    {
    c_start=c_start + c_name.length+1
    c end=document.cookie.indexOf(";",c start)
    if (c_end==-1) c_end=document.cookie.length
```

```
      return unescape(document.cookie.substring(c_start,c_end))
    }
  }
return ""
}
function setCookie(c_name,value,expiredays)
{
var exdate=new Date()
exdate.setDate(exdate.getDate()+expiredays)
document.cookie=c_name+ "=" +escape(value)+
((expiredays==null) ? "" : ";expires="+exdate.toGMTString())
}
function checkCookie()
{
  username=getCookie('username')
  if (username!=null && username!="")
  {alert('欢迎再次光临 '+username+'!')}
else
  {
    username=prompt('请输入的用户名:',"")
    if (username!=null && username!="")
    {
      setCookie('username',username,365)
    }
  }
}
</script>
</head>
<body onLoad="checkCookie()">
</body>
</html>
```

上述代码在 IE 9.0 浏览器中的预览效果如图 17-13 所示。

输入用户名后单击【确定】按钮，然后刷新页面，弹出提示对话框，如图 17-14 所示，单击【确定】按钮即可。

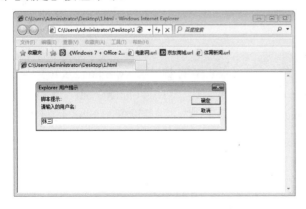

图 17-13　最终效果

图 17-14　提示对话框

17.4　跟我练练手

1. 练习目标

能够熟练掌握本章所讲内容。

2. 上机练习

练习1：设置 Cookie。
练习2：保存 Cookie 数据。
练习3：创建 Cookie。
练习4：读取 Cookie 数据。
练习5：删除 Cookie。

17.5　高手甜点

甜点1：Cookie 的路径如何设置？

cookie 的路径设置方法如下：

```
path=URL;
```

如果是在域名的子目录创建的 cookie，那么域名及其同级目录或上级目录是访问不到该 cookie 的。而通过设置路径的好处就是可以上域名以及域名的子类目录都可以访问得到该 cookie。实现代码如下：

```
document.cookie='cookieName=cookieValue;expires=expireDate;path=/'。
```

甜点2：Cookie 的域如何设置？

cookie 的域设置方法如下：

```
domain=siteDomain;
```

这个主要用在同域的情况下共享一个 cookie，例如 "www.qiangu.com" 与 "ued. qiangu.com" 两者是共享一个域名" qiangu.com"。如果想让 "www. qiangu.com" 下的 cookie 被 "ued. qiangu.com" 访问，那么就需要把 path 属性设置为 "/"，并且设置 cookie 的域如下：

```
domain-->document.cookie='cookieName=cookieValue;expires=expireDate;path=/;
domain=qiangu.com'
```

第 18 章
JavaScript 中的
XML 编程

 XML 是一种标准化的文本格式, 在 Web 中表示结构化信息, 利用它可以存储有复杂结构的数据信息。XML 是 HTML 的补充, 但 XML 并不是 HTML 的替代品。在未来的网页开发中, XML 将被用来描述、存储数据, 而 HTML 则被用来格式化和显示数据。本章主要讲述 JavaScript 中的 XML 编程方法和技巧。

本章要点(已掌握的在方框中打勾)

☐ 了解 XML 的语法基础。

☐ 掌握 CSS 修饰 XML 文件的方法。

☐ 掌握 XML 编程基础。

☐ 掌握浏览器中的 XML DOM。

☐ 掌握浏览器中的 XPath。

☐ 掌握浏览器中的 XSLT。

18.1　XML 编程基础

可扩展标记语言(XML)是 Web 上的数据通用语言，它能使开发人员将结构化的数据，从许多不同的应用程序传递到桌面，进行本地计算和演示。XML 允许为特定应用程序创建唯一的数据格式，它还是在服务器之间传输结构化数据的理想格式。

18.1.1　XPath 简介

XPath 主要用于对 XML 文档元件寻址。XPath 将一个 XML 文档建模成一棵节点树，它有不同类型的节点，包括元素节点、属性节点和正文节点。XPath 定义了一种方法用来计算每类节点的字串值。由于 XPath 充分支持 XML 命名空间，所以，节点的名字被建模成由一个局域部分和可能为空的命名空间 URI 组成的对，被称为扩展名。

1. XPath 节点

XPath 把 XML 文档看作是一个节点树。节点有不同的类型有的类型的节点名称由 XML 名称空间 URI(允许空)和本地部分组成。特殊的节点类型是根节点。一个 XML 文档只能有一个根节点，它是树的根，包含整个 XML 文档。但是根节点包含根元素以及在根元素之前或之后出现的任何处理节点、声明节点或者注释节点。元素节点代表 XML 文档中的每个元素。属性节点附属于元素节点，表示 XML 文档中的属性。其他类型的节点包括文本节点、处理指令节点和注释节点。

2. 位置路径

位置路径是 XPath 中最有用也是应用最广泛的特性。位置路径是 XPath 表达式的特殊化。位置路径标识了和上下文有关的一组 XPath 节点。XPath 定义了简化和非简化两种语法。

18.1.2　XSLT 简介

XSLT 由 XSL(Extensible Stylesheet Language)发展而来。XSLT 是一种基于 XML 的语言，用于将一类 XML 文档转换成另一种 XML 文档。XSLT 实际上就是 XML 文档类的一个规范，即 XSLT 本身是格式正确的 XML 文档，并带有一些专门的内容，可以让开发者或用户"模块化"自己所期望的输出格式。XSLT 的作用是将来源于 XML 的元素转换成用户所期望的格式文件中的元素，所以与其他语言不同的是，XSLT 是一种模板驱动的转换脚本。其实现过程是把模板提供给 XSLT 处理器，并指明在进行转换时何时何地使用模板。在模板中，可以加入指令，以告诉处理器从一个或多个源文件中自行搜索信息，并插入模板中的空位。

XSLT 主要的功能就是转换，可将一个没有形式表现的 XML 内容文档作为一个源树，将其转换为一个有样式信息的结果树。XSLT 将模式(pattern)与模板(template)相结合，模式与源树中的元素相匹配，模式被实例化后产生部分结果树。结果树与源树是分离的，所以结果树的结构可以和源树截然不同。在结果树的构造中，可以过滤和重新排序源树，还可以增加任意的结构。模式实际上是满足规定条件的节点的结合，符合条件的节点就匹配该模式，反之则不匹配。

XSLT 包含了一套模板的集合，一个模板规则有两部分：匹配源树中节点的模式以及实例化后组成部分结果树的模板。一个模板中包含一些元素，其作用就是规定字面结果的元素结构。一个模板还包含作为产生结果树片断的指令元素。当一个模板实例化之后，执行每一个指令并置换为其产生结果树片断。指令选择并处理这些子元素，通过查找可供应用的模板规则然后实例化其模板，对子元素处理后产生结果树片断。

元素只有被执行的指令选中才能进行处理，在搜索可用模板规则的过程中，可能会有多个模板规则符合给定元素的模式，但是只能使用一个模板的规则与给定元素的模式匹配。XSL 用 XML 的命名空间来区别属于 XSL 处理器指令的元素和规定文字结果的树结构元素，指令元素属于 XSL 名域。在文档中采用 xsl：表示 XSL 名域中的元素。一个 XSLT 包含一个 xsl：stylesheet 文档元素，该元素又包含用来规定模板的规则的 xsl：stylesheet 元素。XSLT 的转换过程如图 18-1 所示。

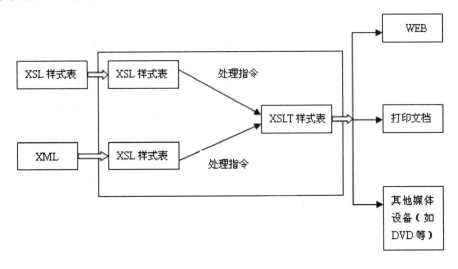

图 18-1 XSLT 转换过程

18.2 XML 语法基础

XML 是标记语言，可支持开发者为 Web 信息设计自己的标记。XML 要比 HTML 强大得多，它不再是固定的标记，而是允许定义数量不限的标记描述文档中的资料，允许嵌套的信息结构。

18.2.1 案例——XML 的基本应用

随着互联网的发展，为了控制网页显示样式，就增加了一些描述如何显现数据的标记，例如<center>、<b>等标记。但随着 HTML 的不断发展，W3C 组织意识到 HTML 存在一些无法避免的问题。

(1) 不能解决所有解释数据的问题，例如影音文件或化学公式、音乐符号等其他型态的内容。

(2) 效能问题，需要下载整份文件，才能开始对文件做搜寻的动作。

(3) 扩充性、弹性、易读性均不佳。

为了解决以上问题，专家们使用 SGML 精简制作，并依照 HTML 的发展经验，产生出一套使用规则严谨，但是简单的描述数据语言：XML。

XML(eXtensible Markup Language，可扩展标记语言)是 W3C 推荐参考通用标记语言，同样也是 SGML 的子类，可以定义自己的一组标记。它具有下面几个特点。

(1) XML 是一种元标记语言，所谓"元标记语言"就是开发者可以根据自己需要定义自己的标记。

(2) 允许通过使用自定义格式，标识、交换和处理数据库可以理解的数据。

(3) 基于文本的格式，允许开发人员描述结构化数据并在各种应用之间发送和交换这些数据。

(4) 有助于在服务器之间传输结构化数据。

(5) XML 使用的是非专有的格式，不受版权、专利、商业秘密或是其他种类的知识产权的限制。XML 的功能非常强大，同时对于人类或计算机程序来说，都容易阅读和编写。因而成为交换语言的首选。网络带给人类的最大好处是信息共享，在不同的计算机上发送数据，而 XML 是用来告诉我们"数据是什么"，利用 XML 可以在网络上交换任何一种信息。

【例 18.1】 (实例文件：ch18\18.1.xml)。代码如下：

```xml
<?xml version="1.0" encoding="GB2312" ?>
<电器>
    <家用电器>
        <品牌>小天鹅洗衣机</品牌>
        <购买时间>2014-03-015</购买时间>
        <价格 币种="人民币">899 元</价格>
    </家用电器>
     <家用电器>
        <品牌>海尔冰箱</品牌>
        <购买时间>2014-03-15</购买时间>
        <价格 币种="人民币">3990</价格>
    </家用电器>
</电器>
```

此处需要将文件保存为 XML 文件。在该文件中，每个标记都用汉语编写，是自定义标记。整个电器是一个对象，该对象包含了多个家用电器，家用电器是用来存储电器的相关信息的，也可以说家用电器对象是一种数据结构模型。在页面中没有对那个数据的样式进行修饰，而只告诉我们数据结构是什么，数据是什么。

上述代码在 IE 9.0 浏览器中的显示效果如图 18-2 所示。单击-可以关闭整个树形结构，单击+可以展开树形结构。

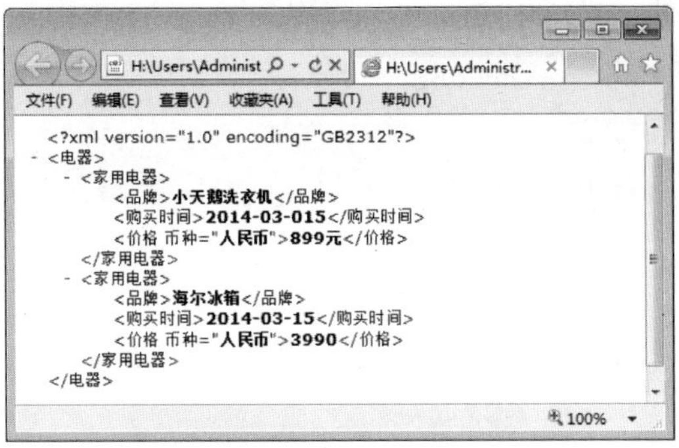

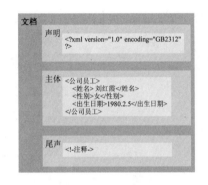

图 18-2　XML 文件显示效果

18.2.2　案例——XML 文档组成和声明

一个完整的 XML 文档由声明、元素、注释、字符引用和处理指令组成。在文档中，所有这些 XML 文档的组成部分都是通过元素标记来指明的。XML 文档可分为 3 个部分，如图 18-3 所示。

XML 声明必须作为 XML 文档的第一行，行首不能有空白、注释或其他的处理指令。完整的声明格式如下：

```
<?xml version="1.0" encoding="编码"
standalone="yes/no" ?>
```

图 18-3　XML 文档组成

其中 version 属性不能省略，且必须在属性列表中排在第一位，指明所采用的 XML 的版本号，值为 1.0。该属性用来保证对 XML 未来版本的支持。encoding 属性是可选属性。该属性指定了文档采用的编码方式，即规定了采用哪种字符集对 XML 文档进行字符编码。常用的编码方式为 UTF-8 和 GB2312。如果没有使用 encoding 属性，那么该属性的默认值是 UTF-8；如果 encoding 属性值设置为 GB2312，则文档必须使用 ANSI 编码保存，文档的标记以及标记内容只能使用 ASCII 字符和中文。

使用 GB2312 编码的 XML 声明如下：

```
<?xml version="1.0" encoding="GB2312" ?>
```

XML 文档主体必须有根元素。所有的 XML 必须包含可定义根元素的单一标记对。所有其他的元素都必须处于这个根元素内部。所有的元素均可拥有子元素。子元素必须被正确地嵌套在它们的父元素内部。根标记以及根标记内容共同构成 XML 文档主体。没有文档主体的 XML 文档将不会被浏览器或其他 XML 处理程序所识别。

尽管 XML 解析器通常会忽略文档中的注释，但位置适当且有意义的注释可以大大提高文档的可读性。所以 XML 文档中不是描述数据的内容都可以包含在注释中。注释以<!--开始，以-->结束，在起始符和结束符之间为注释内容。注释内容可以输入符合注释规则的任何字符串。

【例 18.2】 (实例文件：ch18\18.2.xml)。代码如下：

```xml
<?xml version="1.0" encoding="gb2312"?>
<!--这是一个优秀学生名单-->
<学生名单>
<学生>
  <姓名>刘五</姓名>
   <学号>21</学号>
   <性别>男</性别>
</学生>
<学生>
  <姓名>张三</姓名>
   <学号>22</学号>
    <性别>女</性别>
</学生>
</学生名单>
```

在上述代码中，第一句代码是一个 XML 声明。<学生>标记是<学生名单>标记的子元素，而<姓名>标记和<学号>标记是<学生>的子元素。<!---->是一个注释。

上述代码在 IE 9.0 浏览器中的显示效果如图 18-4 所示。

图 18-4　XML 文档组成效果

18.2.3　案例——XML 元素介绍

元素以树形分层结构排列，它可被嵌套在其他元素中。

1. 元素类别

在 XML 文档中，元素被分为非空元素和空元素两种类型。一个 XML 非空元素由开始标记、结束标记以及标记之间的数据构成。开始标记和结束标记用来描述标记之间的数据。标记之间的数据被认为是元素的值。非空元素的语法结构如下：

```
<开始标记>文本内容</结束标记>
```

而空元素不包含任何内容的元素，即开始标记和结束标记之间没有任何内容的元素。其语法结构如下：

```
<开始标记></结束标记>
```

以元素内容为文本的非空元素可转换为以下空元素：

```
<hello>下午好</hello>
```

<hello>是一个非空元素，如果把非空元素的文本内容转换为空元素的属性，那么转换后的空元素可写作：

```
<hello content="下午好"></hello>
```

2. 元素命名规范

XML 元素命名规则与 Java、C 等命名规则类似，它也是一种对大小写敏感的语言。XML 元素命名必须遵守下列规则。

(1) 元素名中可以包含字母、数字和其他字符。例如<place>、<地点>、<no123>等。元素名中虽然可以包含中文，但是在不支持中文的环境中将不能够解释包含中文字符的 XML 文档。

(2) 元素名中不能以数字或标点符号开头。例如<123no>、<.name>、<?error>元素名称都是非法名称。

(3) 元素名中不能包含空格。例如<no 123>。

3. 元素嵌套

元素的内容可以包含子元素。子元素本身也是元素，被嵌套在上层元素之内。如果子元素嵌套了其他元素，那么它同时也是父元素。例如以下代码：

```
<?xml version="1.0" encoding="gb2312" ?>
<students>
  <student>
    <name>张三</name>
    <age>20</age>
  </student>
  ...
</students>
```

<student>是<students>的子元素，同时也是<name>和<age>的父元素，而<name>和<age>是<student>的子元素。

【例 18.3】 (实例文件：ch18\18.3.xml)。代码如下：

```
<?xml version="1.0" encoding="gb2312" ?>
<通讯录>
  <!--"记录"标记中包含姓名、地址、电话和电子邮件 -->
  <记录 date="2011/2/1">
    <姓名>张三</姓名>
    <地址>河南省郑州市中州大道</地址>
    <电话>0371-12345678</电话>
    <电子邮件>zs@tom.com</电子邮件>
  </记录>
  <记录 date="2014/3/12">
    <姓名>李四</姓名>
    <地址>河北省邯郸市工农大道</地址>
```

```
    <电话>13012345678</电话>
  </记录>
  <记录 date="2014/2/23">
    <姓名>王五</姓名>
    <地址>吉林省长春市幸福路</地址>
    <电话>13112345678</电话>
    <电子邮件>wangwu@sina.com</电子邮件>
  </记录>
</通讯录>
```

在上述代码中，第一行是 XML 的声明，它声明该文档是 XML 文档，文档所遵守的版本号是 XML 1.0 版本规范，字符编码是 gb2312 编码方式。<记录>是<通讯录>的子标记，但<记录>标记同时是<姓名>和<地址>等标记的父元素。

上述代码在 IE 9.0 浏览器中的显示效果如图 18-5 所示。从中可以看到页面显示了一个树形结构，每个标记中间都包含相应的数据。

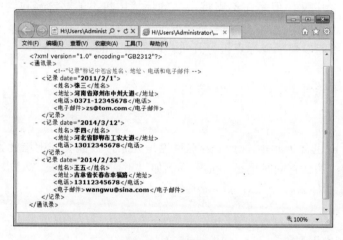

图 18-5　元素包含

18.3　CSS 修饰 XML 文件

XML 文档本身只包含数据，但是没有关于显示数据样式的信息。如果需要将 XML 文档数据美观地显示出来，而不是以树形结构显示，那么可以通过 CSS 控制 XML 文档中各个元素的呈现方式。

18.3.1　案例——XML 使用 CSS

XML 文档数据需要使用 CSS 属性定义显示样式，其方法是把 CSS 代码做成独立文件，然后引入到 XML 中。在 XML 文档引入样式表 CSS，可以将数据的内容和表示分离出来，实现 CSS 的重复使用。

要想在 XML 文件中引用 CSS 文件，XML 文件必须使用以下操作指令：

```
<?xml-stylesheet href="URI" type="text/css"?>
```

xml-stylesheet 表示在这里使用的是样式表。样式表的 URI 表示的是要引入文件的所在路径。如果只是一个文件的名字，那么该 CSS 文件必须和 XML 文档在同一个目录下。如果 URI 是一个链接，那么该链接必须有效。type 表示该文件所属的类型是文本，其内容是 CSS 代码。

【例 18.4】

(1) (实例文件：ch18\18.4.xml)。代码如下：

```xml
<?xml version="1.0" encoding="GB2312" ?>
<?xml-stylesheet type="text/css" href="18.4.css"?>
<student>
<name>孙福全</name>
<sex>男</sex>
<name>王小玲</name>
<sex>女</sex>
</student>
```

(2) (实例文件：ch18\18.5.css)。代码如下：

```css
student{
background-color: #ddeecc;
font-family:"幼圆";
text-align:center;
display:block;
}
name{
font-size:20px;
color:red;
}
sex{
font-size:12px;
font-style:italic;
}
```

上述代码针对 student、name 和 sex 3 个标记，设置了不同的显示样式。例如字号大小、字体颜色、对齐方式等。

上述代码在 IE 9.0 浏览器中的显示效果如图 18-6 所示。从中可以看到 XML 文档不再是以树形结构显示，也没有标记出现，而只是显示了其标记中的数据。

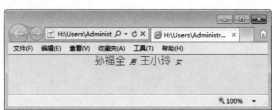

图 18-6 XML 引入 CSS 文件显示效果

18.3.2 案例——设置字体属性

CSS3 样式表提供了多种字体属性，使页面效果更加丰富。例如 font-style、font-variant、

font-weight、font-size 和 font-family 等属性，这些属性前面已介绍过，此处就不再重复。这些字体属性，同样可以应用于 XML 文件元素。

【例 18.5】

(1) (实例文件：ch18\18.5.xml)。代码如下：

```
<?xml version="1.0" encoding="gb2312"?>
<?xml-stylesheet href="18.5.css" type="text/css"?>
<company>
  <name>水月网页设计工作室</name>
  <address>郑州市花园路松风大夏</address>
  <phone>13012345678</phone>
</company>
```

(2) (实例文件：ch18\18.5.css)。代码如下：

```
company{
  color: #ddeecc;
  font:normal small-caps bolder 15pt "幼圆" ;
            background-color:#123543
}
name{
   font-size:30px;
   display:block;
}
address{
            font-size: 12px;
   display:block;
}
phone{
         font-size: 12px;
         font-style:italic;
         display:block;
}
```

上述代码针对 XML 中的标记，进行了字体、背景颜色和前景色的设置。

在 IE 9.0 浏览器中上述代码的显示效果如图 18-7 所示。从中可以看到网页显示了一个公司的介绍信息，其中字号大小不一样，联系方式以斜体显示。

图 18-7　CSS 定义 XML 字体属性效果

18.3.3　案例——设置色彩属性

颜色和背景是网页设计时两个重要的因素。一个颜色搭配协调、背景优美的文档总能吸引不少访问者。CSS 的强大功能表现在控制颜色和背景方面同样发挥得淋漓尽致。XML 元素的背景可设置成一种颜色或一幅影像。

在 CSS3 中，如果需要设置文本颜色，即网页前景色，通常使用 color 属性，定义元素背景，其属性有 background-color、background-image、background-repeat、background-attachment、background-position。这些前面都已介绍过，这里就不再介绍了。

【例 18.6】

(1) （实例文件：ch18\18.6.xml）。代码如下：

```xml
<?xml version="1.0" encoding="GB2312" ?>
<?xml-stylesheet href="18.6.css" type="text/css" ?>
<img>
插花
</img>
```

(2) （实例文件：ch18\18.6.css）。代码如下：

```css
img{
  display:block;
  color:red;
  text-align:center;
  font-size:40px;
  top:170px;
  background-image:URL("08.jpg");
  background-repeat:no-repeat;
}
```

上述 CSS 代码设置背景以块显示，字体颜色为红色，字符大小为 40px，并居中显示。background-image 引入背景图片为 08.jpg，并设置了图片不重复。

上述代码在 IE 9.0 浏览器中的显示效果如图 18-8 所示。从中可以看到页面背景为一张图片，且不重复，在图片上显示了"插花"两个红色字。

图 18-8　CSS 定义 XML 背景效果

18.3.4 案例——设置边框属性

在 CSS3 中使用 border-style、border-width 和 border-color 这 3 个属性可设定边框。页面元素的边框是元素内容及间隙包含在其中的边线。页面元素边框的显示外观由宽度、样式和颜色这 3 个方面决定。

【例 18.7】

(1) (实例文件：ch18\18.7.xml)。代码如下：

```xml
<?xml version="1.0" encoding="GB2312" ?>
<?xml-stylesheet href="18.7.css" type="text/css" ?>
<Border>
     <smallBorder>
        学校雷锋好榜样
     </smallBorder>
</Border>
```

(2) (实例文件：ch18\18.7.css)。代码如下：

```css
Border{
    border-style:solid;
    border-width:15px;
    border-color:#123456;
    width:200px;
    height:150px;
     text-align:center;
}
smallBorder{
 font-size:20px;
 color:red;
}
```

上述代码在 Border 标记中，设置了边框的显示样式，例如直线形显示，颜色为深蓝色，宽度为 15px，并且设置显示块的宽度为 200px，高度为 150px，边框内元素居中显示。在 smallBorder 标记中设置了字符大小和字体颜色。

上述代码在 IE 9.0 浏览器中的显示效果如图 18-9 所示。从中可以看到页面中显示了一个边框，边框中显示的字是红色。

图 18-9 设置 XML 元素边框

18.3.5　案例——设置文本属性

在 CSS3 中，提供了多种对文本控制的属性，例如 text-indent 属性、text-align 属性、white-space 属性、line-height 属性、vertical-align 属性、text-transform 属性和 text-decoration 属性。这些前面已经介绍过，这里就不再介绍了。使用这些属性，同样可以控制 XML 元素的显示样式。

【例 18.8】

(1)（实例文件：ch18\18.8.xml）。代码如下：

```
<?xml version="1.0" encoding="gb2312"?>
<?xml-stylesheet type="text/css" href="18.8.css"?>
<big>
  <one>健康</one>
<two>
<title>饮茶养生养颜 特殊时期慎饮茶</title>
<content>
金银花，味甘，性寒，具有清热解毒、疏散风热的作用。金银花为清热解毒之良药，既能清里热，又能
散表热，临床上主要用于治疗各种痈肿疮毒、热毒血痢及温热病等。金银花药性偏寒，不适合长期饮
用，仅适合在炎热的夏季暂时饮用以防治痢疾。
</content>
</two>
</big>
```

(2)（实例文件：ch18\18.8.css）。代码如下：

```
big{
  width:500px;
  border:#6600FF 1px solid;
  height:200px;
  font-size:12px;
  font-family:"幼圆";

  }
one{
  font-size:18px;
  width:500px;
  height:25px;
  line-height:25px;
  text-align:center;
  color:#FF3300;
  margin-top:5px;
  font-weight:800;
          text-decoration:underline;
  }
title{
  margin:10px 0 10px 10px;
  display:block;
  color:#0033FF;
  font-size:14px;
  font-weight:800;
text-align:center;
  }
```

```
content{
  display:block;
  line-height:20px;
  width:490px;
  margin-left:10px;
  font-weight:800;
          text-indent:2em;
  }
```

上述 CSS 代码分别定义了不同标记的显示样式,例如宽度、高度、边框样式、字体大小、行高和是否带有下划线等。

上述代码在 IE 9.0 浏览器中的显示效果如图 18-10 所示。从中可以看到页面中显示了一个公告栏,栏中显示了不同的颜色字符,并且段落缩进了两个单元格。

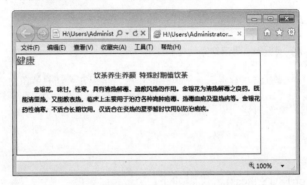

图 18-10　修饰 XML 文本后的效果

18.4　浏览器中的 XML DOM

目前 Internet Explorer 和 Firefox 两大主流浏览器都提供了对 XML 相关特性的支持,使得 Web 开发人员可在客户端使用 JavaScript 进行 XML 数据的处理。浏览器支持的 XML 特性包括 XML DOM、XPath 和 XSLT,但 Internet Explorer 和 Firefox 对这些特性的支持方式各有不同。

18.4.1　案例——IE 浏览器中的 XML DOM

在为 IE 添加 XML 支持时,微软在 JavaScript 之外另僻方案:基于 ActiveX 的 MSXML 库。MSXML 是为开发人员提供的首个在 Windows 平台上公用实现 DOM 的 ActiveX 控件,MSXML 可以用在 Visual Basic、C++和其他基于 Windows 的开发平台上。

微软在 JavaScript 中引入了用于创建 ActiveX 对象的 ActiveXObject 类。ActiveXObject 的构造函数只有一个参数,即要进行实例化的 ActiveX 对象的字符串代号。例如,XML DOM 对象的第一个版本为 Microsoft.XmlDom,使用 var oxmlDom=new Activexobject("Microsoft.xmldom")代码创建这个对象的实例。这个新创建的 XML DOM 对象与其他 DOM 对象一样,用来遍历 DOM 树、操作 DOM 节点。

开发人员首次使用该 XML 处理方法时,经常会出现问题,因为用户常常未安装

MSXML。在多数情况下，开发人员必须直接从微软网站上下载这个库。不过，从 IE 5.0 浏览器开始修复了这个漏洞，它直接搭载 MSXML。对每个新版本的 MSXML，都会创建出不同的 XML DOM 对象，而它们各自的名称也不相同。

使用函数判断浏览器所使用的版本相当有用。使用函数 createDocument()可使用户创建正确的 MSXML DOM 文档，其具体的内容如下：

```
function createDocument()
{
    var aVersions = [ "MSXML2.DOMDocument.5.0",
      "MSXML2.DOMDocument.4.0","MSXML2.DOMDocument.3.0",
      "MSXML2.DOMDocument","Microsoft.XmlDom"];
    for (var i = 0; i < aVersions.length; i++)
    {
        try
        {
            var oXmlDom = new ActiveXObject(aVersions[i]);
            return oXmlDom;
        }
        catch (oError)
        {
            // 不做任何处理
        }
    }
    throw new Error("MSXML is not installed.");
}
```

该函数遍历存放 MSXML DOM 文档版本号的 aVersions 数组，从 MSXML2.DOMDocument.5.0 开始尝试创建 DOM 文档。如果成功创建对象，则返回该对象且退出 createDocument()；反之则"try…catch"语句将捕获抛出的异常并继续下一次循环，尝试下一个版本。如果 MSXML DOM 文档创建失败，则抛出异常，说明 MSXML 未安装。由于该函数不是一个类，所以用法与其他函数类似，都将返回一个值：var oXmlDom = createDocument();。使用 createDocument()函数将确保程序使用最新的 DOM 文档。在成功创建了 XML 文档后可以载入 XML 数据。

1. 在 IE 浏览器中载入 XML 数据

MSXML 支持两种载入 XML 数据的方法：load()和 loadXML()。Load()方法从 Web 的指定位置载入一个 XML 文件。与 XMLHTTP 一样，load()方法可以以同步或异步两种模式载入数据。默认情况下，load()方法采用异步模式。如果要采用同步模式，则必须将 MSXML 对象的 async 属性设置为 false，其代码为 oXmlDom.async = false;。

当采用异步模式时，MSXML 对象公开了 readyState 属性。该属性和 XMLHttp 的 readyState 属性一样，包含五种状态。此外，DOM 文档支持 onreadystatechange 函数监控 readyState 属性。因为异步模式是默认选项，因此将 async 属性设置为 true 是可选的。代码如下：

```
oXmlDom.async = true;
oXmlDom.onreadystatechange = function () {
    if (oXmlDom.readyState == 4) {
```

```
        //当 document 完全载入后，进行某些操作
    }
};
oXmlDom.load("student.xml");
```

上述代码的作用是把虚构的、名为 student.xml 的 XML 文档载入到 XML DOM 文档中。当 readyState 的值为 4 时，说明文档已经完全载入，则执行 if 语句中的代码。

当采用 loadXML()方法载入 XML 数据时，该方法与 load()方法的主要区别在于从字符串载入 XML，而不是根据指定的文件名载入 XML。该字符串必须包含正确格式的 XML，代码如下：

```
var sXml = "<root><person><name>rose</name></person></root>";
oXmlDom.loadXML(sXml);
```

上述代码的含义是：oXmlDom 文档将载入 sXml 变量中包含的 XML 数据。loadXML()方法不需要像 load()方法那样检查 readyState 属性，更不需要设置 async 属性，因为该方法并不涉及服务器请求。

2. 在 IE 浏览器中遍历 XML DOM 文档

XML DOM 文档的遍历与 HTML DOM 的遍历非常类似，因为其都是节点层次结构。节点树的最顶部是 documentElement 属性，包含文档的根元素。X 遍历 DOM 文档并获取数据是一个很直观的过程，例如以下 XML 文档的代码：

```
<?xml version="1.0" encoding="GB2312"?>
<booklist>
    <book ISBN="0471777781">rose</book>
    <book ISBN="0764579088">JavaScript 从零开始学</book>
    <bookISBN="0764557599">MySQL5.6 从零开始学</book>
    </booklist>
```

上述 XMl 文档包含 1 个根元素<booklist>和 3 个<book>子元素。如果要获取文档中第一个<book>子元素，只需简单通过访问以下 firstChild 属性就可以达到目的：

```
var oRoot = oXmlDom.documentElement;
var oFirstBook = oRoot.firstChild;
```

将 documentElement 赋给变量 oRoot，可以节省程序空间和输入的内容，尽管这并不是必需的。使用 firstChild 属性可以引用根元素<books>的第一个子元素<book>的引用，并将其赋值给变量 oFirstBook。

如果当前节点是 book 元素，那么如何选择另一个 book 元素呢？因为<book>元素有共同的父节点，所以它们互为邻居关系。通过 nextSibling 和 previousSibling 属性可以选择当前节点的临近节点。nextSibling 属性指向下一个邻居，而 previousSibling 属性指向前一个邻居，它们的代码如下：

```
var oSecondBook = oFirstBook.nextSibling;
oFirstBook2 = oSecondBook.previousSibling;
```

上述代码引用第二个<book>元素，并将其赋值给 oSecondBook。通过 oSecondBook 邻居节点对变量 oFirstBook2 重新赋值，oFirstBook2 的值不变。如果节点没有下一个邻居节点，则

nextSibling 为 null。对于 previousSibling 也是一样的，如果当前节点没有前一个邻居节点，那么 previousSibling 也为 null。

3. 在 IE 浏览器中获取 XML 数据

要获取 XML 数据只需使用一个属性，即 xml。该属性将对当前节点的 XML 数据进行序列化。序列化是将对象转换成简单的可存储或可传输格式的过程。xml 属性将 XML 转换成字符串的形式，包括完整的标签名称、属性和文本。例如以下代码：

```
var sXml = oRoot.xml;
alert(sXml);
```

这段代码从文档元素开始序列化 XML 数据，并将其作为参数传递给 alert()方法。下列代码就是部分已序列化的 XML：

```
<booklist>
<book ISBN="99986715166153">rose</book>
</booklist>
```

已序列化的数据可以载入到另一个 XML DOM 对象中，发送给服务器，或者传给另一个页面。通过 xml 属性返回的已序列化 XML 数据，取决于当前节点。如果在 documentElement 节点使用 xml 属性，那么将返回整个文档的 XML 数据；如果只在<book/>元素上使用它，那么将返回该<book>元素所包含的 XML 数据。xml 属性是只读属性。如果希望往文档中添加元素，那么必须使用 DOM 方法来实现。

4. 在 IE 浏览器中操作 DOM

在遍历 DOM、从 DOM 中提取信息、将 XML 转换成字符串格式后，就可以在 DOM 中进行各种操作，例如添加、删除和替换节点。

(1) 创建节点。

使用 DOM 方法可以创建多种不同的节点。例如使用 createElement()方法创建元素：向该方法传入一个参数，指明要创建的元素标签名称，并返回一个对 XMLDOMElement 的引用。代码如下：

```
var oNewBook = oXmlDom.createElement("book");
oXmlDom.documentElement.appendChild(oNewbook);
```

上述代码创建了一个新的<book>元素，并通过 appendChild()方法把它添加到了 documentElement 中。appendChild()方法添加由其参数指定的新元素，并将其作为最后一个子节点。如果添加一个空的<book>元素，则还需要为该元素添加一些文本，其具体代码如下：

```
var oNewBook = oXmlDom.createElement("book");
var oNewBookText = oXmlDom.createTextNode("Professional .NET 2.0 Generics");
oNewBook.appendChild(oNewBookText);
oXmlDom.documentElement.appendChild(oNewbook);
```

这段代码通过 createTextNode()方法创建了一个文本节点，并通过 appendChild()方法把它添加到新创建的 book 元素中。createTextNode()方法只有一个字符串参数，用来指定文本节点的值。现在已经通过程序创建了新的 book 元素，为其提供了一个文本节点，并将它添加到文

档中。对于这个新元素而言，还需要像其他邻居节点一样，为其设置 isbn 属性。通过
setAttribute()方法可以创建 isbn 属性，该方法适用于所有元素节点。代码如下：

```
var oNewbook = oXmlDom.createElement("book");
var oNewbookText = oXmlDom.createTextNode("Professional .NET 2.0 Generics");
oNewbook.appendChild(oNewbookText);
oNewbook.setAttribute("isbn","9787115155375");
oXmlDom.documentElement.appendChild(oNewbook);
```

上述代码中的 oNewbook.setAttribute("isbn","9787115155375");语句用来创建 isbn 属性，
并将其值赋为 9787115155375。setAttribute()方法有两个参数：第一个参数是属性名，第二个
参数则是赋给该属性的值。对于向元素添加属性，IE 浏览器还提供了一些其他方法，不过它
们实际上并不比 setAttribute()好用，有时甚至需要更多的编码。

(2) 删除、替换和插入节点。

removeChild()方法用来删除 XML 文档中的节点。该方法包含一个参数：要删除的节点。
例如，从文档中删除第一个<book>元素的代码为 var oRemovedChild = oRoot.removeChild
(oRoot.firstChild);。

removeChild()方法返回被删除的子节点，因而 oRemoveChild 变量将指向已删除的<book>
元素。当拥有对旧节点的引用时，可将其放置在文档的任何位置。

如果想用 oRemovedChild 指向的元素来替换第三个<book>元素，那么可以通过
replaceChild()方法来实现。该方法返回被替换的节点如下：

```
var oReplacedChild = oRoot.replaceChild(oRemovedChild, oRoot.childNodes[2]);
```

replaceChild()方法包含有两个参数：新添加的节点和将被替换的节点。在这段代码中，
用 oRemovedChild 变量引用的节点替换第三个<book>元素，而被替换节点的引用将存在
oReplacedChild 变量中。由于 oReplaceChild 变量是被替换节点的引用，因而可以容易地将其
插入到文档中。使用 appendChild()方法可以将其添加到子节点列表的最后，使用 insertBefore()
方法可将该节点插入到某个节点之前。

"oRoot.insertBefore(oReplacedChild, oRoot.lastChild);"代码段将之前被替换的节点插入
到最后一个<book>元素的前面。lastChild 属性的用法与 firstChild 选择第一个子节点非常相
似，通过该属性可以获取最后一个子节点。insertBefore()方法接受两个参数：要插入的节点和
表示插入点的节点(插入点在该节点之前)。DOM 是一个相当强大的接口，通过它可以实现数
据的获取、删除和添加等操作。

5. 在 IE 浏览器中处理错误

在 XML 数据的载入过程中，有时会抛出错误，例如外部 XML 文件找不到或 XML 的格
式不正确。为处理这些情况，MSXML 提供了一个包含错误信息的 parseError 对象。对于每个
由 MSXML 创建的 XML DOM 文档对象，该对象都是其所属的属性值之一。

通过 parseError 对象公开的与整数 0 进行比较的 errorCode 属性可以检查错误。如果
errorCode 不等于0，则表示有错误发生。例如下面代码中故意设计出现的错误。

```
var sXml = "<root><person><book>Jeremy McPeak</book></root>";
var oXmlDom = createDocument();
```

```
oXmlDom.loadXML(sXml);
if (oXmlDom.parseError.errorCode != 0) {
    alert("An Error Occurred: " + oXmlDom.parseError.reason);
} else {
    //当 XML 载入成功后的操作
}
```

在上述代码中，<person>元素是不完整的(没有相应的</person>标签)。由于要载入的 XML 格式不正确，因此将产生一个错误。errorCode 与 0 进行比较，如果不相等则将显示发生错误的警告。要实现该功能，可使用 parseError 对象的 reason 属性获取错误出现的原因。

18.4.2 案例——Firefox 浏览器中的 XML DOM

Firefox 浏览器中的 XML 相关功能具备跨平台能力，可以在各种操作系统平台上运行，而微软的 MSXML 库只能在 Windows 平台上运行。

1. 创建 XML 文档对象

在 Firefox 浏览器中创建 XML 文档对象的语法如下：

```
document.implementation.createDocument(namespaceURI, rootname, doctype)
```

其中 namespaceURI 代表 XML 文档的命名空间 URI；rootname 代表根节点名称；doctype 表示创建文档的类型。目前 Firefox 并没有实现对 doctype 的支持，在实际使用时 doctype 赋值为 null。若 namespaceURI 和 rootname 为空字符串，则 createDocument 方法将创建一个空的 DOM 对象，即：var doc = document.implementation.createDocument("", "", null);。

2. 加载 XML 文档

在 Firefox 浏览器中使用 load 方法可加载指定 URL 的 XML 文档。DOM 对象同样具有 async 属性，该属性的默认值为 true，即默认情况下它采用异步加载模式。如果需要采取同步的模式加载 XML 文档，那么必须将 DOM 对象的 async 属性设置为 false。

Firefox 浏览器不支持 IE 浏览器中的 onreadystatechange 事件，因此不存在 readyState 属性从 1 到 4 的变化过程。当文档加载完成之后，DOM 对象将被触发 load 事件，通常在 load 事件的处理函数中进行 XML 文档的处理，以下给出了相关的示例代码。

```
var doc = document.implementation.createDocument("", "", null);
doc.load("books.xml");
doc.onload = function()
{
    // 加载 XML 完成
};
```

在 Firefox 浏览器中可以通过加载 XML 字符串的方式加载 XML 文档。Firefox 浏览器不支持 IE 浏览器中的 loadXML 方法，它通过 DOMParser 对象加载 XML 字符串生成 DOM 对象。以下是在 Firefox 中通过字符串方式加载 XML 文档的示例：

```
// XML 字符串
var xmlString = "<Books>
<Book><Title>Ajax In Action</Title><Author>JSP 实例教程</Author></Book>
```

```
<Book><Title>Professional Ajax</Title><Author>XML 与 JSP 基础教程
</Author></Book>
</Books>";
// 创建 DOMParser 对象
var parser = new DOMParser();
// 解析字符串，创建 DOM 对象
var doc = parser.parseFromString(xmlString, "text/xml");
```

3. 访问 XML 节点

Firefox 浏览器中的 DOM 对象支持所有标准的 DOM 属性和方法。需要说明的是：text 和 xml 两个属性是微软对 DOM 标准的扩展，Firefox 浏览器不支持它们，但通过其他方式可以实现类似的功能。下面的代码使用 getText 方法返回节点中的文本内容，该方法通过递归方式遍历了节点的所有叶子节点。

```
// 删除字符串两端的空白字符
String.prototype.trim = function()
{
    return this.replace(/^\s+|\s+$/gi, "");
}
// 获取 XML 节点中文本
function getText(node)
{      // 保存文本内容的字符串
    var s = "";
    // 遍历所有子节点
    for (var i = 0;i < node.childNodes.length;i++)
{
        if (node.childNodes[i].hasChildNodes())
    {              // 如果该子节点还有子节点，递归调用 getText 方法
        s += getText(node.childNodes[i]);
        }
else
{   // 将节点值加入 XML 字符串，考虑到 Firefox 中将
            // 所有空白字符串均作为普通节点，这里删除所有的空白文本
            s += node.childNodes[i].nodeValue.trim();
        }
    }
    return s;
}
```

在 Firefox 浏览器中空白文本节点会被遍历，这里需要将 nodeValue(节点值)使用 trim 函数进行处理。在 Firefox 浏览器中使用 XMLSerializer 对象可以获取节点的 XML 字符串。例如下面的 getXml()函数返回节点的 XML 字符串：

```
function getXml(node)
 {
    // 创建 XMLSerializer 对象
    var serializer = new XMLSerializer();
    // 返回节点的 XML 字符串
    return serializer.serializeToString(node);
}
```

4. 异常处理

Firefox 浏览器对于 XML 异常处理的方式与 IE 浏览器不同，当异常发生时，它会通过 DOM 对象加载一个包含错误信息的 XML 文档。例如处理以下 XML 文档：

```
<?xml version="1.0" encoding="UTF-8"?>
<Books>
    <Book>
        <Title>Ajax In Action</Title>
        <Author>Dave Crane</Author>
    </Book>
    <Book>
        <Title>Professional Ajax</Title>
        <Author>Nicholas C.Zakas</Author>
    </Book>
</Books>
```
此时加载 books.xml，将返回一个包含错误信息的 XML DOM 对象，其内容如下。
```
<?xml version="1.0" encoding="UTF-8"?>
<parsererror xmlns="http://www.Firefox.org/newlayout/xml/parsererror.xml">
 XML 解析错误：未组织好位置：file:///E:/JavaScript/1.xml 行：2，列：3：
<Books>
    <sourcetext>
        12&lt;Books&gt;--^
    </sourcetext>
</parsererror>
```

Firefox 浏览器在处理上述 XML 文档时，通过解析包含错误信息的 DOM 对象获取错误的原因、位置等信息。

18.5 浏览器中的 XPath

XPath 是一种用于查询 XML 文档中某些特定元素的语言，最初是为 XSLT 提供一种在 XML 文档中查找元素的方法，但很快被开发人员用来在 XML 文档中实现通用的节点查询。

18.5.1 案例——IE 浏览器中的 XPath

在 IE 浏览器中使用 XPath 非常简单，直接使用 select Nodes 或者 select Single Node 方法就能实现 XPath 查询。例如以下 XML 文档(booklist.xml)：

```
<?xml version="1.0" encoding="GB2312"?>
<Booklist>
<Book >
    <name>JavaScript 使用技术教程</name>
    <author>张小明</author>
</Book>
<Book>
    <name>JavaScript 应用教程</name>
    <author>王常华</author>
</Book>
</Booklist>
```

通过以下代码可以查询上述代码中的所有<Book>节点：

```
// XPath: "Booklist/Book"，表示所有<Booklist>节点下的<Book>节点
var nodesBook = doc.selectNodes("Booklist/Book");
// 输出<Book>节点的个数 2
alert(nodesBook.length);
```

在很多情况下，只需要获取第一个满足条件的节点即可，例如：

```
// 第 1 个<Book>节点
var firstBook = doc.selectSingleNode("Booklist/Book");
// 输出节点的 XML 内容
alert(firstBook.xml);
// 输出内容
<Book>
  <name> JavaScript 使用技术教程</name>
   <author>张小明</author>
</Book>
```

18.5.2　案例——Firefox 浏览器中的 XPath

与 IE 浏览器中的 XPath 相比，使用 Firefox 浏览器中的 XPath 要复杂得多，但实现的功能却更强大。在 Firefox 浏览器中进行 XPath 查询，首先需要了解 XPathEvaluator 和 XPathResult 这两个关键对象，它们的作用分别是执行 XPath 查询和保存查询结果。

XPath Evaluator 使用 evaluate()方法进行 XPath 查询，其语法格式如下：

```
evaluate(String expression,Node contextNode,XPathNSResolver resolver,short
type,nsISupports result)
```

其中，各参数的含义如下。

- expression：XPath 表达式。
- context Node：上下文节点，evaluate()方法将在其内部进行查询。
- resolver：命名空间解释函数，当 XPath 中存在命名空间时，需要指定该参数进行命名空间的解释。
- type：结果类型，有 10 种不同结果类型，分别对应于 XPathResult 对象中定义的 10个常数。
- result：当该参数是一个存在的 XPathResult 对象时，用于保存 XPath 查询的结果；当该参数是 null 时，evaluate()方法将新建一个 XPathResult 对象用来保存结果。

如果想在前面用到的 booklist.xml 中查询所有的<Book>节点。需要先创建一个 Xpath Evaluator 对象，代码如下：

```
var xpe = new XPathEvaluator();
```

再调用 evaluate()方法获取元素的迭代器：

```
var iterator = xpe.evaluate("Booklist/Book", doc, null, XPathResult.ANY_TYPE, null);
```

最后遍历所有的<Book>节点，输出其 XML 字符串：

```
var node;
// 通过迭代器遍历所有满足条件的节点
```

```
while (node = iterator.iterateNext()) {
    // 输出 node 节点的 XML 字符串
    alert(getXml(node));
}
```

在上述代码中在调用 evaluate()方法时，使用的 type 参数是 XPathResult.ANY_TYPE。它代表的含义是，结果集会包含 XPath 查询获得的任何类型的结果。如果只需获取第一个元素，即模仿 IE 浏览器中 selectSingleNode()方法的行为，那么需将 type 参数设置为 XPathResult.FIRST_ORDERED_NODE_TYPE，相关代码如下：

```
// 创建 XPathEvaluator 对象
var xpe= new XPathEvaluator();
// 查询<Book>节点
var iterator = xpe.evaluate("Booklist/Book", doc,
null,XPathResult.FIRST ORDERED NODE TYPE, null);
// 获取查询结果
var node = iterator.singleNodeValue;
// 输出节点的 XML 字符串
alert(getXml(node));
```

18.6 浏览器中的 XSLT

XSLT 是可以将 XML 文档转换为其他文本格式(包括普通文本、XML、HTML，甚至高级语言的代码等)的语言。目前最常见的 XSLT 应用是将 XML 格式的数据转换为 HTML 页面代码，从而实现数据与显示的分离。

18.6.1 案例——IE 浏览器中的 XSLT

在 IE 浏览器中要实现 XSLT 转换仍然需要依靠 MSXML 库中的 ActiveX 控件。根据实际用的需要，可以选择不同的方式进行 XSLT 转换。具体步骤是，先创建一个要进行 XSLT 转换的 XML 文档(booklist.xml)，代码如下：

```
<?xml version="1.0" encoding="UTF-8"?>
<Booklist xmlns:sww="http://www.sww.com">
    <Book>
        <Title>Ajax In Action</Title>
        <Author>Dave Crane</Author>
    </Book>
    <Book>
        <Title>Professional Ajax</Title>
        <Author>Nicholas C.Zakas</Author>
    </Book>
</Booklist>
```

然后创建一个 XSL 样式表(Booklist.xsl)文件，代码如下：

```
/** books.xsl **/
<?xml version="1.0" encoding="UTF-8"?>
<xsl:stylesheet version="1.0"
    xmlns:xsl="http://www.w3.org/1999/XSL/Transform"
```

```
xmlns:fo="http://www.w3.org/1999/XSL/Format">
<xsl:output method="html"/>
<xsl:template match="/">
    <xsl:for-each select="/Booklist/Book">
        <ul>
            <li>
                <xsl:value-of select="Title"/>
            </li>
            <li>
                <xsl:value-of select="Author"/>
            </li>
        </ul>
    </xsl:for-each>
</xsl:template>
</xsl:stylesheet>
```

1. 基于 DOMDocument 的 XSLT 转换

在 IE 浏览器中实现 XSLT 转换的最简单的方式是通过 DOMDocument 对象的 transformNode()方法：先分别加载 XML 文档和 XSL 样式表，再调用 DOMDocument 对象的 transformNode()方法，该方法的输入参数是与 XSL 样式表对应 DOMDocument 对象。

具体的实现代码如下：

```
function testXSL()
{
    // 创建 DOMDocument 对象，并且加载 XML 文档
    var xmlDom = createDocument();
    xmlDom.async = false;
    xmlDom.load("booklist.xml");
    // 创建 DOMDocument 对象，并且加载 XSL 样式表
    var xslDom = createDocument();
    xslDom.async = false;
    xslDom.load("booklist.xsl");
    // 将 XSLT 转换的结果输出到 id 为 "out" 的<div>标签中
    $("out").innerHTML = xmlDom.transformNode(xslDom);
}
function $(element)
{
    if (typeof element == "string")
        Return document.getElementById(element);
    else return element;
}
```

2. 基于 XSLTemplate 的 XSLT 转换

在 IE 浏览器中使用 XSLTemplate 对象也可以进行 XSLT 转换。具体操作步骤如下：

step 01 创建 DOM 对象并加载 XML 文档。

step 02 创建 DOM 对象并加载 XSL 样式表。为了在 XSLTemplate 对象中使用样式表，
必须创建线程安全的 DOM 对象，它对应于 MSXML 库中的另一个 ActiveX 控件。

step 03 创建 XSLTemplate 对象，并将其 stylesheet 属性设置为 XSL 样式表的 DOM
对象。

step 04　通过 XSLTemplate 对象创建 XSLProcessor 对象，并将其 input 属性设置为 XML
　　文档的 DOM 对象。

step 05　调用 XSLProcessor 对象的 transform()方法执行 XSLT 转换。

使用 XSLTemplate 对象进行 XSLT 转换的实现代码如下：

```
// 创建线程安全的 DOM 对象
function createFreeThreadedDocument()
{
   return Try.these(
      function ()
{

         return new ActiveXObject("Msxml2.FreeThreadedDOMDocument.6.0");
      },
      function ()
{

         return new ActiveXObject("Msxml2.FreeThreadedDOMDocument.5.0");
      },
      function ()
{

         return new ActiveXObject("Msxml2.FreeThreadedDOMDocument.4.0");
      },
      function ()
      {
         return new ActiveXObject("Msxml2.FreeThreadedDOMDocument.3.0");
      },
      function ()
      {
         return new ActiveXObject("Msxml2.FreeThreadedDOMDocument");
      }
   ) || false;
}
// 创建 XSLTemplate 对象
function createXSLTemplate()
{
   return Try.these(
      function () {return new ActiveXObject("Msxml2.XSLTemplate.6.0");},
      function () {return new ActiveXObject("Msxml2.XSLTemplate.5.0");},
      function () {return new ActiveXObject("Msxml2.XSLTemplate.4.0");},
      function () {return new ActiveXObject("Msxml2.XSLTemplate.3.0");},
      function () {return new ActiveXObject("Msxml2.XSLTemplate");}
   ) || false;
}
// 创建 DOM 对象，并且加载 XML 文档
var xmlDom = createDocument();
xmlDom.async = false;
xmlDom.load("booklist.xml");
// 创建 DOM 对象，并且加载 XSL 样式表
var xslDom = createFreeThreadedDocument();
xslDom.async = false;
xslDom.load("booklist.xsl");
// XSLTemplate 对象，用于缓存样式表和创建 XslProcessor 对象
var xslTemplate = createXSLTemplate();
xslTemplate.stylesheet = xslDom;
// 创建 XslProcessor 对象
var xslProcessor = xslTemplate.createProcessor();
xslProcessor.input = xmlDom;
```

```
// 将 XSLT 转换的结果输出到 id 为 "out" 的 <div> 中
xslProcessor.transform();
$("out").innerHTML = xslProcessor.output;
```

使用 XSLTemplate 可以缓存 XSL 样式表，当多次使用该样式表时可以提高 XSLT 转换的效率。此外，XSLTemplate 还可以为 XSLT 转换增加一些动态的特性，例如向 XSL 样式表中传入参数或 JavaScript 对象等。使用 XslProcessor 对象的 addParameter()方法可以向 XSL 表中传入参数。其方法是，在 XSL 样式表中定义参数名称，并且在需要的位置使用该参数。

修改后的 XSL 样式表代码如下：

```
<?xml version="1.0" encoding="UTF-8"?>
<xsl:stylesheet version="1.0"
    xmlns:xsl="http://www.w3.org/1999/XSL/Transform"
    xmlns:fo="http://www.w3.org/1999/XSL/Format">
    <xsl:output method="html"/>
    <xsl:param name="title"/>
    <xsl:template match="/">
        <xsl:for-each select="/Booklist/Book">
            <h1>
                <xsl:value-of select="$title"/>
            </h1>
            <ul>
                <li>
                    <xsl:value-of select="Title"/>
                </li>
                <li>
                    <xsl:value-of select="Author"/>
                </li>
            </ul>
        </xsl:for-each>
    </xsl:template>
</xsl:stylesheet>
```

上述 XSL 样式表代码带有一个 title 参数，通过 XslProcessor 对象可设置该参数的值，例如：xslProc essor.addParameter("title", "Ajax Books");。使用 XslProcessor 对象的 addObject()方法可以向 XSL 样式表中传递 JavaScript 对象，传入的对象会影响 XSLT 转换结果，在 XSLT 转换过程中还可执行该对象内部的方法。其方法是：先定义准备传入的 JavaScript 对象，其中包含一个属性和一个方法。代码如下：

```
var obj = {
    prop: "Ajax Books",
    func: function ()
    {
        alert("Hello!");
        return "";
    }
};
```

通过 XslProcessor 对象的 addObject()方法传入 obj 对象，指定该对象对应的命名空间。

```
xslProcessor.addObject(obj, "http://www.testobj.com");
```

修改后的 XSL 样式表代码如下：

```
<?xml version="1.0" encoding="UTF-8"?>
<xsl:stylesheet version="1.0"
    xmlns:xsl="http://www.w3.org/1999/XSL/Transform"
    xmlns:fo="http://www.w3.org/1999/XSL/Format"
    xmlns:bookObj="http://www.testobj.com">
    <xsl:output method="html"/>
    <xsl:template match="/">
        <xsl:for-each select="/Books/Book">
            <xsl:value-of select="bookObj:func()"/>
            <h1>
                <xsl:value-of select="bookObj:get-prop()"/>
            </h1>
            <ul>
                <li>
                    <xsl:value-of select="Title"/>
                </li>
                <li>
                    <xsl:value-of select="Author"/>
                </li>
            </ul>
        </xsl:for-each>
    </xsl:template>
</xsl:stylesheet>
```

  XSLT 转换的最终结果是输出 obj 对象的 prop 属性，并且在转换过程中执行 func()方法。基于 XSLTemplate 的 XSLT 转换可使 XSLT 转换获得更多的动态特性，从而加强对 XSLT 转换过程的控制。但从另一个角度来看，这种方式增加了 JavaScript 与 XSL 样式表之间的关联性，需谨慎使用，否则会增加日后维护以及修改代码的难度。

18.6.2　案例——Firefox 浏览器中的 XSLT

  在 Firefox 浏览器中进行 XSLT 转换需要用到 XSLTProcessor 对象，它类似于 IE 浏览器中的 XslProcessor 对象。使用它进行 XSLT 转换的基本步骤如下：

step 01　分别创建 DOM 对象并加载 XML 文档和 XSL 样式表。

step 02　创建 XSLTProcessor 对象，调用其 importStylesheet()方法引入 XSL 样式表。

step 03　调用 XSLTProcessor 对象的 transformToDocument()或者 transformToFragment()方法执行样式转换。前者以 XML DOM 对象为参数，并把结果作为一个新的 XML DOM 对象返回；后者返回的是 XML Fragment，当需要把结果添加到已经存在的 DOM 中时使用该方法，所以该函数的参数为要转换的 XML DOM 对象和要把结果添加进去的目标 DOM 对象。

使用 transformToDocument()方法的示例代码如下：

```
xmlDoc.load("example.xml");
xslDoc.load("mystyle.xslt");
var oProcessor = new XSLTProcessor()
//导入 XSLT DOM
oProcessor.importStylesheet(xslDoc);
//实现转换，返回新的 XML DOM 对象
```

```
var oResultDom = oProcessor.transformToDocument(xmlDoc);
alert(oResultDom.xml);
使用 transformToFragment()方法，示例如下：
xmlDoc.load("employees.xml");
xslDoc.load("employees.xslt");
var oProcessor = new XSLTProcessor()
//导入
oProcessor.importStylesheet(xslDoc);
//实现转换，并添加到目标 DOM 中
var oResultFragment = oProcessor.transformToDocument(xmlDoc, document);
//添加节点
var divNode = document.getElementById("divResult");
divNode.appendChild(oResultFragment);
```

18.7　跟我练练手

1. 练习目标

能够熟练掌握本章所讲内容。

2. 上机练习

练习 1：XML 语法基础的应用。
练习 2：CSS 修饰 XML 文件的方法。
练习 3：浏览器中 XML DOM 的应用。
练习 4：浏览器中 XPath 的应用。
练习 5：浏览器中 XSLT 的应用。

18.8　高手甜点

甜点 1：如何使用 XSLTemplate 对象进行 XSLT 转换？

创建 DOM 对象并且加载 XML 文档；创建 DOM 对象并加载 XSL 样式表。为了在 XSLTemplate 对象中使用样式表，必须创建线程安全的 DOM 对象，它对应于 MSXML 库中的另一个 ActiveX 控件。创建 XSLTemplate 对象并将其 stylesheet 属性设置为 XSL 样式表的 DOM 对象。通过 XSLTemplate 对象创建 XSLProcessor 对象并将其 input 属性设置为 XML 文档的 DOM 对象。调用 XSLProcessor 对象的 transform()方法执行 XSLT 转换。

甜点 2：XML 和 HTML 文件有什么相同和不同？

HTML 和 XML 都是从 SGML 发展而来的标记语言，因此，它们有一些共同点，例如相似的语法和标记。不过 HTML 是在 SGML 定义下的一个描述性语言，只是一个 SGML 的应用。而 XML 是 SGML 的一个简化版本，是 SGML 的一个子集。

XML 是用来存放数据的，XML 不是 HTML 的替代品。XML 和 HTML 是两种不同用途的语言。XML 被用来描述数据。HTML 只是一个显示数据的标记语言。

第 19 章
Ajax 技术

    Ajax 是目前很新的一项网络技术。确切地说，Ajax 不是一项技术，而是一种用于创建更好、更快、交互性更强的 Web 应用程序的技术。它能使浏览器为用户提供更为自然的浏览体验，就像在使用桌面应用程序一样。本章主要讲述 Ajax 技术。

本章要点(已掌握的在方框中打勾)

☐ 了解 Ajax 的基础知识。

☑ 掌握 XML Http Request 对象的使用方法。

☐ 掌握 Ajax 的请求发出的方法。

☐ 掌握处理器如何进行响应。

☐ 掌握如何制作自由拖动的网页。

19.1 Ajax 概述

Ajax 是一项很有生命力的技术，它的出现引发了 Web 应用的革命。目前，在网络站点，使用 Ajax 技术还非常有限，但是，可以预见在不久的将来，Ajax 技术会成为整个网络技术的主流。

19.1.1 什么是 Ajax

Ajax 全称为 Asynchronous JavaScript And XML，是一种 Web 应用程序客户机技术。它结合了 JavaScript、层叠样式表、HTML、XMLHttpRequest 对象和文档对象模型等多种技术。运行在浏览器上的 Ajax 应用程序，以一种异步的方式与 Web 服务器通信，并且只更新页面的一部分。通过利用 Ajax 技术，可以为用户提供丰富的、基于浏览器的体验。

AJAX 可让开发者在浏览器端更新被显示的 HTML 内容，而不必通过刷新页面更新。换句话说，AJAX 可以使基于浏览器的应用程序更具交互性，而且更类似传统型桌面应用程序。Google 的 Gmail 和 Outlook Express 就是两个典型的使用 AJAX 技术的例子。而且，AJAX 可以在任何客户端脚本语言中使用。

【例 19.1】 (实例文件：ch19\HelloAjax.jsp)实现客户端与服务器异步通信，在不刷新页面的情况下将获取的"你好，Ajax"数据显示到页面上。

具体实现步骤如下。

step 01 使用记事本创建 HelloAjax.jsp 文件。代码如下：

```
<%@ page language="java" pageEncoding="gb2312"%>
<html>
  <head>
    <title>第一个 Ajax 实例</title>
    <style type="text/css">
      <!--
      body {
          background-image: url(images/img.jpg);
      }
      -->
    </style>
  </head>
<script type="text/javascript">
  ...//省略了 script 代码
</script>
<body><br>
  <center>
    <button onclick="hello()">Ajax</button>
    <P id="p">
        单击按钮后你会有惊奇的发现哟！
    </P>
  </center>
</body>
</html>
```

JavaScript 代码嵌入在<script>与</script>标签之间。本步骤中定义了一个函数 hello()，该函数通过一个按钮来驱动。

`step 02` 在 step 01 省略的代码部分创建 XML Http Request 对象，创建完成后把此对象赋值给 xml Http 变量。为了获得多种浏览器支持，应使用 create XML Http Request()函数试着为多种浏览器创建 Xml Http Request 对象。代码如下：

```
var xmlHttp=false;
function createXMLHttpRequest()
{
    if (window.ActiveXObject)          //在 IE 浏览器中创建 XMLHttpRequest 对象
    {
        try{
         xmlHttp=new ActiveXObject("Msxml2.XMLHTTP");
        }
        catch(e){
            try{
             xmlHttp = new ActiveXObject("Microsoft.XMLHTTP");
            }
             catch(ee){
             xmlHttp=false;
            }
        }
    }
    else if (window.XMLHttpRequest)    //在非 IE 浏览器中创建 XMLHttpRequest 对象
    {
        try{
          xmlHttp = new XMLHttpRequest();
        }
        catch(e){
            xmlHttp=false;
        }
    }
}
```

`step 03` 在 step 01 省略的代码部分定义 hello()函数。该函数为要与之通信的服务器资源创建一个 URL。xmlHttp.onreadystatechange=callback;与 xmlHttp.open("post","HelloAjaxDo.jsp",true);，第一行定义了 JavaScript 回调函数，一旦响应它就自动执行，而第二个函数中所指定的 true 标志说明想要异步执行该请求。如果没有指定则默认情况下为 true。代码如下：

```
function hello()
{
    createXMLHttpRequest();    //调用创建 XMLHttpRequest 对象的方法
    xmlHttp.onreadystatechange=callback;   //设置回调函数
    xmlHttp.open("post","HelloAjaxDo.jsp",true);        //向服务器端
HelloAjaxDo.jsp 发送请求
    xmlHttp.setRequestHeader("Content-Type","application/x-www-form-
urlencoded;charset=gb2312");
    xmlHttp.send(null);
    function callback()
    {
        if(xmlHttp.readyState==4)
        {
            if(xmlHttp.status==200)
            {
             var data= xmlHttp.responseText;
             var pNode=document.getElementById("p");
             pNode.innerHTML=data;
```

```
                  }
             }
        }
    }
```

> 🔍提示
>
> 函数 callback()是回调函数，它首先检查的是 XMLHttpRequest 对象的整体状态以保证它已经完成(readyStatus==4)，然后根据服务器的设定询问请求状态。如果一切正常(status==200)，就使用 var data=xmlHttp.responseText;取得返回的数据，用 innerHTML 属性重写 DOM 的 pNode 节点的内容。

JavaScript 的变量类型使用的是弱类型，都使用 var 来声明。document 对象就是文档对应的 DOM 树。通过 document.getElementById("p");可以同一个标签的 id 值取得此标签的一个引用(树的节点)；pNode.innerHTML=str;为节点添加内容，会覆盖节点的原有内容，如果不想覆盖可以使用 pNode.innerHTML+=str;来追加内容。

`step 04` 通过 step 03 可知要异步请求的是 HelloAjaxDo.jsp。下面需要创建该文件，代码如下：

```jsp
<%@ page language="java" pageEncoding="gb2312"%>
<%
  out.println("你好，Ajax");
%>
```

`step 05` 将上述文件保存在 Ajax 站点下，启动 Tomcat 服务器打开浏览器，在地址栏输入 "http://localhost:8080/Ajax/HelloAjax.jsp"，单击【转到】按钮，效果如图 19-1 所示。

`step 06` 单击 Ajax 按钮，发现变化效果如图 19-2 所示。注意按钮下方的内容的变化，在变化的过程中没有看到刷新页面。

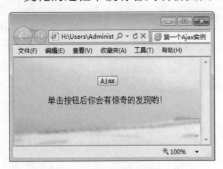

图 19-1　会变的页面显示效果

图 19-2　动态改变页面的效果

19.1.2　Ajax 的关键元素

Ajax 不是单一的技术，而是 4 种技术的集合，要灵活地运用 Ajax 必须深入了解这些不同的技术，如表 19-1 所示是这些技术与它们在 Ajax 中所扮演的角色说明。

表 19-1　Ajax 涉及的技术

名　　称	说　　明
JavaScript	JavaScript 是通用的脚本语言，用来嵌入在某种应用之中。Web 浏览器中嵌入的 JavaScript 解释器允许通过程序与浏览器的很多内建功能进行交互。Ajax 应用程序是使用 JavaScript 编写的
CSS	CSS 为 Web 页面元素提供了一种可重用的可视化样式的定义方法。它提供了简单而又强大的方法，以一致的方式定义和使用可视化样式。在 Ajax 应用中，用户界面的样式可以通过 CSS 独立修改
DOM	DOM 以一组可以使用 JavaScript 操作的可编程对象展现出 Web 页面的结构。通过使用脚本修改 DOM，Ajax 应用程序可以在运行时改变用户界面，或者高效地重绘页面中的某个部分
XMLHttpRequest 对象	XMLHttpRequest 对象允许 Web 程序员以后台活动的方式从 Web 服务器获取数据。数据格式通常是 XML，但是也可以很好地支持任何基于文本的数据格式

在 Ajax 的 4 种技术当中，CSS、Dom 和 JavaScript 都是很早就出现了技术，它们以前结合在一起被称为动态 HTML，即 DHTML。

Ajax 的核心是 JavaScript 的对象 XmlHttpRequest。该对象在 IE 5.0 浏览器中首次引入，它是一种支持异步请求的技术。简而言之，通过 XmlHttpRequest 用户可以使用 JavaScript 向服务器提出请求并处理响应，而不阻塞。

19.1.3　CSS 在 Ajax 应用中的地位

CSS 在 Ajax 中主要用于美化网页，是 Ajax 的美术师。无论 Ajax 的核心技术采用什么形式，任何时候显示在用户面前的都是一个页面，是页面就需要美化，就需要 CSS 对显示在用户浏览器上的界面进行美化。

如果用户在浏览器中查看页面的源代码，就会看到众多的 <div> 块以及 CSS 属性占据了源代码的很多部分，如图 19-3 所示。从中可以看出 CSS 在页面美化方面的重要性。

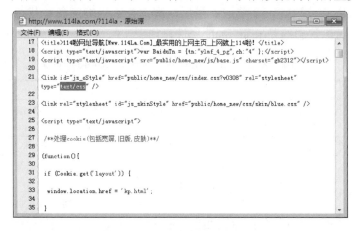

图 19-3　源文件中的 CSS 代码

19.2 Ajax 快速入门

Ajax 作为一个新技术，结合了 4 种不同的技术，实现了客户端与服务器端的异步通信，并且对页面实现局部更新，大大提高了浏览器的运行速度。

19.2.1 全面剖析 XML Http Request 对象

XMLHttpRequest 对象是当今所有 Ajax 和 Web 2.0 应用程序的技术基础。目前软件经销商和开源社团都在提供各种 Ajax 框架，以便进一步简化 XMLHttpRequest 对象的使用。

1. XML Http Request 概述

Ajax 利用一个构建到所有现代浏览器内部的对象 XMLHttpRequest 实现发送和接收 HTTP 请求与响应信息。一个经由 XMLHttpRequest 对象发送的 HTTP 请求并不要求页面中拥有或回寄一个＜form＞元素。

微软在 IE 5.0 浏览器中以一个 ActiveX 对象的形式引入了 XMLHttpRequest 对象。其他在浏览器制造商认识到这一对象的重要性后也都纷纷在他们的浏览器内引入了 XMLHttpRequest 对象，但是以一个本地 JavaScript 对象而不是以一个 ActiveX 对象引入的。

如今，在认识到实现这一类型的价值及安全性特征之后，微软已经在其 IE 7.0 浏览器中将 XMLHttpRequest 实现为一个窗口对象属性。幸运的是，尽管其实现细节不同，但是，所有的浏览器都实现了类似的功能。目前，W3C 组织正在努力对 XMLHttpRequest 对象标准化。

2. XMLHttpRequest 对象的属性和事件

XMLHttpRequest 对象暴露了各种属性、方法和事件，以便脚本处理和控制 HTTP 请求与响应。详细内容如下。

(1) readyState 属性。

当 XMLHttpRequest 对象把一个 HTTP 请求发送给服务器时，它将经历若干种状态，直到请求被处理，紧接着它才接收一个响应。最后，脚本才正确响应各种状态。XMLHttpRequest 对象暴露当前描述对象状态的是 readyState 属性，如表 19-2 所示。

表 19-2 XMLHttpRequest 对象的 ReadyState 属性值

ReadyState 取值	描　　述
0	表示描述一种"未初始化"状态；此时，已经创建一个 XMLHttpRequest 对象，但是还没有初始化
1	表示 open()方法并且 XMLHttpRequest 已经准备好把一个请求发送到服务器
2	表示描述一种"发送"状态；此时，已经通过 send()方法把一个请求发送到服务器端，但是还没有收到一个响应
3	表示描述一种"正在接收"状态；此时，已经接收到 HTTP 响应头部信息，但是消息体部分还没有完全接收结束
4	表示描述一种"已加载"状态；此时，响应已经被完全接收

(2) onreadystatechange 事件。

无论 readyState 值何时发生改变，XMLHttpRequest 对象都会激发一个 readystatechange 事件。其中，onreadystatechange 属性用于接收一个 EventListener 的值，该值向该方法指示无论 readyState 值何时发生改变，该对象都将被激活。

(3) responseText 属性。

这个 responseText 属性包含客户端接收到的 HTTP 响应的文本内容。当 readyState 值为 0、1 或 2 时，responseText 包含一个空字符串。当 readyState 值为 3(正在接收)时，表示响应中包含客户端还未完成的响应信息。当 readyState 为 4(已加载)时，表示该 responseText 包含完整的响应信息。

(4) responseXML 属性。

当接收到完整的 HTTP 响应时 responseXML 属性用于描述 XML 响应；此时，Content-Type 头部指定 MIME(媒体)类型为 text/xml，application/xml 或以+xml 结尾。如果 Content-Type 头部并不包含这些媒体类型之一，那么 responseXML 的值将为 null。无论何时，只要 readyState 的值不为 4，那么该 responseXML 的值都将为 null。

其实，这个 responseXML 属性值是一个文档接口类型的对象，用来描述被分析的文档。如果文档不能被分析(例如，如果文档不是良构的或不支持文档相应的字符编码)，那么 responseXML 的值将为 null。

(5) status 属性。

status 属性用于描述 HTTP 状态代码，其类型为 short。而且，仅当 readyState 的值为 3(正在接收中)或 4(已加载)时，这个 status 属性才可用。当 readyState 的值小于 3 时，如果试图存取 status 的值将引发一个异常。

(6) statusText 属性。

statusText 属性用于描述 HTTP 状态代码文本，并且仅当 readyState 的值为 3 或 4 时才可用。当 readyState 的值为其他值时，如果试图存取 statusText 属性将引发一个异常。

3. 创建 XMLHttpRequest 对象的方法

XMLHttpRequest 对象提供了各种方法用于初始化和处理 HTTP 请求，下面进行详细介绍。

(1) abort()方法。

用户使用 abort()方法可以暂停与一个 XMLHttpRequest 对象相联系的 HTTP 请求，从而把该对象复位到未初始化状态。

(2) open()方法。

用户调用 open()方法可初始化一个 XMLHttpRequest 对象。其中，method 参数是必须提供的，用于指定用户想用来发送请求的 HTTP 方法。为了把数据发送到服务器，应该使用 POST 方法；为了从服务器端检索数据，应该使用 GET 方法。

(3) send()方法。

在通过调用 open()方法准备好一个请求之后，用户需要把该请求发送到服务器。仅当 readyState 的值为 1 时，用户才可以调用 send()方法；反之，XMLHttpRequest 对象将引发一个异常。

(4) setRequestHeader()方法。

setRequestHeader()方法用来设置请求的头部信息。当 readyState 的值为 1 时，用户在调用 open()方法后可调用这个方法；否则，将得到一个异常。

(5) getResponseHeader()方法。

getResponseHeader()方法用于检索响应的头部值。仅当 readyState 的值为 3 或 4(换句话说，在响应头部可用以后)时，才可以调用这个方法；否则，该方法将返回一个空字符串。

(6) getAllResponseHeaders()方法。

getAllResponseHeaders()方法以一个字符串的形式返回所有的响应头部(每一个头部占单独的一行)。如果 readyState 的值不是 3 或 4，则该方法将返回 null。

19.2.2 发出 Ajax 请求

在 Ajax 中，许多使用 XMLHttpRequest 的请求都是从一个 HTML 事件中被初始化的。Ajax 支持包括表单校验在内的各种应用程序。有时，在填充表单的其他内容之前要求校验一个唯一的表单域。例如要求使用一个唯一的 UserID 注册表单。如果不是使用 AJAX 技术校验这个 UserID 域，那么整个表单都必须被填充和提交。如果该 UserID 不是有效的，那么必须重新提交该表单。例如，一个要求必须在服务器端进行校验的 Catalog ID 的表单域可按下列形式指定：

```
<form name="validationForm" action="validateForm" method="post">
<table>
  <tr><td>Catalog Id:</td>
    <td>
      <input type="text" size="20" id="catalogId" name="catalogId"
autocomplete="off" onkeyup="sendRequest()">
    </td>
    <td><div id="validationMessage"></div></td>
  </tr>
</table></form>
```

上述代码中的 HTML 使用 validationMessage div 显示相对于该输入域 Catalog Id 的一个校验消息。onkeyup 事件调用一个 JavaScript sendRequest()函数。sendRequest()函数创建了一个 XMLHttpRequest 对象。创建一个 XMLHttpRequest 对象的过程因浏览器实现的不同而有所区别。

如果浏览器支持 XMLHttpRequest 对象作为一个窗口属性，那么，代码可以调用 XMLHttpRequest 的构造器。如果浏览器把 XMLHttpRequest 对象实现为一个 ActiveXObject 对象，那么，代码可以使用 ActiveXObject 的构造器。下面的函数将调用一个 init()函数。

```
<script type="text/javascript">
function sendRequest(){
var xmlHttpReq=init();
function init(){
  if (window.XMLHttpRequest) {
    return new XMLHttpRequest();
```

```
  }
  else if (window.ActiveXObject) {
    return new ActiveXObject("Microsoft.XMLHTTP");
  }
}
</script>
```

接下来，用户需要使用 Open()方法初始化 XMLHttpRequest 对象，从而指定 HTTP 方法和要使用的服务器 URL。

```
var
catalogId=encodeURIComponent(document.getElementById("catalogId").value);
xmlHttpReq.open("GET", "validateForm?catalogId=" + catalogId, true);
```

默认情况下，使用 XMLHttpRequest 发送的 HTTP 请求是异步进行的，但是用户可将 async 的值设置为 true。在这种情况下，对 URL validateForm 的调用将激活服务器端的 servlet。但是用户应该能够注意到服务器端技术不是根本性的；实际上，该 URL 可能是一个 ASP、ASP.NET 或 PHP 页面或一个 Web 服务，只要该页面能够返回一个响应，指示 CatalogID 值是否是有效的即可。因为用户在作异步调用时，需要注册一个 XMLHttpRequest 对象来调用回调事件处理器，当它的 readyState 值改变时才进行调用。记住，readyState 值的改变将会激发一个 readystatechange 事件。这时可以使用 onreadystatechange 属性注册该回调事件处理器，语法格式如下：

```
xmlHttpReq.onreadystatechange=processRequest;
```

最后，需要使用 send()方法发送该请求。因为这个请求使用的是 HTTP GET 方法，所以，用户在不指定参数或使用 null 参数的情况下可以调用 send()方法。

```
xmlHttpReq.send(null);
```

19.2.3 处理服务器响应

在上一节示例中，因为 HTTP 方法是 GET，所以在服务器端的接收 servlet 将调用一个 doGet()方法。该方法将检索在 URL 中指定的 catalogId 的值，并从一个数据库中检查它的有效性。

该示例中的 servlet 需要构造一个发送到客户端的响应；而且，该示例返回的是 XML 类型，因此，它把响应的 HTTP 内容类型设置为 text/xml 并且把 Cache-Control 的头部设置为 no-cache。设置 Cache-Control 头部可以阻止浏览器简单地从缓存中重载页面。

具体的代码如下：

```
public void doGet(HttpServletRequest request,
HttpServletResponse response)
throws ServletException, IOException {
...
response.setContentType("text/xml");
response.setHeader("Cache-Control", "no-cache");
}
```

从上述代码中可以看出，来自于服务器端的响应是一个 XML DOM 对象，此对象将创建一个 XML 字符串，其中包含要在客户端进行处理的指令。另外，该 XML 字符串必须有一个根元素。代码如下：

```
out.println("<catalogId>valid</catalogId>");
```

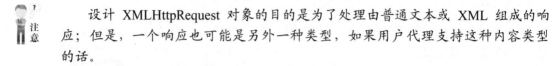

设计 XMLHttpRequest 对象的目的是为了处理由普通文本或 XML 组成的响应；但是，一个响应也可能是另外一种类型，如果用户代理支持这种内容类型的话。

当请求状态改变时，XMLHttpRequest 对象调用使用 onreadystatechange 注册的事件处理器。因此，在处理该响应之前，用户的事件处理器应该首先检查 readyState 的值和 HTTP 状态。当请求完成加载(readyState 值为 4)并且响应已经完成(HTTP 状态为"OK")时，用户就可以调用一个 JavaScript 函数来处理该响应。下列脚本负责在响应完成时检查相应的值并调用一个 processResponse()方法。

```
function processRequest(){
if(xmlHttpReq.readyState==4){
if(xmlHttpReq.status==200){
processResponse();
}
}
}
```

该 processResponse()方法使用 XMLHttpRequest 对象的 responseXML 和 responseText 属性检索 HTTP 响应。仅当在响应的媒体类型是 text/xml，application/xml 或以+xml 结尾时，responseXML 才可用。responseText 属性将以普通文本形式返回响应。对于一个 XML 响应，用户将按如下方式检索内容，代码如下：

```
var msg=xmlHttpReq.responseXML;
```

借助于存储在 msg 变量中的 XML，用户可以使用 DOM 方法 getElementsByTagName()检索该元素的值，代码如下：

```
var catalogId=msg.getElementsByTagName("catalogId")[0].firstChild.nodeValue;
```

最后，通过更新 Web 页面的 validationMessage div 中的 HTML 内容并借助于 innerHTML 属性，用户可以测试该元素值以创建一个要显示的消息，代码如下：

```
if(catalogId=="valid"){
  var validationMessage = document.getElementById("validationMessage");
  validationMessage.innerHTML = "Catalog Id is Valid";
}
else
{
  var validationMessage = document.getElementById("validationMessage");
  validationMessage.innerHTML = "Catalog Id is not Valid";
}
```

19.3 实战演练——制作自由拖动的网页

Ajax 综合了各个方面的技术，不但能够加快用户的访问速度，还可以实现各种特效。下面制作一个使用 CSS 与 Ajax 自由拖放的网页。

具体的操作步骤如下。

step 01 在 HTML 页面中建立用于存放数据的表格，代码如下。

```
<html>
<head>
<title>能够自由拖动布局区域的网页</title>
</head>
<body>
<table cellspacing="4" width="100%" id="parentTable">
<tr>
    <td width="25%" valgin="top">
        <table class="dragTable" cellspacing="0">
            <tr><td>蜂蜜</td></tr>
            <tr><td>蜂蜜，是昆虫蜜蜂从开花植物的花中采得的花蜜在蜂巢中酿制的蜜。蜜蜂从
植物的花中采取含水量约为 80%的花蜜或分泌物，存入自己第二个胃中，在体内转化酶的作用下经过
30 分钟的发酵，回到蜂巢中吐出，蜂巢内温度经常保持在 35℃左右，经过一段时间，水份蒸发，成为
水分含量少于 20%的蜂蜜，存贮到巢洞中，用蜂蜡密封。</td><tr>
        </table>
        <table class="dragTable" cellspacing="0">
            <tr><td>蜂王浆</td></tr>
            <tr><td>蜂王浆(royal jelly)，又名蜂皇浆、蜂乳，蜂王乳，是蜜蜂巢中培育幼
虫的青年工蜂咽头腺的分泌物，是供给将要变成蜂王的幼虫的食物。蜂王浆是高蛋白，并含有维生素 B
类和乙酰胆碱等。蜂王浆不能用开水或茶水冲服，并应该低温贮存。</td><tr>
        </table>
    </td>
    <td width="25%">
        <table class="dragTable" cellspacing="0">
            <tr><td>蜂花粉</td></tr>
            <tr><td>蜂花粉是有花植物雄蕊中的雄性生殖细胞，它不仅携带着生命的遗传信息，
而且包含着孕育新生命所必需的全部营养物质，是植物传宗接代的根本，热能的源泉。蜂花粉是由蜜蜂
从植物花中采集的花粉经蜜蜂加工成的花粉团，被誉为"全能的营养食品"、"浓缩的天然药库"、
"全能的营养库"、"内服的化妆品"、"浓缩的氨基酸"等，是"人类天然食品中的瑰宝"。
</td><tr>
        </table>
    </td>
    <td width="25%">
        <table class="dragTable" cellspacing="0">
            <tr><td>蜂毒</td></tr>
            <tr><td>蜂毒是一种透明液体，具有特殊的芳香气味，味苦、呈酸性反应，pH 为
5.0～5.5，比重为 1.1313。在常温下很快就挥发干燥至原来液体重量的 30%～40%，</td><tr>
        </table>
        <table class="dragTable" cellspacing="0">
            <tr><td>蜂胶</td></tr>
            <tr><td>蜂胶是蜜蜂从植物芽孢或树干上采集的树脂(树胶)，混入蜜蜂口器中腺体的
分泌物，再和花粉、蜂蜡加工制成的一种胶状物质，是蜂巢的保护伞。一个 5～6 万只的蜂群一年只能
生产蜂胶 100～150 克，被誉为"紫色黄金"</td><tr>
```

```
                </table>
        </td>
</tr>
</table>
</body>
</html>
```

使用 IE9.0 浏览器浏览上述代码的效果如图 19-4 所示。

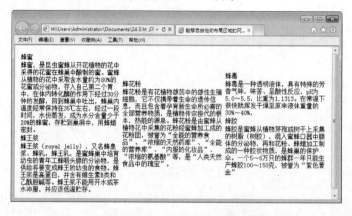

图 19-4　制作基本页面表格效果

step 02 为页面添加 Ajax 的 JavaScript 代码，以及 CSS 样式控制，使各个功能模块自由拖放。代码如下：

```
<style type="text/css">
<!--
body{
    font-size:12px;
    font-family:Arial, Helvetica, sans-serif;
    margin:0px; padding:0px;
    /*background-color:#ffffd5;*/
    background-color:#e6ffda;
}
.dragTable{
    font-size:12px;
    /*border:1px solid #003a82;*/
    border:1px solid #206100;
    margin-bottom:5px;
    width:100%;
    /*background-color:#cfe5ff;*/
    background-color:#c9ffaf;
}
td{
    padding:3px 2px 3px 2px;
    vertical-align:top;
}
.dragTR{
    cursor:move;
    /*color:#FFFFFF;
    background-color:#0073ff;*/
    color:#ffff00;
```

```
    background-color:#3cb500;
    height:20px;
    font-weight:bold;
    font-size:14px;
    font-family:Arial, Helvetica, sans-serif;
}
#parentTable{
    border-collapse:collapse;
}
-->
</style>
<script language="javascript" defer="defer">
var Drag={
    dragged:false,
    ao:null,
    tdiv:null,
    dragStart:function(){
        Drag.ao=event.srcElement;
        if((Drag.ao.tagName=="TD")||(Drag.ao.tagName=="TR")){
            Drag.ao=Drag.ao.offsetParent;
            Drag.ao.style.zIndex=100;
         }else
            return;
        Drag.dragged=true;
        Drag.tdiv=document.createElement("div");
        Drag.tdiv.innerHTML=Drag.ao.outerHTML;
        Drag.ao.style.border="1px dashed red";
        Drag.tdiv.style.display="block";
        Drag.tdiv.style.position="absolute";
        Drag.tdiv.style.filter="alpha(opacity=70)";
        Drag.tdiv.style.cursor="move";
        Drag.tdiv.style.border="1px solid #000000";
        Drag.tdiv.style.width=Drag.ao.offsetWidth;
        Drag.tdiv.style.height=Drag.ao.offsetHeight;
        Drag.tdiv.style.top=Drag.getInfo(Drag.ao).top;
        Drag.tdiv.style.left=Drag.getInfo(Drag.ao).left;
        document.body.appendChild(Drag.tdiv);
        Drag.lastX=event.clientX;
        Drag.lastY=event.clientY;
        Drag.lastLeft=Drag.tdiv.style.left;
        Drag.lastTop=Drag.tdiv.style.top;
    },
    draging:function(){//判断 MOUSE 的位置
        if(!Drag.dragged||Drag.ao==null)return;
        var tX=event.clientX;
        var tY=event.clientY;
        Drag.tdiv.style.left=parseInt(Drag.lastLeft)+tX-Drag.lastX;
        Drag.tdiv.style.top=parseInt(Drag.lastTop)+tY-Drag.lastY;
        for(var i=0;i<parentTable.cells.length;i++){
            var parentCell=Drag.getInfo(parentTable.cells[i]);
            if(tX>=parentCell.left&&tX<=parentCell.right&&tY>=
            parentCell.top&&tY<=parentCell.bottom){
                var subTables=parentTable.cells[i].getElementsByTagName("table");
                 if(subTables.length==0){
```

```
            if(tX>=parentCell.left&&tX<=parentCell.right&&tY>=
                parentCell.top&&tY<=parentCell.bottom){
                parentTable.cells[i].appendChild(Drag.ao);
            }
            break;
        }
        for(var j=0;j<subTables.length;j++){
            var subTable=Drag.getInfo(subTables[j]);
            if(tX>=subTable.left&&tX<=subTable.right&&tY>=
                subTable.top&&tY<=subTable.bottom){
                parentTable.cells[i].insertBefore(Drag.ao,subTables[j]);
                break;
            }else{
                parentTable.cells[i].appendChild(Drag.ao);
            }
        }
    }
    }
},
dragEnd:function(){
    if(!Drag.dragged)
        return;
    Drag.dragged=false;
    Drag.mm=Drag.repos(150,15);
    Drag.ao.style.borderWidth="0px";
    //Drag.ao.style.border="1px solid #003a82";
    Drag.ao.style.border="1px solid #206100";
    Drag.tdiv.style.borderWidth="0px";
    Drag.ao.style.zIndex=1;
},
getInfo:function(o){//取得坐标
    var to=new Object();
    to.left=to.right=to.top=to.bottom=0;
    var twidth=o.offsetWidth;
    var theight=o.offsetHeight;
    while(o!=document.body){
        to.left+=o.offsetLeft;
        to.top+=o.offsetTop;
        o=o.offsetParent;
    }
    to.right=to.left+twidth;
    to.bottom=to.top+theight;
    return to;
},
repos:function(aa,ab){
    var f=Drag.tdiv.filters.alpha.opacity;
    var tl=parseInt(Drag.getInfo(Drag.tdiv).left);
    var tt=parseInt(Drag.getInfo(Drag.tdiv).top);
    var kl=(tl-Drag.getInfo(Drag.ao).left)/ab;
    var kt=(tt-Drag.getInfo(Drag.ao).top)/ab;
    var kf=f/ab;
    return setInterval(function(){
        if(ab<1){
            clearInterval(Drag.mm);
```

```
            Drag.tdiv.removeNode(true);
            Drag.ao=null;
            return;
        }
        ab--;
        tl-=kl;
        tt-=kt;
        f-=kf;
        Drag.tdiv.style.left=parseInt(tl)+"px";
        Drag.tdiv.style.top=parseInt(tt)+"px";
        Drag.tdiv.filters.alpha.opacity=f;
    }
    ,aa/ab)
},
inint:function(){
    for(var i=0;i<parentTable.cells.length;i++){
        var
subTables=parentTable.cells[i].getElementsByTagName("table");
        for(var j=0;j<subTables.length;j++){
            if(subTables[j].className!="dragTable")
                break;
            subTables[j].rows[0].className="dragTR";

    subTables[j].rows[0].attachEvent("onmousedown",Drag.dragStart);
        }
    }
    document.onmousemove=Drag.draging;
    document.onmouseup=Drag.dragEnd;
}
}
Drag.inint();
</script>
```

使用 IE9.0 浏览器浏览上述代码的效果如图 19-5 所示。

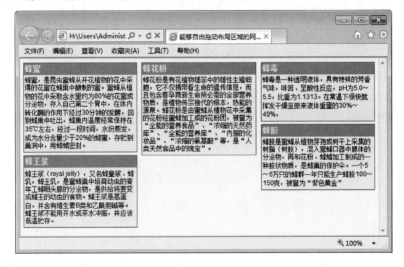

图 19-5　自由拖放布局区域效果

19.4　跟我练练手

1. 练习目标

能够熟练掌握本章所讲内容。

2. 上机练习

练习 1：XML Http Request 对象的使用方法。

练习 2：Ajax 请求发出的方法。

练习 3：处理器如何进行响应。

练习 4：如何制作自由拖动的网页。

19.5　高 手 甜 点

甜点 1：在发送 Ajax 请求时，使用 GET 还是使用 POST？

与 POST 相比，GET 更简单也更快，并且在大部分情况下都能用。然而，在以下情况中，请使用 POST 请求：

- 无法使用缓存文件(更新服务器上的文件或数据库)。
- 向服务器发送大量数据(POST 没有数据量限制)。
- 发送包含未知字符的用户输入时，POST 比 GET 更稳定也更可靠。

甜点 2：在指定 Ajax 的异步参数时，应将该参数设置为 True 还是 False？

Ajax 指的是异步 JavaScript 和 XML。XMLHttpRequest 对象如果被用于 AJAX 的话，其 open()方法的 async 的参数值必须设置为 true，代码如下：

```
xmlhttp.open("GET","ajax_test.asp",true);
```

对于 web 开发人员来说，发送异步请求是一个巨大的进步。在服务器执行的很多任务都相当耗时。在 AJAX 出现之前，这可能会引起应用程序挂起或停止。通过 AJAX，JavaScript 无需等待服务器的响应，而是在等待服务器响应时执行其他脚本，当响应就绪后对响应进行处理。

第 20 章
JavaScript 的
优秀仓库——
jQuery

　　随着互联网的快速发展，为从烦琐的 JavaScript 中解脱出来，以便后人在遇到相同问题时可以直接使用，从而提高项目的开发效率，程序员开始重视程序功能上的封装与开发。其中 jQuery 就是一个优秀的 JavaScript 脚本库。

本章要点(已掌握的在方框中打勾)

- ☐ 熟悉 jQuery 的基本概念。
- ☑ 熟悉 jQuery 的配置。
- ☐ 熟悉 jQuery 的常用插件。
- ☑ 掌握 jQuery 选择器的使用。
- ☑ 掌握 jQuery 控制页面的使用。
- ☐ 掌握 jQuery 的事件处理。
- ☑ 掌握 jQuery 的动画效果。

20.1 jQuery 概述

jQuery 是一个兼容多浏览器的 javascript 框架，它的核心理念是(写得更少，做得更多)。jQuery 在 2006 年 1 月由美国人 John Resig 在纽约发布，吸引了来自世界各地的众多 JavaScript 高手加入。现在，jQuery 已成为流行的 javascript 框架之一。

20.1.1 jQuery 能做什么

起初，jQuery 所提供的功能非常有限，仅仅能增强 CSS 的选择器功能，现在 jQuery 已经发展成为集 JavaScript、CSS、DOM 和 Ajax 于一体的优秀框架。其模块化的使用方式使开发者可以很轻松地开发出功能强大的静态或动态网页。例如中国网络电视台、CCTV、京东商城等，很多网站的动态效果都是利用 jQuery 脚本库制作出来的。

下面介绍一下京东商城应用的 jQuery 效果。访问京东商城的首页时，在右侧有一个话费、旅行、彩票、游戏栏目，这里应用的就是 jQuery。将鼠标移动到【话费】栏目上，标签页中将显示手机话费充值的相关内容，如图 20-1 所示；将鼠标移动到【游戏】栏目上，标签页中将显示游戏充值的相关内容，如图 20-2 所示。

图 20-1　话费栏目显示效果　　　　　　图 20-2　游戏栏目显示效果

20.1.2 jQuery 的特点

jQuery 是一个简洁快速的 JavaScript 脚本库，其独特的选择器、链式的 DOM 操作方式、事件绑定机制、封装完善的 Ajax 都是其他 JavaScript 库望尘莫及的。

jQuery 的主要特点如下。

(1) 代码短小精湛。jQuery 是一个轻量级的 JavaScript 脚本库，其代码非常短小，采用 Dean Edwards 的 Packer 压缩后，大小不到 30KB；如果服务器端启用 gzip 压缩后，大小只有 16KB！

(2) 强大的选择器支持。jQuery 可以让操作者使用从 CSS 1 到 CSS 3 几乎所有的选择器，以及 jQuery 独创的高级而复杂的选择器。

（3）出色的 DOM 操作封装。jQuery 封装了大量常用 DOM 操作，使用户在编写 DOM 操作相关程序的时候能够得心应手，优雅地完成各种原本非常复杂的操作，让 JavaScript 新手也能写出出色的程序。

（4）可靠的事件处理机制。jQuery 的事件处理机制吸取了 JavaScript 专家 Dean Edwards 编写的事件处理函数的精华，使得 jQuery 在处理事件绑定的时候相当的可靠。在预留退路方面，jQuery 也做得非常不错。

（5）完善的 Ajax。jQuery 将所有的 Ajax 操作封装到$.ajax 函数里，使得用户在处理 Ajax 的时候能够专心处理业务逻辑，而无需关心复杂的浏览器的兼容性、XML Http Request 对象的创建和使用问题。

（6）出色的浏览器兼容性。作为一个流行的 JavaScript 库，浏览器的兼容性自然是必须具备的条件之一，jQuery 能够在 IE 6.0+、FF 2+、Safari 2.0+和 Opera 9.0+下正常运行。同时修复了一些浏览器之间的差异，使用户不用在开展项目前因忙于建立一个浏览器兼容库而焦头烂额。

（7）丰富的插件支持。任何事物的壮大，如果没有很多人的支持，是发展不起来的。jQuery 的易扩展性，吸引了来自全球的开发者共同编写 jQuery 的扩展插件。目前已有上百种官方支持的插件。

（8）开源特点。jQuery 是一个开源产品，任何人都可以自由使用。

20.2　jQuery 的配置

如果想在开发网站的过程中应用 jQuery 库，那么就需要对其进行配置它。jQuery 是一个开源脚本库，可以从其官方网站(http://jquery.com)中下载。将 jQuery 库下载到本地计算机后，需要在项目中配置 jQuery 库，即将后缀名为.js 的文件放置到项目的指定文件夹中，通常放置在 JS 文件夹中，然后根据需要应用到 jQuery 的页面中，使用以下语句，将其引用到文件中：

```
<script src="jquery.min.js"type="text/javascript" ></script>
或者
<script Language="javascript" src="jquery.min.js"></script>
```

> 注意　引用 jQuery 的<script>标签，必须放在所有的自定义脚本的<script>之前，否则在自定义的脚本代码中应用不到 jQuery 脚本库。

20.3　使用 jQuery 的插件

在 jQuery 官方网站中有很多现成的插件，在官方主页中单击 Plugins 超链接，即可在打开的页面中查看和下载 jQuery 提供的插件，如图 20-3 所示。

图 20-3　插件下载页面

20.3.1　常见的 jQuery 的插件

常见的 jQuery 的插件有以下 4 种。

1. jQueryUI 插件

jQueryUI 是一个基于 jQuery 的用户界面开发库，主要由 UI 小部件和 CSS 样式表集合而成，它们被打包到一起以完成日常任务。UI 插件主要可以实现拖拽、排序、选择和缩放等鼠标互动效果，另外还可以实现折叠菜单、日历、对话框、滑动条、表格排序、页签、放大镜效果和阴影效果等。

2. Form 插件

jQuery Form 插件是一个优秀的 Ajax 表单插件，它能使 HTML 表单非常容易地支持 Ajax。jQuery Form 有两个核心方法：ajaxForm()和 ajaxSubmit()，它们集合了从控制表单元素到决定如何管理提交进程的功能。另外，Form 插件还包括一些其他的方法，例如 formToArray()、formSerialize0、fieldSerialize()、fieldValue()、clearForm()、clearFields() 和 resetForm()等。

3．提示信息插件

在网站开发过程中，有时想要实现一些提示，例如当鼠标移动到某个关键词上时，会弹出一段相关的文字。这就需要使用 jQuery 的 cluetip 插件。

clueTip 是一个 jQuery 工具提示插件，可以方便地为链接或其他元素添加 Tooltip 功能。当链接包括 title 属性时，它的内容将变成 clueTip 的标题。clueTip 中显示的内容可以通过 Ajax 获取，也可以从当前页面中的元素中获取。

4. jcarousel 插件

jcarousel 是一款 jQuery 插件，用来控制水平或垂直排列的列表项。如图 20-4 所示的滚动切换效果，单击左右两侧的箭头可以向左或者向右查看图片。当到达第一张图片时，左边的箭头变为不可用状态，当到达最后一张图片时，右边的箭头变为不可用状态。

图 20-4　图片滚动切换效果

20.3.2　案例——如何使用插件

由于 JQuery 插件其实就是 js 包，所以其使用方法比较简单，具体步骤如下。

`step 01` 将下载的插件或者自定义的插件放在主 jQuery 源文件下，然后在<head>标记中引用插件 js 文件和 JQuery 库文件。

`step 02` 包含一个自定义的 JavaScript 文件，并在其中使用插件创建的方法。

下面通过一个实例来讲解具体的使用方法。

【例 20.1】 (实例文件：ch02\20.1.html)。步骤如下：

`step 01` 到官网下载 jquery.form.js 文件，然后放在网站目录下。

`step 02` 创建服务器端处理文件 20.1.aspx 文件，然后放在网站目录下。具体代码如下：

```
<%@ Page Language="C#" ContentType="text/html" ResponseEncoding="gb2312" %>
<%@ Import Namespace="System.Data" %>
<%
    Response.CacheControl = "no-cache";
    Response.AddHeader("Pragma","no-cache");
        string back = "";
    back += "用户: "+Request["name"];
    back += "<br>";
    back += "评论: "+Request["comment"];
    Response.Write(back);
%>
```

`step 03` 新建网页文件 20.1.html，在 head 部分引入 jQuery 库和 Form 插件库文件，具体代码如下：

```
<!DOCTYPE html>
<html>
<head>
<script src="jquery.min.js"></script>
<script src="jquery.form.js"></script>
<script>
    // 等待加载
```

```
    $(document).ready(function() {
        // 给 myForm 绑定一个回调函数
        $('#myForm').ajaxForm(function() {
            alert("恭喜，评论发表成功！");
        });
    });
</script>
</head>
<body>
<form id="myForm" action="19.1.aspx" method="post">
    用户名：<input type="text" name="name" />
    </br>
    评论内容：<textarea name="comment"></textarea>
    <input type="submit" value="发表评论" />
</form>
</body>
```

在 IE 9.0 浏览器中运行上述代码，在显示页面中输入用户名和评论内容后单击【发表评论】按钮，效果如图 20-5 所示。

图 20-5　程序运行结果

20.4　jQuery 选择器

在 JavaScript 中，如果用户想获取元素的 DOM 元素，就必须使用该元素的 ID 和 TagName。而在 jQuery 库中却有许多功能强大的选择器帮助用户获取页面上的 DOM 元素，而且获取到的每个对象都以 jQuery 包装集的形式返回。

20.4.1　案例——jQuery 的工厂函数

$是 jQuery 中最常用的一个符号，用于声明 jQuery 对象。可以说，在 jQuery 中，无论使用哪种类型的选择器都需要从一个$符号和一对()开始。在()中通常使用字符串参数，参数中可以包含任何 CSS 选择符表达式。其通用语法格式如下：

```
$(selector)
```

$常用的用法有以下几种。

- 在参数中使用标记名，例如$("div")，用于获取文档中全部的<div>。

- 在参数中使用 ID，例如$("#usename")，用于获取文档中 ID 属性值为 usename 的一个元素。
- 在参数中使用 CSS 类名，例如$(".btn_grey")，用于获取文档中使用 CSS 类名为 btn_grey 的所有元素。

【例 20.2】　(实例文件：ch20\20.2.html)选择文本段落中的奇数行。代码如下：

```html
<html>
<head>
<title>$符号的应用</title>
<script language="javascript" src="jquery-1.11.0.min.js"></script>
<script language="javascript">
window.onload = function(){
    var oElements = $("p:odd");      //选择匹配元素
    for(var i=0;i<oElements.length;i++)
        oElements[i].innerHTML = i.toString();
}
</script>
</head>
<body>
<div id="body">
<p>第一行</p>
<p>第二行</p>
<p>第三行</p>
<p>第四行</p>
<p>第五行</p>
</div>
</body>
</html>
```

上述代码运行结果如图 20-6 所示。

图 20-6　"$"符号的应用

20.4.2　案例——常见选择器

在 jQuery 中，常见的选择器有以下 5 种。

1. 基本选择器

jQuery 的基本选择器是应用最广泛的选择器，它是其他类型选择器的基础，是 jQuery 选择器中最为重要的部分。jQuery 的基本选择器包括 ID 选择器、元素选择器、类别选择器、复合选择器等。

2. 层级选择器

层级选择器根据 DOM 元素之间的层次关系获取特定的元素，例如后代元素、子元素、相邻元素和兄弟元素等。

3. 过滤选择器

jQuery 过滤选择器主要包括简单过滤器、内容过滤器、可见性过滤器、表单对象的属性选择器和子元素选择器等。

4. 属性选择器

属性选择器是通过元素的属性作为过滤条件进行筛选对象的选择器，常见的属性选择器主要有[attribute]、[attribute=value]、[attribute!=value]、[attribute$=value]等。

5. 表单选择器

表单选择器用于选取经常在表单内出现的元素。不过，选取的元素并不一定在表单之中。jQuery 提供的表单选择器主要包括:input 选择器、:text 选择器、: password 选择器、:password 选择器、:radio 选择器、:checkbox 选择器、:submit 选择器、:reset 选择器、:button 选择器、:image 选择器、:file 选择器。

下面以表单选择器为例讲解使用选择器的方法。

【例 20.3】 (实例文件：ch20\20.3.html)为页面中类型为 file 的所有<input>元素添加背景色。代码如下：

```
<html>
<head>
<script type="text/javascript" src="jquery-1.11.0.min.js"></script>
<script type="text/javascript">
$(document).ready(function(){
    $(":file").css("background-color","#B2E0FF");
});
</script>
</head>
<body>
<form action="">
姓名: <input type="text" name="姓名" />
<br />
密码: <input type="password" name="密码" />
<br />
<button type="button">按钮 1</button>
<input type="button" value="按钮 2" />
<br />
<input type="reset" value="重置" />
<input type="submit" value="提交" />
<br />
文件域: <input type="file">
</form>
</body>
</html>
```

上述代码运行结果如图 20-7 所示。从中可以看到网页中表单类型为 file 的元素被添加上了背景色。

图 20-7 表单选择器的应用效果

20.5 jQuery 控制页面

在网页制作的过程中，jQuery 具有强大的功能，本节主要介绍 jQuery 如何控制页面、对标记的属性进行操作、对表单元素进行操作和对元素的 CSS 样式进行操作等。

20.5.1 案例——对标记的属性进行操作

jQuery 提供了对标记属性进行操作的方法。

1. 获取属性的值

jQuery 提供的 attr()方法主要用于设置或返回被选元素的属性值。

【例 20.4】 (实例文件：ch20\20.4.html)获取属性值。代码如下：

```html
<!DOCTYPE html>
<html>
<head>
<meta http-equiv="Content-Type" content="text/html; charset=gb2312" />
<script src="jquery.min.js"></script>
<script>
$(document).ready(function(){
  $("button").click(function(){
    alert("图像宽度为: " + $("img").attr("width"));
  });
});
</script>
</head>
<body>
<img src="123.jpg" />
<br />
<button>查看图像的宽度</button>
</body>
</html>
```

在 IE 9.0 浏览器中运行上述代码，单击页面中的【查看图像的宽度】按钮，最终显示效果 20-8 所示。

图 20-8 程序运行结果

2. 修改属性的值

attr()方法除了可以获取元素的值之外，还可以通过它设置属性的值。其语法格式如下：

```
attr(name ,value);
```

其中，可将元素的所有项的属性 name 的值设置为 value。

【例20.5】 (实例文件：ch20\20.5.html)修改属性值。代码如下：

```
<!DOCTYPE html>
<html>
<head>
<meta http-equiv="Content-Type" content="text/html; charset=gb2312" />
<script src="jquery.min.js"></script>
<script>
$(document).ready(function(){
  $("button").click(function(){
    $("img").attr("width","300");
  });
});
</script>
</head>
<body>
<img src="123.jpg" />
<br />
<button>修改图像的宽度</button>
</body>
</html>
```

上述代码在 IE 9.0 浏览器中的显示效果 20-9 所示。单击【修改图像的宽度】按钮，最终显示效果如图 20-10 所示。

图 20-9　程序初始效果　　　　　　　图 20-10　程序运行效果

3. 删除属性的值

使用 jQuery 提供的 removeAttr 方法来删除属性的值。

【例20.6】 (实例文件：ch20\20.6.html)删除属性值。代码如下：

```
<!DOCTYPE html>
<html>
<head>
<meta http-equiv="Content-Type" content="text/html; charset=gb2312" />
<script src="jquery.min.js"></script>
<script type="text/javascript">
```

```
$(document).ready(function(){
  $("button").click(function(){
    $("p").removeAttr("style");
  });
});
</script>
</head>
<body>
<h1>观沧海</h1>
<p style="font-size:120%;color:red">东临碣石，以观沧海。</p>
<p>水何澹澹，山岛竦峙。</p>
<button>删除所有 p 元素的 style 属性</button>
</body>
</html>
```

上述代码在 IE 9.0 浏览器中的显示效果如图 20-11 所示。单击【删除所有 P 元素的 style 属性】按钮，最终结果如图 20-12 所示。

图 20-11　程序初始效果

图 20-12　程序运行效果

20.5.2　案例——对表单元素属性进行操作

jQuery 提供了对表单元素进行操作的方法。

1. 获取表单元素的值

val()方法用来返回或设置被选元素的值。元素的值通过 value 属性设置。该方法大多用于表单元素。如果该方法未设置参数，则返回被选元素的当前值。

【例 20.7】 (实例文件：ch20\20.7.html)代码如下：

```
<!DOCTYPE html>
<html>
<head>
<meta http-equiv="Content-Type" content="text/html; charset=gb2312" />
<script src="jquery.min.js"></script>
<script type="text/javascript">
$(document).ready(function(){
  $("button").click(function(){
    alert($("input:text").val());
  });
```

```
});
</script>
</head>
<body>
名称: <input type="text" name="fname" value="冰箱" /><br />
类别: <input type="text" name="lname" value="电器" /><br /><br />
<button>获得第一个文本域的值</button>
</body>
</html>
```

在 IE 9.0 浏览器中运行上述代码，在页面中单击【获得第一个文本域的值】按钮，最终显示效果如图 20-13 所示。

图 20-13　程序运行效果

2. 设置表单元素的值

val()方法还可以用来设置表单元素的值。具体的使用语法格式如下：

```
$("selector").val(value);
```

【例 20.8】　(实例文件：ch20\20.8.html)。代码如下：

```
<!DOCTYPE html>
<html>
<head>
<meta http-equiv="Content-Type" content="text/html; charset=gb2312" />
<script src="jquery.min.js"></script>
<script type="text/javascript">
$(document).ready(function(){
  $("button").click(function(){
    $(":text").val("冰箱");
  });
});
</script>
</head>
<body>
<p>电器名称: <input type="text" name="user" value="洗衣机" /></p>
<button>改变文本域的值</button>
</body>
</html>
```

上述代码在 IE 9.0 浏览器中的显示效果 20-14 所示。单击【改变文本域的值】按钮，最终显示效果如图 20-15 所示。

图 20-14　程序初始结果　　　　　　　图 20-15　程序运行结果

20.5.3　案例——对元素的 CSS 样式进行操作

通过 jQuery，用户可以很容易地对 CSS 样式进行操作。

1. 添加 CSS 类

addClass()方法主要向被选元素添加一个或多个类。

【例 20.9】　(实例文件：ch20\20.9.html)向不同的元素添加 class 属性。在添加类时，可以选取多个元素。代码如下：

```
<!DOCTYPE html>
<html>
<head>
<meta http-equiv="Content-Type" content="text/html; charset=gb2312" />
<script src="jquery.min.js"></script>
<script>
$(document).ready(function(){
  $("button").click(function(){
    $("h1,h2,p").addClass("blue");
    $("div").addClass("important");
  });
});
</script>
<style type="text/css">
.important
{
  font-weight:bold;
  font-size:xx-large;
}
.blue
{
  color:blue;
}
</style>
</head>
<body>
<h1>梅雪</h1>
<h2>梅雪争春未肯降</h2>
```

```
<p>骚人阁笔费评章</p>
<p>梅须逊雪三分白</p>
<div>雪却输梅一段香</div>
<br>
<button>向元素添加 CSS 类</button>
</body>
</html>
```

上述代码在 IE 9.0 浏览器中的显示效果 20-16 所示。单击【向元素添加 CSS 类】按钮，最终结果如图 20-17 所示。

图 20-16 程序初始结果

图 20-17 程序运行结果

2. 删除 CSS 类

removeClass()方法主要用于从被选元素中删除一个或多个类。

【例 20.10】 (实例文件：ch20\20.10.html)删除元素的 class 属性。在删除类时，也可以选取多个元素。代码如下：

```
<!DOCTYPE html>
<html>
<head>
<meta http-equiv="Content-Type" content="text/html; charset=gb2312" />
<script src="jquery.min.js"></script>
<script>
$(document).ready(function(){
  $("button").click(function(){
    $("h1,h2,p").removeClass("important blue");
  });
});
</script>
<style type="text/css">
.important
{
font-weight:bold;
font-size:xx-large;
}
.blue
{
```

```
color:blue;
}
</style>
</head>
<body>
<h1 class="blue">梅雪</h1>
<h2 class="blue">梅雪争春未肯降</h2>
<p class="blue">骚人阁笔费评章</p>
<p>雪却输梅一段香</p>
<br>
<button>从元素上删除 CSS 类</button>
</body>
</html>
```

上述代码在 IE 9.0 浏览器中的显示效果 20-18 所示。单击【从元素上删除 CSS 类】按钮，最终显示效果如图 20-19 所示。

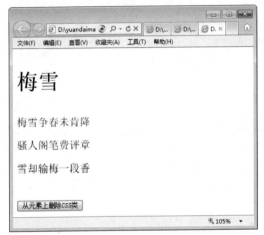

图 20-18　程序初始结果

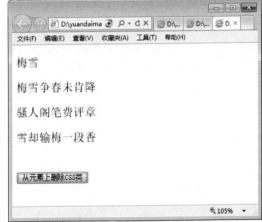

图 20-19　程序运行结果

20.6　jQuery 的事件处理

脚本语言一旦有了事件就有了"灵魂"。事件对于脚本语言之所以很重要，是因为事件使页面具有了动态性和响应性，如果没有事件将很难完成页面与用户之间的交互。

20.6.1　案例——页面加载响应事件

jQuery 中的$.ready()事件是页面加载响应事件，ready()方法是 jQuery 事件模块中最重要的一个方法。该方法可被看作是对 window.onload 注册事件的替代方法，通过使用该方法可以在 DOM 载入就绪时立刻调用所绑定的函数，而几乎所有的 javaScript 函数都需要在那一刻执行。ready()方法仅能用于当前文档，因此无须选择器。

ready()方法的语法格式有以下 3 种：

```
语法 1：$(document).ready(function)
```

语法 2: `$().ready(function)`
语法 3: `$(function)`

其中参数 function 是必选项，规定当文档加载后要运行的函数。

【**例 20.11**】 (实例文件：ch20\20.11.html)。代码如下：

```html
<!DOCTYPE html>
<html>
<head>
<meta http-equiv="Content-Type" content="text/html; charset=gb2312" />
<script type="text/javascript" src="jquery.min.js"></script>
<script type="text/javascript">
$(document).ready(function(){
  $(".btn1").click(function(){
  $("p").slideToggle();
  });
});
</script>
</head>
<body>
<p>此去经年，应是良辰好景虚设。便纵有千种风情，更与何人说？</p>
<button class="btn1">隐藏</button>
</body>
</html>
```

上述代码在 IE 9.0 浏览器中的显示效果 20-20 所示。单击【隐藏】按钮，最终显示效果如图 20-21 所示。从中可以看出在文档加载后函数也被激活了。

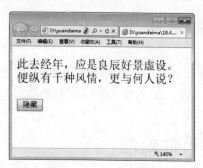

图 20-20　程序初始结果

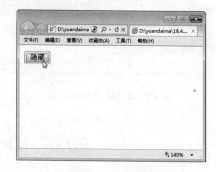

图 20-21　程序运行结果

20.6.2　案例——事件捕获与事件冒泡

在某个对象上触发某类事件(比如单击)，如果该对象定义了这个事件的处理程序，那么这个事件就会调用处理程序；如果该对象没有定义这个事件处理程序或者事件返回 true，那么这个事件就会向以对象的父级对象传播，从里到外，直至它被处理(父级对象所有同类事件都将被激活)，或者它到达了对象层次的最顶层，即 document 对象(有些浏览器是 window)。

【**例 20.12**】 (实例文件：ch20\20.12.html)。代码如下：

```html
<!DOCTYPE html>
<html>
```

```
<head>
<meta http-equiv="Content-Type" content="text/html; charset=gb2312" />
<script type="text/javascript" src="jquery.min.js"></script>
<script type="text/javascript">
function add(Text){
    var Div = document.getElementById("display");
    Div.innerHTML += Text;  //输出点击顺序
}
</script>
</head>
<body onclick="add('第三层事件<br>');">
    <div onclick="add('第二层事件<br>');">
        <p onclick="add('第一层事件<br>');">事件冒泡</p>
    </div>
    <div id="display"></div>
</body>
</html>
```

上述代码在 IE 9.0 浏览器中的显示效果 20-22 所示。单击【事件冒泡】文字，最终显示效果如图 20-23 所示。代码为 p、div、body 都添加了 onclick()方法，当单击 p 的文字时，触发事件，并且触发顺序是由最底层的文字依次向上触发。

图 20-22　程序初始结果

图 20-23　程序运行结果

20.7　jQuery 的动画效果

jQuery 能在页面上实现绚丽的动画效果，jQuery 本身对页面动态效果提供了一些有限的支持，例如动态显示和隐藏页面的元素、淡入淡出动画效果、滑动动画效果等。

20.7.1　案例——基本的动画效果

显示与隐藏是 jQuery 实现的基本动画效果。在 jQuery 中，提供了两种显示与隐藏元素的方法，一种是分别显示和隐藏网页元素；另一种是切换显示与隐藏元素。

1. 隐藏元素

在 jQuery 中，使用 hide()方法可隐藏匹配元素。在使用 hide()方法隐藏匹配元素的过程中，当 hide()方法不带有任何参数时，就实现了元素的简单隐藏。其语法格式如下：

hide()

例如，想要隐藏页面当中的所有文本元素，就可以使用以下 jQuery 代码：

```
$("p").hide()
```

另外，带有参数的 hide()隐藏方式，可以实现不同方式的隐藏效果。其语法格式如下：

```
$(selector).hide(speed,callback);
```

上述参数含义说明如下。

- Speed：可选的参数，规定隐藏的速度，可以取"slow"、"fast"或毫秒等值。
- Callback：可选的参数，规定隐藏完成后所执行的函数名称。

【例 20.13】 (实例文件：ch20\20.13.html)设置网页元素的隐藏参数。代码如下：

```
<!DOCTYPE html>
<html>
<head>
<script src="jquery-1.11.0.min.js"></script>
<script type="text/javascript">
$(document).ready(function(){
  $(".ex .hide").click(function(){
    $(this).parents(".ex").hide("3000");
  });
});
</script>
<style type="text/css">
div.ex
{
background-color:#e5eecc;
padding:7px;
border:solid 1px #c3c3c3;
}
</style>
</head>
<body>
<h3>总经理</h3>
<div class="ex">
<button class="hide" type="button">隐藏</button>
<p>姓名：张三<br />
电话：13512345678<br />
公司地址：北京西路 20 号</p>
</div>

<h3>办公室主任</h3>
<div class="ex">
<button class="hide" type="button">隐藏</button>
<p>姓名：李四<br />
电话：13012345678<br />
公司地址：北京西路 20 号</p>
</div>
</body>
</html>
```

上述代码运行结果如图 20-24 所示。单击页面中的【隐藏】按钮，即可将下方的联系人信息慢慢地隐藏起来。

图 20-24　程序运行结果

2. 显示元素

使用 show()方法可以显示匹配的网页元素。show()方法有两种语法格式，一种是不带有参数的形式；一种是带有参数的形式。

不带有参数的格式，用以实现不带有任何效果的显示匹配元素。其语法格式如下：

```
show()
```

例如，想要显示页面中的所有文本元素，可使用以下 jQuery 代码：

```
$("p").show()
```

带有参数的格式，用以实现以优雅的动画方式显示网页中的元素，并在隐藏完成后可选择地触发一个回调函数。其语法格式如下：

```
$(selector).show(speed,callback);
```

上述各项参数的含义如下。

● Speed：可选的参数，规定显示的速度，可以取"slow"、"fast"或毫秒等参数。

● Callback：可选的参数，规定显示完成后所执行的函数名称。

例如，想要在 300 毫秒内显示网页中的 p 元素，可使用以下 jQuery 代码：

```
$("p").show(300)
```

【例 20.14】 (实例文件：ch20\20.14.html)在 3000 毫秒内显示或隐藏网页中的元素。代码如下：

```
<!DOCTYPE html>
<html>
<head>
<script src="jquery-1.11.0.min.js"></script>
<script type="text/javascript">
$(document).ready(function(){
  $("#hide").click(function(){
  $("p").hide("3000");
  });
  $("#show").click(function(){
```

```
    $("p").show("3000");
    });
});
</script>
</head>
<body>
<p id="p1">点击【隐藏】按钮,本段文字就会消失;点击【显示】按钮,本段文字就会显示。</p>
<button id="hide" type="button">隐藏</button>
<button id="show" type="button">显示</button>
</body>
</html>
```

运行上述代码,结果如图 20-25 所示。单击页面中的【隐藏】按钮,就会将网页中文字在 3000 毫秒内慢慢隐藏起来,然后单击【显示】按钮,隐藏起来的文字又会在 3000 毫秒内慢慢地显示出来。

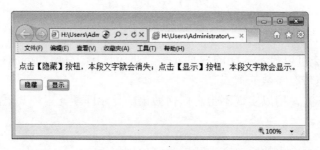

图 20-25　程序运行结果

3. 切换元素

使用 toggle()方法可以切换元素的可见(显示与隐藏)状态。简单地讲,当元素为显示状态时,使用 toggle()方法可以将其隐藏起来;反之,可以将其显示出来。

toggle()方法的语法格式如下:

```
$(selector).toggle(speed,callback);
```

其中各参数的含义如下。

● Speed:可选的参数,规定隐藏/显示的速度,可以取""slow""、""fast""或毫秒等参数。

● Callback:可选的参数,是 toggle()方法完成后所执行的函数名称。

【例 20.15】 (实例文件:ch20\20.15.html)切换(隐藏/显示)网页中的元素。代码如下:

```
<!DOCTYPE html>
<html>
<head>
<script src="jquery-1.11.0.min.js"></script>
<script type="text/javascript">
$(document).ready(function(){
 ·$("button").click(function(){
  $("p").toggle();
  });
});
</script>
```

```
</head>
<body>
<button type="button">切换</button>
<p>清明时节雨纷纷，</p>
<p>路上行人欲断魂。</p>
</body>
</html>
```

运行上述代码，结果如图 20-26 所示。单击页面中的【切换】按钮，可以实现网页文字段落的显示与隐藏的切换效果。

图 20-26 程序运行结果

20.7.2 案例——动画的淡入和淡出效果

通过 jQuery 可以实现元素的淡入和淡出的动画效果，主要方法有 fadeIn()、fadeOut()、fadeToggle()、fadeTo()。

1. 淡出隐藏元素

fadeIn()方法通过增大不透明度实现匹配元素的淡出效果。其语法格式如下：

```
$(selector).fadeIn(speed,callback);
```

其中，各参数说明如下。
- Speed：可选的参数，规定淡出效果的时长，可以取""slow""、""fast""或毫秒等值。
- Callback：可选的参数，是 fadeIn()方法完成后所执行的函数名称。

【例 20.16】 (实例文件：ch20\20.16.html)以不同效果淡出网页中的矩形。代码如下：

```
<!DOCTYPE html>
<html>
<head>
<script src="jquery-1.11.0.min.js"></script>
<script>
$(document).ready(function(){
  $("button").click(function(){
    $("#div1").fadeIn();
    $("#div2").fadeIn("slow");
    $("#div3").fadeIn(3000);
  });
});
</script>
</head>
```

```
<body>
<p>以不同参数方式淡出网页元素</p>
<button>单击按钮，使矩形以不同的方式淡出</button>
<br><br>
<div id="div1" style="width:80px;height:80px;display:none;background-
color:red;"></div>
<br>
<div id="div2" style="width:80px;height:80px;display:none;background-
color:green;"></div>
<br>
<div id="div3" style="width:80px;height:80px;display:none;background-
color:blue;"></div>
</body>
</html>
```

上述代码运行，结果如图 20-27 所示。单击页面中的按钮 单击按钮，使矩形以不同的方式淡出，网页中的矩形就会以不同的方式淡出显示。

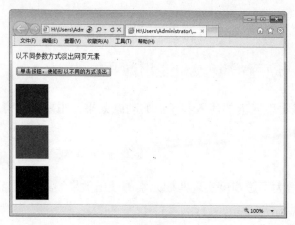

图 20-27　程序运行结果

2. 淡入可见元素

fadeOut()方法通过减小不透明度实现匹配元素的淡入效果。其语法格式如下：

```
$(selector).fadeOut (speed,callback);
```

其中，各参数说明如下。

- Speed：可选的参数，规定淡入效果的时长，可以取""slow""、""fast""或毫秒等值。
- Callback：可选的参数，是 fadeOut()方法完成后所执行的函数名称。

【例 20.17】 (实例文件：ch20\20.17.html)以不同效果淡入网页中的矩形。代码如下：

```
<!DOCTYPE html>
<html>
<head>
<script src="jquery-1.11.0.min.js"></script>
<script type="text/javascript">
$(document).ready(function(){
```

```
  $("button").click(function(){
    $("#div1").fadeOut();
    $("#div2").fadeOut("slow");
    $("#div3").fadeOut(3000);
  });
});
</script>
</head>
<body>
<p>以不同参数方式淡入网页元素</p>
<button>单击按钮，使矩形以不同的方式淡入</button>
<br><br>
<div id="div1" style="width:80px;height:80px;background-color:red;"></div>
<br>
<div id="div2" style="width:80px;height:80px;background-
color:green;"></div>
<br>
<div id="div3" style="width:80px;height:80px;background-color:blue;"></div>
</body>
</html>
```

运行上述代码，结果如图 20-28 所示。单击页面中的按钮 单击按钮，使矩形以不同的方式淡入 ，网页中的矩形就会以不同的方式淡入。

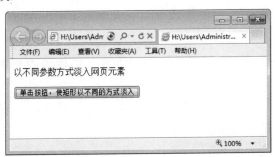

图 20-28　程序运行结果

3. 切换淡入和淡出元素

fadeToggle()方法可以在 fadeIn()与 fadeOut()方法之间进行切换。也就是说，如果元素已淡出，则 fadeToggle()会向元素添加淡入效果；如果元素已淡入，则 fadeToggle()会向元素添加淡出效果。

fadeToggle()方法的语法格式如下：

```
$(selector).fadeToggle(speed,callback);
```

其中，各参数说明如下。

- Speed：可选的参数，规定淡入淡出效果的时长，可以取""slow""、""fast""或毫秒等值。
- Callback：可选的参数，是 fadeToggle()方法完成后所执行的函数名称。

【例 20.18】 (实例文件：ch20\20.18.html)实现网页元素的淡出淡入效果。代码如下：

```
<!DOCTYPE html>
```

```
<html>
<head>
<script src="jquery-1.11.0.min.js"></script>
<script>
$(document).ready(function(){
  $("button").click(function(){
    $("#div1").fadeToggle();
    $("#div2").fadeToggle("slow");
    $("#div3").fadeToggle(3000);
  });
});
</script>
</head>
<body>
<p>以不同参数方式淡入淡出网页元素</p>
<button>单击按钮，使矩形以不同的方式淡入淡出</button>
<br><br>
<div id="div1" style="width:80px;height:80px;background-color:red;"></div>
<br>
<div id="div2" style="width:80px;height:80px;background-
color:green;"></div>
<br>
<div id="div3" style="width:80px;height:80px;background-color:blue;"></div>
</body>
</body>
</html>
```

运行上述代码，结果如图 20-29 所示。单击页面中的按钮 [单击按钮，使矩形以不同的方式淡出]，网页中的矩形就会以不同的方式淡入淡出。

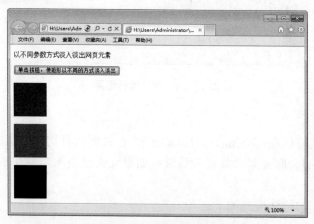

图 20-29　程序运行结果

3. 淡入或淡出元素至指定数值

使用 fadeTo()方法可以将网页元素淡入或淡出至指定数值。fadeTo()方法的语法格式如下：

```
$(selector).fadeTo(speed,opacity,callback);
```

其中，各参数说明如下。

- Speed：可选的参数，规定淡入淡出效果的时长，可以取""slow""、""fast""或毫秒等值。
- Opacity：必需的参数，参数将淡入淡出效果设置为给定的不透明度(值介于 0 与 1 之间)。
- Callback：可选的参数，是该函数完成后所执行的函数名称。

【例 20.19】 (实例文件：ch20\20.19.html)实现网页元素的淡出淡入至指定数值。代码如下：

```html
<!DOCTYPE html>
<html>
<head>
<script src="jquery-1.11.0.min.js"></script>
<script>
$(document).ready(function(){
  $("button").click(function(){
    $("#div1").fadeTo("slow",0.15);
    $("#div2").fadeTo("slow",0.4);
    $("#div3").fadeTo("slow",0.7);
  });
});
</script>
</head>
<body>
<p>以不同参数方式淡入网页元素</p>
<button>单击按钮，使矩形以不同的方式淡入至指定参数</button>
<br><br>
<div id="div1" style="width:80px;height:80px;background-color:red;"></div>
<br>
<div id="div2" style="width:80px;height:80px;background-color:green;"></div>
<br>
<div id="div3" style="width:80px;height:80px;background-color:blue;"></div>
</body>
</html>
```

运行上述代码，结果如图 20-30 所示。单击页面中的按钮 [单击按钮，使矩形以不同的方式淡入至指定参数]，网页中的矩形就会以不同的方式淡入淡出至指定参数值。

图 20-30 程序运行结果

20.7.3 案例——滑动效果

通过 jQuery 可以在元素上创建滑动效果。jQuery 中用于创建滑动效果的方法有 slideDown()、slideUp()、slideToggle()。

1. slideDown()方法

使用 slideDown()方法可以向下增加元素高度动态显示匹配的元素。slideDown()方法会逐渐向下增加匹配的隐藏元素的高度，直到元素被完全显示为止。slideDown()方法的语法格式如下：

```
$(selector).slideDown(speed,callback);
```

其中，各参数说明如下。

- Speed：可选的参数，规定效果的时长，可以取"slow"、"fast"或毫秒等值。
- Callback：可选的参数，是滑动完成后所执行的函数名称。

【例 20.20】 (实例文件：ch20\20.20.html)滑动显示网页元素。代码如下：

```
<!DOCTYPE html>
<html>
<head>
<script src="jquery-1.11.0.min.js"></script>
<script type="text/javascript">
$(document).ready(function(){
  $(".flip").click(function(){
    $(".panel").slideDown("slow");
  });
});
</script>
<style type="text/css">
div.panel,p.flip
{
margin:0px;
padding:5px;
text-align:center;
background:#e5eecc;
border:solid 1px #c3c3c3;
}
div.panel
{
height:120px;
display:none;
}
</style>
</head>
<body>
<div class="panel">
<p>小荷才露尖尖角，</p>
<p>早有蜻蜓立上头。</p>
</div>
<p class="flip">请点击这里</p>
```

```
</body>
</html>
```

运行上述代码，结果如图 20-31 所示。单击页面中的"请点击这里"，网页中隐藏的元素就会以滑动的方式显示出来。

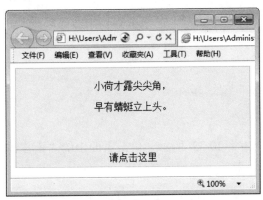

图 20-31　程序运行结果

2. slideUp()方法

使用 slideUp()方法可以向上减少元素高度动态显示匹配的元素。slideUp()方法会逐渐向上减少匹配的显示元素的高度，直到元素完全隐藏为止。slideUp()方法的语法格式如下：

```
$(selector).slideUp(speed,callback);
```

参数说明如下：

- Speed：可选的参数，规定效果的时长，可以取""slow""、 ""fast""或毫秒等值。
- Callback：可选的参数，是滑动完成后所执行的函数名称。

【例 20.21】 (实例文件：ch20\20.21.html)滑动隐藏网页元素。代码如下：

```
<!DOCTYPE html>
<html>
<head>
<script src="jquery-1.11.0.min.js"></script>
<script type="text/javascript">
$(document).ready(function(){
  $(".flip").click(function(){
    $(".panel").slideUp("slow");
  });
});
</script>
<style type="text/css">
div.panel,p.flip
{
margin:0px;
padding:5px;
text-align:center;
background:#e5eecc;
border:solid 1px #c3c3c3;
}
```

```
div.panel
{
height:120px;
}
</style>
</head>
<body>
<div class="panel">
<p>小荷才露尖尖角，</p>
<p>早有蜻蜓立上头。</p>
</div>
<p class="flip">请点击这里</p>
</body>
</html>
```

运行上述代码结果，如图 20-32 所示。单击页面中的"请点击这里"，网页中显示的元素就会以滑动的方式隐藏起来。

图 20-32　程序运行结果

3. slideToggle()方法

通过 slideToggle()方法可以实现通过高度的变化动态切换元素的可见性。也就是说，如果元素是可见的，那么通过减少高度就可以使元素全部隐藏；如果元素是隐藏的，那么通过增加高度就可以使元素最终全部可见。

slideToggle()方法的语法格式如下：

```
$(selector).slideToggle(speed,callback);
```

其中，各参数说明如下。

- Speed：可选的参数，规定效果的时长，可以取""slow""、""fast""或毫秒等值。
- Callback：可选的参数，是滑动完成后所执行的函数名称。

【例 20.22】 (实例文件：ch20\20.22.html)通过高度的变化动态地切换网页元素的可见性。代码如下：

```
<!DOCTYPE html>
<html>
<head>
<script src="jquery-1.11.0.min.js"></script>
<script type="text/javascript">
$(document).ready(function(){
  $(".flip").click(function(){
    $(".panel"). slideToggle("slow");
  });
```

```
});
</script>
<style type="text/css">
div.panel,p.flip
{
margin:0px;
padding:5px;
text-align:center;
background:#e5eecc;
border:solid 1px #c3c3c3;
}
div.panel
{
height:120px;
display:none;
}
</style>
</head>
<body>
<div class="panel">
<p>小荷才露尖尖角，</p>
<p>早有蜻蜓立上头。</p>
</div>
<p class="flip">请点击这里</p>
</body>
</html>
```

运行上述代码，结果如图 20-33 所示。单击页面中的"请点击这里"，网页中显示的元素就可以在显示与隐藏之间进行切换。

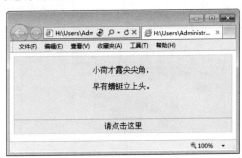

图 20-33　程序运行结果

20.7.4　案例——自定义的动画效果

使用 animate()方法创建自定义动画的方法更加自由，可以随意地控制元素的元素，实现更为绚丽的动画效果。animate()方法的语法格式如下：

```
$(selector).animate({params},speed,callback);
```

其中，各参数说明如下。

● Params：必需的参数，定义形成动画的 CSS 属性。

● Speed：可选的参数，规定效果的时长，可以取""slow""、""fast""或毫秒等值。

● Callback：可选的参数，是动画完成后所执行的函数名称。

默认情况下，所有 HTML 元素都有一个静态位置，且无法移动。如果需要对位置进行操作，就要先把元素的 CSS position 属性设置为 relative、fixed 或"absolute！"。

【例 20.23】 (实例文件：ch20\20.23.html)创建自定义动画效果。代码如下：

```html
<!DOCTYPE html>
<html>
<head>
<script src="jquery-1.11.0.min.js"></script>
<script>
$(document).ready(function(){
  $("button").click(function(){
    var div=$("div");
    div.animate({left:'100px'},"slow");
    div.animate({fontSize:'3em'},"slow");
  });
});
</script>
</head>
<body>
<button>开始动画</button>
<div
style="background:#98bf21;height:100px;width:200px;position:absolute;">HELL
O</div>
</body>
</html>
```

运行上述代码，结果如图 20-34 所示。单击页面中的【开始动画】按钮，网页中显示的元素就会以设定的动画效果运行。

图 20-34　程序运行结果

20.8　实战演练——制作绚丽的多级动画菜单

本节主要讲述制作绚丽的多级动画菜单。要求鼠标经过菜单区域时以动画式展开下拉菜单，动态效果要生动活泼。具体操作的步骤如下。

step 01 设计基本的网页框架，代码如下：

```html
<!DOCTYPE html>
<html>
<head>
```

```
<meta http-equiv="Content-Type" content="text/html; charset=gb2312" />
</head>
<body>
<div class="box">
<ul id="veryhuo_menu" class="veryhuo_menu">
<li>
<span>淘宝特色服务</span><!-- Increases to 510px in width-->
<div class="ldd_submenu">
<ul>
<li class="ldd_heading">主题市场</li>
<li><a href="#">运动派</a></li>
<li><a href="#">情侣</a></li>
<li><a href="#">家具</a></li>
<li><a href="#">美食</a></li>
<li><a href="#">有车族</a></li>
</ul>
<ul>
<li class="ldd heading">特色购物</li>
<li><a href="#">全球购</a></li>
<li><a href="#">淘女郎</a></li>
<li><a href="#">挑食</a></li>
<li><a href="#">搭配</a></li>
<li><a href="#">同城便民</a></li>
<li><a href="#">淘宝同学</a></li>
</ul>
<ul>
<li class="ldd heading">优惠促销</li>
<li><a href="#">天天特价</a></li>
<li><a href="#">免费试用</a></li>
<li><a href="#">清仓</a></li>
<li><a href="#">一元起拍</a></li>
<li><a href="#">淘金币</a></li>
<li><a href="#t">聚划算</a></li>
</ul>
</div>
</body>
</html>
```

step 02 运行上述代码，效果如图 20-35 所示。

图 20-35 程序运行效果

step 03 为各级菜单添加 CSS 样式风格，代码如下：

```
<style>
*{
padding:0;
margin:0;
}
body{
background:#f0f0f0;
font-family:"Helvetica Neue",Arial,Helvetica,Geneva,sans-serif;
overflow-x:hidden;
}
span.reference{
position:fixed;
left:10px;
bottom:10px;
font-size:11px;
}
span.reference a{
color:#DF7B61;
text-decoration:none;
text-transform: uppercase;
text-shadow:0 1px 0 #fff;
}
span.reference a:hover{
color:#000;
}
.box{
margin-top:129px;
height:460px;
width:100%;
position:relative;
background:#fff url(/uploads/allimg/1202/veryhuo_click.png) no-repeat 380px
180px;
-moz-box-shadow:0px 0px 10px #aaa;
-webkit-box-shadow:0px 0px 10px #aaa;
-box-shadow:0px 0px 10px #aaa;
}
.box h2{
color:#f0f0f0;
padding:40px 10px;
text-shadow:1px 1px 1px #ccc;
}
ul.veryhuo menu{
margin:0px;
padding:0;
display:block;
height:50px;
background-color:#D04528;
list-style:none;
font-family:"Trebuchet MS", sans-serif;
border-top:1px solid #EF593B;
border-bottom:1px solid #EF593B;
border-left:10px solid #D04528;
```

```
-moz-box-shadow:0px 3px 4px #591E12;
-webkit-box-shadow:0px 3px 4px #591E12;
-box-shadow:0px 3px 4px #591E12;
}
ul.veryhuo_menu a{
text-decoration:none;
}
ul.veryhuo_menu > li{
float:left;
position:relative;
}
ul.veryhuo menu > li > span{
float:left;
color:#fff;
background-color:#D04528;
height:50px;
line-height:50px;
cursor:default;
padding:0px 20px;
text-shadow:0px 0px 1px #fff;
border-right:1px solid #DF7B61;
border-left:1px solid #C44D37;
}
ul.veryhuo menu .ldd submenu{
position:absolute;
top:50px;
width:550px;
display:none;
opacity:0.95;
left:0px;
font-size:10px;
background: #C34328;
border-top:1px solid #EF593B;
-moz-box-shadow:0px 3px 4px #591E12 inset;
-webkit-box-shadow:0px 3px 4px #591E12 inset;
-box-shadow:0px 3px 4px #591E12 inset;
}
a.ldd_subfoot{
background-color:#f0f0f0;
color:#444;
display:block;
clear:both;
padding:15px 20px;
text-transform:uppercase;
font-family: Arial, serif;
font-size:12px;
text-shadow:0px 0px 1px #fff;
-moz-box-shadow:0px 0px 2px #777 inset;
-webkit-box-shadow:0px 0px 2px #777 inset;
-box-shadow:0px 0px 2px #777 inset;
}
ul.veryhuo_menu ul{
list-style:none;
float:left;
```

```
border-left:1px solid #DF7B61;
margin:20px 0px 10px 30px;
padding:10px;
}
li.ldd_heading{
font-family: Georgia, serif;
font-size: 13px;
font-style: italic;
color:#FFB39F;
text-shadow:0px 0px 1px #B03E23;
padding:0px 0px 10px 0px;
}
ul.veryhuo_menu ul li a{
font-family: Arial, serif;
font-size:10px;
line-height:20px;
color:#fff;
padding:1px 3px;
}
ul.veryhuo_menu ul li a:hover{
-moz-box-shadow:0px 0px 2px #333;
-webkit-box-shadow:0px 0px 2px #333;
box-shadow:0px 0px 2px #333;
background:#AF412B;
}
</style>
```

step 04 添加实现多级动态菜单的代码，确保子菜单随需求或隐藏或显现。代码如下：

```
<!-- The JavaScript -->
<script type="text/javascript" src="jquery.min.js"></script>
<script type="text/javascript">
$(function() {
var $menu = $('#veryhuo_menu');
$menu.children('li').each(function(){
var $this = $(this);
var $span = $this.children('span');
$span.data('width',$span.width());
$this.bind('mouseenter',function(){
$menu.find('.ldd_submenu').stop(true,true).hide();
$span.stop().animate({'width':'510px'},300,function(){
$this.find('.ldd submenu').slideDown(300);
});
}).bind('mouseleave',function(){
$this.find('.ldd submenu').stop(true,true).hide();
$span.stop().animate({'width':$span.data('width')+'px'},300);
});
});
});
</script>
```

step 05 运行最终的代码，效果如图 20-36 所示。

step 06 将鼠标放在【淘宝特色服务】链接文字上，将动态显示多级菜单，效果如图 20-37 所示。

图 20-36　程序运行效果　　　　　图 20-37　程序运行效果

20.9　跟我练练手

1. 练习目标

能够熟练掌握本章所讲内容。

2. 上机练习

练习1：jQuery 选择器的使用。
练习2：jQuery 控制页面的应用。
练习3：jQuery 事件处理的应用。
练习4：jQuery 动画效果的应用。

20.10　高 手 甜 点

甜点 1: 使用 animate()方法时没有动画效果怎么办？

在使用 animate()方法时，必须设置元素的定位属性 position 为 relative 或 absolute，如果没有明确定义元素的定位属性，那么元素就实现不了动画效果。

甜点 2: mouseover 和 mouseenter 的区别是什么？

在 jQuery 中，mouserover()和 mouseenter 都在鼠标进入元素时触发，它们区别如下。

(1) 如果元素内置有子元素，不论鼠标指针穿过被选元素或其子元素，都会触发 mouseover 事件。而只有鼠标指针在穿过被选元素时，才会触发 mouseenter 事件，mouseenter 子元素不会反复触发事件，否则在 IE 浏览器中会出现闪烁情况。

(2) 在没有子元素时，mouserover()和 mouseenter()事件结果一致。

第 21 章
JavaScript 的
安全性

    对于任何一门语言来讲，安全性是一个非常重要的问题，JavaScript 也不例外。在 JavaScript 中有很多方法用来提高 JavaScript 的安全性，例如设置 Internet 选项的安全级别，禁止网页另存为等。本章就来介绍一下如何提高 JavaScript 的安全性。

本章要点(已掌握的在方框中打勾)

☐ 熟悉 Internet Explorer 安全区域的设置。

☐ 掌握 JavaScript 代码安全的设置。

☐ 掌握 JavaScript 代码加密的方法。

21.1 案例——设置 IE 浏览器的安全区域

控制脚本的安全策略，如果设置得太严格，将会失去脚本的部分功能，如果设置得太宽松，将会失去安全性。为了在 IE 浏览器中灵活运用脚本，可对其安全区域进行设置。

设置 IE 浏览器安全区域的操作步骤如下。

step 01 打开 IE 浏览器，选择【工具】|【Internet 选项】菜单命令，如图 21-1 所示。

step 02 打开【Internet 选项】对话框，单击【删除】按钮，可以删除临时文件、历史记录、Cookie、保存的密码和网页表单信息，提高系统的安全性，如图 21-2 所示。

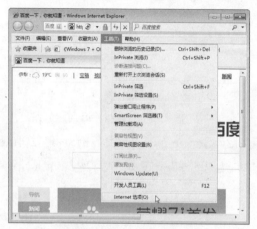
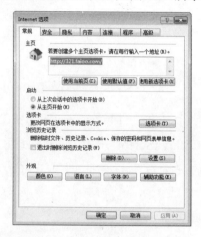

图 21-1　IE 浏览器窗口　　　　　　　　图 21-2　【Internet 选项】对话框

step 03 选择【安全】选项卡，在打开的设置界面中选择【Internet】选项，并在下方的设置界面总设置该区域的安全级别，默认安全级别是"中"，如图 21-3 所示。

step 04 选择【本地 Internet】选项，在该区域包括所有本地服务器上的网站，默认安全级别为中低，如图 21-4 所示。

图 21-3　【安全】选项卡　　　　　　　　图 21-4　【本地 Internet】设置界面

step 05 选择【受信任的站点】选项，该区域包含用户认为安全的网站。默认情况下，没有任何网站被分配到"受信任的站点"区域，其安全级别设置为"低"，如图 21-5 所示。

step 06 选择【受限制的网站】选项，该区域包含用户不信任的网站。默认情况下，没有任何网站被分配到"受限制的站点"区域，其安全级别设置为"高"，如图 21-6 所示。

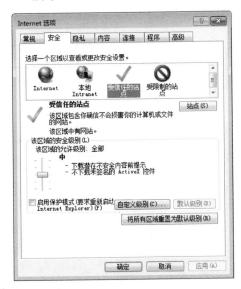

图 21-5 【受信任的站点】设置界面

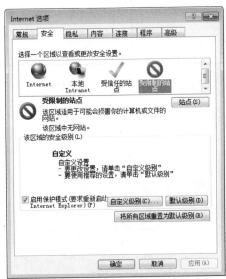

图 21-6 【受限制的网站】设置界面

21.2 JavaScript 代码安全

使用 JavaScript 的部分属性和方法可以在进行程序开发时，提高代码的安全性。在编写代码时，也有可能是由于疏忽编写出浪费系统资源的恶意代码，造成浏览器崩溃或者死机。下面就来介绍一下提高 JavaScript 代码安全的方法。

21.2.1 案例——屏蔽部分按键

在浏览网页时，有些网页的特殊页面不允许用户进行刷新屏幕、后退或新建文档等操作。这一功能是通过屏蔽键盘的回车键、退格键、F5 键、Ctrl+N 组合键、Shift+F10 组合键来实现的。

屏蔽部分按键应用的是 JavaScript 脚本中的 Event 对象的相关属性。其中 keyCode 属性表示按键的数字代号。keyCode 属性值如表 21-1 所示。

表 21-1 keyCode 属性值

值	说　明
8	退格键
13	回车键
116	F5 刷新键
37	Alt+方向键→或方向键←
78	Ctrl+N 组合键新建 IE 窗口
121	Shift+F10 组合键

【例 21.1】 (实例文件：ch21\21.1.html)屏蔽部分按键。代码如下：

```
<!DOCTYPE>
<html>
<head>
<title>屏蔽部分按键</title>
<script language=javascript>
function keydown(){
    if(event.keyCode==8){
        event.keyCode=0;
        event.returnValue=false;
        alert("当前设置不允许使用退格键");
    }if(event.keyCode==13){
        event.keyCode=0;
        event.returnValue=false;
        alert("当前设置不允许使用回车键");
    }if(event.keyCode==116){
        event.keyCode=0;
        event.returnValue=false;
        alert("当前设置不允许使用 F5 刷新键");
    }if((event.altKey)&&((window.event.keyCode==37)||(window.event.keyCod
        e==39))){
        event.returnValue=false;
        alert("当前设置不允许使用 Alt+方向键←或方向键→");
    }if((event.ctrlKey)&&(event.keyCode==78)){
        event.returnValue=false;
        alert("当前设置不允许使用 Ctrl+n 新建 IE 窗口");
    }if((event.shiftKey)&&(event.keyCode==121)){
        event.returnValue=false;
        alert("当前设置不允许使用 shift+F10");
    }
}
</script>
</head>
<body onkeydown="keydown()">
<table width="396" height="495" border="0" align="center" cellpadding="0"
cellspacing="0">
  <tr>
    <td ><img src="01.jpg" ></td>
  </tr>
</table>
```

```
</body>
</html>
```

在 IE 浏览器中运行上述程序,按回车键、退格键、F5 键、Ctrl+N 组合键、Shift+F10 组合键都会弹出相应的提示信息。如图 21-7 所示为按下 F5 后弹出的提示信息;如图 21-8 所示为按下回车键后弹出的提示信息。

图 21-7　按下 F5 键后弹出的提示信息

图 21-8　按下回车键后弹出的提示信息

21.2.2　案例——屏蔽鼠标右键

用户在浏览网页时,经常会使用鼠标右键进行快捷方式的操作,例如查看源文件、刷新等,但是某些网站并不想让用户执行这些操作,这就需要使用 JavaScript 脚本的鼠标事件屏蔽掉鼠标右键的操作。

【例 21.2】 (实例文件:ch21\21.2.html)屏蔽鼠标右键。代码如下:

```
<!DOCTYPE>
<head>
<title>屏蔽鼠标右键</title>
<script language=javascript>
  function click() {
     event.returnValue=false;
     alert("当前设置不允许使用右键!");
  }
  document.oncontextmenu=click;
</script>
</head>
<body >
<table width="396" height="495" border="0" align="center" cellpadding="0"
cellspacing="0">
  <tr>
    <td  ><img src="01.jpg" ></td>
  </tr>
</table>
</body>
</html>
```

在 IE 浏览器中运行程序,当用户鼠标右击时,就会弹出如图 21-9 所示的信息提示对话框。

图 21-9　屏蔽提示对话框

21.2.3　案例——禁止网页另存为

在一些商业网站中，经常需要在网站上发布一些重要信息，这些网站只对用户提供浏览，禁止用户下载或将整个网页另存为。使用 JavaScript 脚本中的 noscript 标记可以实现这些功能。

【例 21.3】 (实例文件：ch21\21.3.html)禁止网页另存为。代码如下：

```
<!DOCTYPE>
<html>
<head>
<title>禁止网页另存为</title>
</head>
<body>
<noscript><iframe src="21.3.html"></iframe></noscript>
<div align="center"><img src="0.jpg" ></div>
</body>
</html>
```

在 IE 浏览器中运行程序，当打开网页进行浏览时，选择【文件】|【另存为】命令，然后选择文件所要保存到的指定位置后，单击【确定】按钮，将弹出一个信息提示框，显示"无法保存该网页"，如图 21-10 所示。

图 21-10　禁止网页另存为信息提示框

21.2.4 案例——禁止复制网页内容

有些网页中的数据只供用户进行浏览，不允许用户对其进行复制、粘贴等操作。使用 <body>中的相关事件可以禁止用户复制网页内容。

【例 21.4】 (实例文件：ch21\21.4.html)禁止复制网页内容。代码如下：

```html
<!DOCTYPE>
<html>
<head>
<title>禁止复制网页内容</title>
</head>
<body onselectstart="return false">
<table width="782" height="706" border="0" align="center" cellpadding="0"
cellspacing="0" background="bg.jpg">
  <tr>
   <td height="231" colspan="2"> </td>
   <td width="188" height="231"> </td>
  </tr>
  <tr>
   <td width="57" height="15" align="left" valign="top" style="text-
indent:5px; font-size:12px"><p> </p>
     <p> </p></td>
   <td width="237" align="left" valign="top" style="text-indent:10px;
font-size:15px">
      1、免费提交加盟申请；
    <p>2、加盟申请通过公司审核后,加盟商会收到"特许经营合同",并与公司签订合同；</p>
    <p>3、加盟商缴纳保证金；</p>
    <p>4、加盟商汇首批进货款,公司收到首批进货款后发货；</p>
    <p>5、加盟商收货验货；</p>
    <p>6、加盟店正式营业。</p></td>
   <td height="975"> </td>
  </tr>
</table>
</body>
</html>
```

在 IE 浏览器中运行上述程序，打开如图 21-11 所示的页面，其中正文部分的内容是不能被选中复制的。

图 21-11 禁止复制网页内容效果

21.3　案例——JavaScript 代码加密

为了防止自己编写的脚本或者源码被别人盗取，通常使用 Script Encoder 工具加密 JavaScript 代码。

Script Encoder 是 Microsoft 出品的一个 JavaScript 加密工具，该程序除了可以对 html 文件加密外，也可以对 asa、asp、cdx、htm、html、js、sct 和 vbs 文件进行加密。加密后对 JavaScript 的功能并无影响，仅使其代码变为密码，用源文件方式查看只是一些乱码。

Script Encoder 是一个简单的命令行工具，该程序可以在 DOS 命令行下执行，执行文件为 SCRENC.EXE。它的操作非常简单，执行语句的语法如下：

```
SCRENC [/s] [/f] [/xl] [/l defLanguage ] [/e defExtension] source
destination
```

语法的参数及说明如表 21-2 所示。

表 21-2　语法的参数及说明

参　　数	说　　明
/s	可选项。指定脚本编码器的工作状态是否为静态。如果为静态，即产生无屏幕输出，如果省略，则提供冗余输出
/f	可选项。指定输出文件是否覆盖同名输入文件。忽略，将不执行覆盖
/xl	可选项。是否在.asp 文件的顶部添加@Language 指令。忽略，将添加
/l defLanguage	可选项。指定 Script Encoder 加密中选择的缺省脚本语言。文件中不包含这种脚本语言特性的脚本将被 Script Encoder 忽略。对于 HTML 和脚本文件来说，JavaScript 为内置缺省脚本语言。对于 ASP 文件，VBScript 为缺省脚本语言。同时对于扩展名为.vbs 或.js 的文件 Script Encoder 有自适应能力
/e defExtension	可选项。指定待加密文件的文件扩展名。默认状态下，Script Encoder 能识别 asa、asp、cdx、htm、html、js、sct 和 vbs 文件
Source	必选项，被编码的文件名称，包括路径信息
Destination	必选项。要生成的文件的名称，包括路径信息

【例 21.5】 (实例文件：ch21\21.5.html)JavaScript 代码加密。操作步骤如下。

step 01 安装 Script Encoder 加密工具。

step 02 选择【开始】|【程序】|【附件】|【运行】菜单命令，打开【运行】对话框，在其中输入"cmd"，如图 21-12 所示。

step 03 单击【确定】按钮，打开【命令提示符】窗口。在其中输入命令，如图 21-13 所示。命令如下：

```
screnc c:\index.html c:\index1.html
```

图 21-12 【运行】对话框

图 21-13 【命令提示符】窗口

step 03 执行命令，就完成了对 JavaScript 代码进行加密的操作。文档中的 JavaScript 代码加密前后的区别如图 21-14 和图 21-15 所示。

图 21-14 JavaScript 代码加密前

图 21-15 JavaScript 代码加密后

21.4 跟我练练手

1. 练习目标

能够熟练掌握本章所讲内容。

2. 上机练习

练习 1：设置 IE 浏览器的安全区域。

练习 2：掌握 JavaScript 代码的安全设置。

练习 3：掌握给 JavaScript 代码加密的方法。

21.5 高手甜点

甜点 1：在使用 Script Encoder 时为何会出现以下错误提示信息？

```
"Script Encoder object <"Scripting.Encoder"> not found "
```

之所以会出现上述提示信息，是因为使用 Script Encoder 需要 Script Engine 5.0 或以上脚本引擎的支持。解决的办法有两个：升级浏览器到 IE 5.0 以上或安装 Script Engine 5.0。

甜点 2：网页另存为被禁止，如何解除？

使用 JavaScript 脚本中的 noscript 标记可以防止网页被另存为。当然，如果想要解除这个禁止，可以使用浏览器打开该网页的源文件，将 noscript 标记中的内容删除即可。

第4篇

网页特效应用案例

➘ 第 22 章　经典的网页动态特效案例

第 22 章
经典的网页动态特效案例

网页吸引人之处，莫过于具有动态效果。利用 CSS 可以轻易实现超级链接的动态效果，不过利用 CSS 能实现的动态效果非常有限。在网页设计中，还可以将 CSS 与 JavaScript 结合创建出具有动态效果的页面。本章将讲述最经典的一些网页特效案例。通过本章的学习，读者可以举一反三，制作出各种绚丽多彩的网页特效。

本章要点(已掌握的在方框中打勾)

- ☐ 掌握制作文字特效的方法。
- ☐ 掌握制作图片特效的方法。
- ☐ 掌握制作网页菜单特效的方法。
- ☐ 掌握制作鼠标特效的方法。
- ☐ 掌握制作时间特效的方法。
- ☐ 掌握制作页面特效的方法。

22.1 文 字 特 效

文字是网页的灵魂，没有文字的网页，不管特效多么绚丽都没有任何实际意义。文字特效始终是网页设计追求的目标，通过 JavaScript 可以实现多个网页的文字动态特效。

22.1.1 案例——设置打字效果的文字

文字的打字效果是通过 JavaScript 脚本程序将预先设置好的文字逐一在页面上显示出来。具体实现步骤如下。

step 01 创建 HTML 页面，设置页面基本样式。

```html
<!DOCTYPE html>
<html>
<head>
<title>打字效果的文字</title>
<style type="text/css">
body{font-size:14px;font-weight:bold;}
</style>
</head>
<body>
白色水心最新微博信息: <a id="HotNews" href="" target=" blank"></a>
</body>
</html>
```

上述代码中，在<head>标记中间，设置了 body 页面的基本样式，例如字体大小为 14px，并加粗，在 body 页面还创建了一个超级链接。

在 IE 9.0 浏览器中运行上述代码显示效果如图 22-1 所示。从中可以看到页面中只显示了一个提示信息。

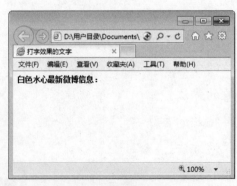

图 22-1 页面基本样式

step 02 添加 JavaScript 代码，实现打字特效。

```
<SCRIPT LANGUAGE="JavaScript">
<!--
var NewsTime = 2000;  //每条微博的停留时间
```

```
var TextTime = 50;      //微博文字出现等待时间，越小越快
var newsi = 0;
var txti = 0;
var txttimer;
var newstimer;
var newstitle = new Array();  //微博标题
var newshref = new Array();     //微博链接
newstitle[0] = "健康是身体的本钱";
newshref[0] = "#";
newstitle[1] = "关心身体，就是关心自己";
newshref[1] = "#";
newstitle[2] = "去西藏旅游了";
newshref[2] = "#";
newstitle[3] = "大雨倾盆，很大呀";
newshref[3] = "#";
function shownew()
{
  var endstr = "_"
  hwnewstr = newstitle[newsi];
  newslink = newshref[newsi];
  if(txti==(hwnewstr.length-1)){endstr="";}
  if(txti>=hwnewstr.length){
    clearInterval(txttimer);
    clearInterval(newstimer);
    newsi++;
    if(newsi>=newstitle.length){
      newsi = 0
    }
    newstimer = setInterval("shownew()",NewsTime);
    txti = 0;
    return;
  }
  clearInterval(txttimer);
  document.getElementById("HotNews").href=newslink;
  document.getElementById("HotNews").innerHTML =
hwnewstr.substring(0,txti+1)+endstr;
  txti++;
  txttimer = setInterval("shownew()",TextTime);
}
shownew();
//-->
</SCRIPT>
```

在上述 JavaScript 代码中，主要调用 shownew()函数实现打字效果。在 JavaScript 代码的开始部分，定义了多个变量，其中数组对象 newstitle 用于存放文本标题。之后创建了 shownew()函数，并在函数中通过变量和条件获取要显示的文字，通过 setInterval("shownew()", NewsTime)语句输出文字内容。代码最后使用 shownew()语句循环执行该函数中的输出信息。

上述代码在 IE 9.0 浏览器中的显示效果如图 22-2 所示。从中可以看到页面中每隔一定时间就会在提示信息后，逐个打出文字，文字颜色为蓝色。

图 22-2　实现的打字效果

22.1.2　案例——设置文字的升降特效

有的网页为了加大广告宣传力度，往往会将文字处理成升降特效，用以吸引人的注意力。当单击该升降文字时，链接会自动跳转到宣传页面。本实例将使用 JavaScript 和 CSS 实现文字升降效果。如果需要实现文字升降，需要指定文字内容和文字升降范围，即为文字在 HTML 页面指定一个层，用于升降文字。

具体步骤如下。

step 01　创建 HTML，构建升降 DIV 层。

```
<!DOCTYPE html>
<html>
<head>
<title>升降的文字效果</title>
</head>
<body>
<div id="napis" style="position: absolute;top: -50;color: #000000;font-
family:宋体;font-size:9pt;border:1px #ddeecc solid">
<a href="" style="font-size:12px;text-decoration:none;">
水月大酒店，欢迎天下来宾！
</a></div>
<script language="JavaScript">
<!--
setTimeout('start()',20);
//-->
</script>
</body>
</html>
```

上述代码创建了一个 DIV 层，用于存放升降的文字，层的 ID 名称为 napis，并在层的 style 属性中定义了层显示样式。例如字体大小、边框、字形等。在 DIV 层中，创建了一个超级链接，并设定了超级链接的样式。其中的 script 代码，用于定时调用 start 函数。

上述代码在 IE 9.0 浏览器中的显示效果如图 22-3 所示。

图 22-3　文字页面

step 02 添加 JavaScript 代码，实现文字升降。

```javascript
<script language="JavaScript">
<!--
done = 0;
step = 4
function anim(yp,yk)
{
if(document.layers) document.layers["napis"].top=yp;
else document.all["napis"].style.top=yp;
if(yp>yk) step = -4
if(yp<60) step = 4
setTimeout('anim('+(yp+step)+','+yk+')', 35);
}function start()
{
if(done) return
done = 1;
if(navigator.appName=="Netscape") {
var nap=document.getElementById("napis");
nap.left=innerWidth/2 - 145;
anim(60,innerHeight - 60)
}
else {
napis.style.left=11;
anim(60,document.body.offsetHeight - 60)
}}//-->
</script>
```

上述代码创建了函数 anim()和 start()，其中 anim()函数用于设定每次升降的数值，start()
函数用于设定每次开始的升降坐标。上述代码在 IE 9.0 浏览器中的显示效果如图 22-4 所示。
从中可以看到页面中超级链接自动上下移动。

图 22-4　上下移动

22.1.3 案例——设置跑马灯效果

网页中有一种特效被称为跑马灯，即文字从左向右自动输出，和晚上写字楼的一些广告霓虹灯非常相似。在网页中，如果 CSS 样式设计非常完美，就会显示出靓丽的网页效果。完成跑马灯效果，需要使用 JavaScript 语言设置文字内容、移动速度和相应输入框，使用 CSS 设置显示文字样式。输入框用来显示水平移动文字。具体步骤如下。

step 01 创建 HTML，实现输入表单。

```
<!DOCTYPE html>
<html>
<head>
<title>跑马灯</title>
  </head>
<body onLoad="LenScroll()">
<center>
<form name="nextForm">
<input type=text name="lenText">
</form>
</center>
</body>
```

上述代码非常简单地创建了一个表单，表单中存放了一个文本域，用于显示移动的文字。

上述代码在 IE 9.0 浏览器中的显示效果如图 22-5 所示。从中可以看到页面中只存在一个文本域，没有其他显示信息。

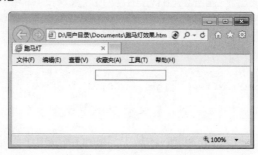

图 22-5　实现基本表单

step 02 添加 JavaScript 代码，实现文字移动。

```
<script language="javascript">
var msg="品味中原文化，寄情黄河风景";    //移动文字
var interval = 400;                    //移动速度
var seq=0;

function LenScroll() {
  document.nextForm.lenText.value = msg.substring(seq, msg.length) + " " + msg;
  seq++;
  if ( seq > msg.length )
    seq = 0;
  window.setTimeout("LenScroll();", interval);
```

```
    }
</script>
```

上述代码中，创建了一个变量 msg 用于定义移动的文字内容；变量 interval 用于定义文字移动速度；LenScroll()函数用于在表单输入框中显示移动信息。

在 IE 9.0 浏览器中运行上述代码，显示效果如图 22-6 所示。从中可以看到输入框中显示了移动信息，并且从右向左移动。

step 03 添加 CSS 代码，修饰输入框和页面。

```
<style type="text/css">
<!--
body{
  background-color:#FFFFFF;       /* 页面背景色 */
}
input{
  background:transparent;         /* 输入框背景透明 */
  border:none;                    /* 无边框 */
  color:#ffb400;
  font-size:45px;
  font-weight:bold;
  font-family:黑体;
}--></style>
```

上述代码设置了页面背景颜色为白色，在 input 标记选择器中，定义了边框背景为透明，无边框，字体颜色为黄色，大小为 45px，加粗并黑体显示。在 IE 9.0 浏览器中上述代码的显示效果如图 22-7 所示。

图 22-6　实现移动效果

图 22-7　最终效果

22.2　图　片　特　效

图片是网页当中比较重要的元素，使用 JavaScript 向网页中添加图片特效，在一定程度上加强了网页的动态效果，使网页更具趣味性、灵活性。

22.2.1　案例——设置闪烁图片

图片闪烁是常用的一种特效，用 JavaScript 实现起来非常简单。需要注意的是时间间隔这个参数。数值越大，闪烁越不连续，数值越小，闪烁越厉害。这个值可以随意更改，直到取得满意的效果。下面我们将图片放在一个 DIV 层上，设定图片为可见的，然后使用 JS 程序代码设置 DIV 层的显示和隐藏，这样就达到了图片的闪烁效果。具体步骤如下。

step 01 创建 HTML 页面，构建 DIV 层。

```
<!DOCTYPE html>
<HTML>
<HEAD>
<TITLE>闪烁图片</TITLE>
</HEAD>
<BODY ONLOAD="soccerOnload()" topmargin="0">
<DIV ID="soccer" STYLE="position:absolute; left:150; top:0">
<a href="">
<IMG SRC="feng.jpg" border="0"></a>
</DIV>
</BODY>
</HTML>
```

上述代码中，创建了一个 DIV 层，其 ID 名称为 soccer，样式为绝对定位，坐标位置在 (150,0)。然后在该层中，创建了一张图片，不带有边框。

在 IE 9.0 浏览器中上述代码的显示效果如图 22-8 所示。从中可以看到显示的图片不具有闪烁效果。

图 22-8　图片

step 02 添加 JavaScript 代码，实现图片闪烁

```
<SCRIPT LANGUAGE="JavaScript">
var msecs = 500; //改变时间得到不同的闪烁间隔
var counter = 0;
function soccerOnload() {
setTimeout("blink()", msecs);
}
function blink() {
soccer.style.visibility =
(soccer.style.visibility == "hidden") ? "visible" : "hidden";
counter +=1;
setTimeout("blink()", msecs);
}
```

```
</SCRIPT>
```

在上述代码中，创建了变量 msecs 用于定义闪烁时间间隔；创建了变量 counter 用于计数。在函数 soccerOnload()中设定了每隔指定时间图片闪烁一次；函数 blink()用于设定图片显示，即层是隐藏还是可见。

在 IE 9.0 浏览器中运行上述代码，显示效果如图 22-9 所示。从中可以看到显示的图片在指定时间内闪烁。

图 22-9　最终效果

22.2.2　案例——设置左右移动的图片

在广告栏，经常会存在从右向左移动或者从左向右移动的一张或者多张图片。这不但能增加页面效果，还能获取经济利益。本实例将使用 JavaScript 和 CSS 创建一张左右移动的图片。要实现左右移动的图片，需要在页面上定义一张图片，然后利用 JavaScript 程序代码，获取图片对象，并使其在一定范围内，即水平方向上自由移动。具体步骤如下。

step 01　创建 HTML 页面，导入图片。

```
<!DOCTYPE html>
<html>
<head>
<title>左右移动图片</title>
</head>
<body>
<img src="feng.jpg" name="picture"
style="position: absolute; top: 70px; left: 30px;" BORDER="0" WIDTH="140"
HEIGHT="40">
<script LANGUAGE="JavaScript"><!--
setTimeout("moveLR('picture',300,1)",10);
//--></script>
</body>
</html>
```

上述代码中，定义了一张图片，图片是绝对定位，左边位置是(70,30)，无边框，宽度为 140 像素，高度为 40 像素。script 标记中，使用 setTimeout 方法，定时移动图片。

在 IE 9.0 浏览器中上述代码的显示效果如图 22-10 所示。

图 22-10　图片显示

step 02　加入 JS 代码，实现图片左右移动。

```
<script LANGUAGE="JavaScript"><!--
step = 0;
obj = new Image();
function anim(xp,xk,smer) //smer = direction
{
obj.style.left = x;
x += step*smer;
if (x>=(xk+xp)/2) {
if (smer == 1) step--;
else step++;
}
else {
if (smer == 1) step++;
else step--;
}
if (x >= xk) {
x = xk;
smer = -1;
}
if (x <= xp) {
x = xp;
smer = 1;
}
// if (smer > 2) smer = 3;
setTimeout('anim('+xp+','+xk+','+smer+')', 50);
}
function moveLR(objID,movingarea width,c)
{
if (navigator.appName=="Netscape") window_width = window.innerWidth;
else window width = document.body.offsetWidth;
obj = document.images[objID];
image_width = obj.width;
x1 = obj.style.left;
x = Number(x1.substring(0,x1.length-2)); // 30px -> 30
if (c == 0) {
if (movingarea_width == 0) {
```

```
right_margin = window_width - image_width;
anim(x,right_margin,1);
}
else {
right_margin = x + movingarea_width - image_width;
if (movingarea width < x + image width) window.alert("No space for
moving!");
else anim(x,right_margin,1);
}
}
else {
if (movingarea width == 0) right margin = window width - image width;
else {
x = Math.round((window_width-movingarea_width)/2);
right margin = Math.round((window width+movingarea width)/2)-image width;
}
anim(x,right_margin,1);
}
}
//--></script>
```

上述代码和文字水平方向移动的原理基本相同，只不过对象不同罢了，这里就不再介绍。

在 IE 9.0 浏览器中运行上述代码，显示效果如图 22-11 所示。从中可以看到网页上显示了一张图片，并在水平方向上自由移动。

图 22-11 最终效果

22.3 网页菜单特效

网页包含的信息比较多的时候，就需要设计出一些导航菜单来实现页面导航。如果使用 JavaScript 代码将菜单做成动态效果，此时菜单将会更加吸引人。

22.3.1 案例——设置向上滚动菜单

本实例将结合前面学习的内容，创建一个向上滚动的菜单，实现菜单自动从下到上滚动，需要把握两个元素，一个是使用 JS 实现要滚动的菜单，即导航栏；另一个是使用 JS 控制菜单移动方向。具体步骤如下。

step 01 构建 HTML 页面。

```
<!DOCTYPE html>
<html>
<head>
<title>向上滚动的菜单</title>
</head>
<body bgcolor="#FFFFFF" text="#000000">
</body></html>
```

上述代码比较简单，只是实现了一个空白页面，页面背景色为白色，前景色为黑色。在 IE 9.0 浏览器中上述代码的显示效果如图 22-12 所示，可以看到显示了一个空白页面。

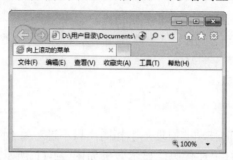

图 22-12 空白 HTML 页面

step 02 加入 JavaScript 代码，实现菜单滚动。

```
<script language=javascript>
<!--
  var index = 9
  link = new Array(8);
  link[0] ='time1.htm'
  link[1] ='time2.htm'
  link[2] ='time3.htm'
  link[3] ='time1.htm'
  link[4] ='time2.htm'
  link[5] ='time3.htm'
  link[6] ='time1.htm'
  link[7] ='time2.htm'
  link[8] ='time3.htm'
  text = new Array(8);
  text[0] ='首页'
  text[1] ='产品天地'
  text[2] ='关于我们'
  text[3] ='资讯动态'
  text[4] ='服务支持'
  text[5] ='会员中心'
  text[6] ='网上商城'
  text[7] ='官方微博'
  text[8] ='企业文化'
  document.write ("<marquee scrollamount='1' scrolldelay='100' direction=
    'up' width='150' height='150'>");
  for (i=0;i<index;i++)
  {
    document.write (" <img src='dian3.gif' width='12' height='12'><a
      href="+link[i]+" target=' blank'>");
    document.write (text[i] + "</A><br>");
```

```
      }
      document.write ("</marquee>")
// --></script>
```

上述代码创建了 link 和 text 两个数组对象，用来存放菜单链接对象和菜单内容，在之后代码中，使用<marquee>定义页面在垂直方向上向上移动。

在 IE 9.0 浏览器中运行上述代码，显示效果如图 22-13 所示。从中可以看到页面左侧有一个菜单，自下向上自由移动。

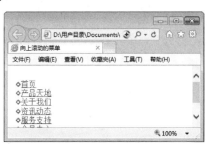

图 22-13　最终效果

22.3.2　案例——设置树形菜单

作为首页，有时为了效果不得不将所有需要导航的部分都放到一个导航菜单中。树形导航菜单是网页设计中最常用的菜单之一，本实例将创建一个树形菜单，要实现一个树形菜单，需要 3 个方面配合：一个是<ul>无序列表，用于显示的菜单；一个是 CSS 样式，修饰树形菜单样式；一个是 JavaScript 程序，实现单击时展开菜单选项。具体步骤如下。

step 01 创建 HTML 页面，实现菜单列表。

```
<!DOCTYPE html>
<html >
<head>
<title>树形菜单</title>
</head>
<body>
<ul id="menu_zzjs_net">
 <li>
  <label><a href="javascript:;">计算机图书</a></label>
  <ul class="two">
   <li>
    <label><a href="javascript:;">程序类图书</a></label>
    <ul class="two">
     <li>
      <label><input type="checkbox" value="123456"><a
         href="javascript:;">Java 类图书</a></label>
      <ul class="two">
       <li><label><input type="checkbox" value="123456"><a
         href="javascript:;">Java 语言类图书</a></label></li>
       <li>
        <label><input type="checkbox" value="123456"><a
         href="javascript:;">Java 框架类图书</a></label>
        <ul class="two">
```

```
    <li>
     <label><input type="checkbox" value="123456"><a
       href="javascript:;">Struts2 图书</a></label>
     <ul class="two">
      <li><label><input type="checkbox" value="123456"><a
          href="javascript:;">Struts1</a></label></li>
      <li><label><input type="checkbox" value="123456"><a
          href="javascript:;">Struts2</a></label></li>
     </ul>
    </li>
     <li><label><input type="checkbox" value="123456"><a
         href="javascript:;">Hibernate 入门</a></label></li>
    </ul>
   </li>
   </ul>
  </li>
  </ul>
 </li>
 <li>
  <label><a href="javascript:;">设计类图书</a></label>
  <ul class="two">
   <li><label><input type="checkbox" value="123456"><a
       href="javascript:;">PS 实例大全</a></label></li>
   <li><label><input type="checkbox" value="123456"><a
       href="javascript:;">Flash 基础入门</a></label></li>
  </ul>
 </li>
 </ul>
</li>
</ul>
</body>
</html>
```

上述代码在 IE 9.0 浏览器中的显示效果如图 22-14 所示。从中可以看到无序列表在页面上显示，并且显示了全部元素。

图 22-14　无序列表

step 02 添加 JavaScript 代码，实现单击展开。

```
<script type="text/javascript" >
function addEvent(el,name,fn){//绑定事件
 if(el.addEventListener) return el.addEventListener(name,fn,false);
```

```
  return el.attachEvent('on'+name,fn);
}
function nextnode(node){//寻找下一个兄弟并剔除空的文本节点
 if(!node)return ;
 if(node.nodeType == 1)
  return node;
 if(node.nextSibling)
  return nextnode(node.nextSibling);
}
function prevnode(node){//寻找上一个兄弟并剔除空的文本节点
 if(!node)return ;
 if(node.nodeType == 1)
  return node;
 if(node.previousSibling)
  return prevnode(node.previousSibling);
}
 function parcheck(self,checked){//递归寻找父亲元素，并找到 input 元素进行操作
  var par =
prevnode(self.parentNode.parentNode.parentNode.previousSibling),parspar;
  if(par&&par.getElementsByTagName('input')[0]){
   par.getElementsByTagName('input')[0].checked = checked;

parcheck(par.getElementsByTagName('input')[0],sibcheck(par.getElementsByTag
Name('input')[0]));
  }
 }
 function sibcheck(self){//判断兄弟节点是否已经全部选中
  var sbi = self.parentNode.parentNode.parentNode.childNodes,n=0;
  for(var i=0;i<sbi.length;i++){
   if(sbi[i].nodeType != 1)
  //由于孩子节点中包括空的文本节点，所以这里累计长度的时候也要算上去
    n++;
   else if(sbi[i].getElementsByTagName('input')[0].checked)
    n++;
  }
  return n==sbi.length?true:false;
}
addEvent(document.getElementById('menu_zzjs_net'),'click',function(e){
//绑定 input 单击事件，使用 menu_zzjs_net 根元素代理
 e = e||window.event;
 var target = e.target||e.srcElement;
 var tp = nextnode(target.parentNode.nextSibling);
 switch(target.nodeName){
  case 'A'://单击 A 标签展开和收缩树形目录，并改变其样式会选中 checkbox
   if(tp&&tp.nodeName == 'UL'){
    if(tp.style.display != 'block' ){
     tp.style.display = 'block';
     prevnode(target.parentNode.previousSibling).className = 'ren'
    }else{
     tp.style.display = 'none';
     prevnode(target.parentNode.previousSibling).className = 'add'
    }
```

```
      }
     break;
    case 'SPAN'://单击图标只展开或者收缩
     var ap = nextnode(nextnode(target.nextSibling).nextSibling);
     if(ap.style.display != 'block' ){
      ap.style.display = 'block';
      target.className = 'ren'
     }else{
      ap.style.display = 'none';
      target.className = 'add'
     }
     break;
    case 'INPUT'://点击checkbox，父亲元素选中，则孩子节点中的checkbox也同时选中，孩
                 子节点取消，父元素随之取消
     if(target.checked){
      if(tp){
       var checkbox = tp.getElementsByTagName('input');
       for(var i=0;i<checkbox.length;i++)
        checkbox[i].checked = true;
      }
     }else{
      if(tp){
       var checkbox = tp.getElementsByTagName('input');
       for(var i=0;i<checkbox.length;i++)
        checkbox[i].checked = false;
      }
     }
     parcheck(target,sibcheck(target));
     //当孩子节点取消选中的时候调用该方法，递归其父节点的checkbox逐一取消选中
     break;
   }
 });
 window.onload = function(){//页面加载时给有孩子节点的元素动态添加图标
  var labels = document.getElementById('menu_zzjs_net').getElementsByTagName
    ('label');
  for(var i=0;i<labels.length;i++){
   var span = document.createElement('span');
   span.style.cssText ='display:inline-block;height:18px;vertical-
    align:middle;width:16px;cursor:pointer;';
   span.innerHTML = ' '
   span.className = 'add';

if(nextnode(labels[i].nextSibling)&&nextnode(labels[i].nextSibling).nodeNam
e == 'UL')
   labels[i].parentNode.insertBefore(span,labels[i]);
   else
   labels[i].className = 'rem'
  }
 }
</script>
```

上述代码在 IE 9.0 浏览器中的显示效果如图 22-15 所示，可以看到无序列表在页面上显

示，使用鼠标单击可以展开或关闭相应的选项，但其样式非常难看。

图 22-15　实现鼠标单击事件

step 03　添加 CSS 代码，修饰列表选项。

```
<style type="text/css">
body{margin:0;padding:0;font:12px/1.5 Tahoma,Helvetica,Arial,sans-serif;}
ul,li,{margin:0;padding:0;}
ul{list-style:none;}
#menu_zzjs_net{margin:10px;width:200px;overflow:hidden;}
#menu_zzjs_net li{line-height:25px;}
#menu_zzjs_net .rem{padding-left:16px;}
#menu_zzjs_net .add{background:url() -4px -31px no-repeat;}
#menu_zzjs_net .ren{background:url() -4px -7px no-repeat;}
#menu_zzjs_net li a{color:#666666;padding-
left:5px;outline:none;blr:expression(this.onFocus=this.blur());}
#menu_zzjs_net li input{vertical-align:middle;margin-left:5px;}
#menu_zzjs_net .two{padding-left:20px;display:none;}
</style>
```

上述代码在 IE 9.0 浏览器中的显示效果如图 22-16 所示。从中可以看到比原来的页面样式漂亮很多。

图 22-16　最终效果

22.4　鼠　标　特　效

在众多网站中，特别是游戏网站或小型商业网站，都喜欢使用鼠标特效。例如将鼠标与图片或文字相结合，达到图片或文字跟随鼠标移动而移动的效果。使用这些特效，一方面可以在鼠标指针旁边加上网站说明的相关信息或者欢迎信息；另一方面也可以吸引人的注意力，使其更加关注此类网站。

22.4.1 案例——设置图片跟踪鼠标

本实例实现图片跟随鼠标走动的特效，需要通过 JavaScript 获取鼠标指针的位置，并且动态地调整图片的位置。图片需要通过 position 的绝对定位，很容易得到调整。采用 CSS 的绝对定位是 JavaScript 调整页面元素常用的方法。具体步骤如下。

step 01 创建基本 HTML 页面。

```
<!DOCTYPE html>
<html >
<head>
<title>随鼠标移动的图片</title>
</head>
<body>
</body>
</html>
```

上述代码比较简单，只是实现了一个 HTML 页面结构。这里就不再演示了。

step 02 添加 JavaScript 代码，实现图片随鼠标移动。

```
<script type="text/javascript">
function badAD(html){
    var ad=document.body.appendChild(document.createElement('div'));
    ad.style.cssText="border:1px solid
        #000;background:#FFF;position:absolute;
        padding:4px 4px 4px 4px;font:
        12px/1.5 verdana;";
    ad.innerHTML=html||'This is bad idea!';
    var c=ad.appendChild(document.createElement('span'));
    c.innerHTML="×";
    c.style.cssText="position:absolute;right:4px;top:2px;cursor:pointer";
    c.onclick=function (){
        document.onmousemove=null;
        this.parentNode.style.left='-99999px'
    };
    document.onmousemove=function (e){
        e=e||window.event;
        var x=e.clientX,y=e.clientY;
        setTimeout(function() {
            if(ad.hover)return;
            ad.style.left=x+5+'px';
            ad.style.top=y+5+'px';
        },120)
    }
    ad.onmouseover=function (){
        this.hover=true
    };
    ad.onmouseout=function (){
        this.hover=false
    }
}
badAD('<img src="18.png">')
</script>
```

在上述代码中，使用 appendChild()方法为当前页面创建了一个 DIV 对象，并为 DIV 层设置了相应样式。之后的 e.clientX 和 e.clientY 语句确定鼠标位置，并动态调整图片位置，从而实现图片移动的效果。上述代码在 IE 9.0 浏览器中的显示效果如图 22-17 所示。从中可以看到鼠标在页面移动时，图片也跟着移动。

图 22-17　最终效果

22.4.2　案例——设置文字跟踪鼠标

本实例实现文字跟随鼠标走动的特效，需要通过 JavaScript 获取鼠标指针的位置，并且动态地调整文字的位置。文字需要通过字符串数组进行定位。具体步骤如下。

step 01 创建基本 HTML 页面。代码如下：

```
<!DOCTYPE html>
<html >
<head>
<title>鼠标的文字跟踪</title>
</head>
<body>
</body>
</html>
```

上述代码比较简单，只是实现了一个 HTML 页面结构，如图 22-18 所示。

图 22-18　HTML 页面结构

step 02 添加 JavaScript 代码，实现鼠标的文字跟踪效果。

```
<body onLoad="makesnake()" style="width:100%;overflow-x:hidden;overflow-
y:scroll">
```

```
<script language="JavaScript">
var x,y
var step=20
var flag=0
var message="感谢登录本站！"
message=message.split("")
var xpos=new Array()
var ypos=new Array()
function handlerMM(e){
x = (document.layers) ? e.pageX : document.body.scrollLeft+event.clientX
y = (document.layers) ? e.pageY : document.body.scrollTop+event.clientY
flag=1}
function makesnake() {
if (flag==1 && document.all) {
for (i=message.length-1; i>=1; i--) {
xpos[i]=xpos[i-1]+step
ypos[i]=ypos[i-1]
}
xpos[0]=x+step
ypos[0]=y
for (i=0; i<message.length-1; i++) {
var thisspan = eval("span"+(i)+".style")
thisspan.posLeft=xpos[i]
thisspan.posTop=ypos[i]
}
}
var timer=setTimeout("makesnake()",30)
}

for (i=0;i<=message.length-1;i++) {
document.write("<span id='span"+i+"' class='spanstyle'>")
document.write(message[i])
document.write("</span>")
}

document.onmousemove = handlerMM;
</script>
```

上述代码在 IE 9.0 浏览器中的显示效果如图 22-19 所示。从中可以看到鼠标在页面移动时文字跟着鼠标移动。

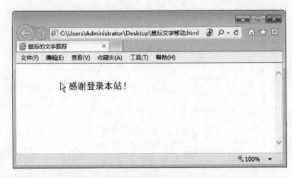

图 22-19　添加 JavaScript 代码

step 03 添加 CSS 代码，修饰文字。

```
<STYLE>
.spanstyle {
position:absolute;
visibility:visible;
top:-50px;
font-size:10pt;
font-family:Verdana;
font-weight:bold;
color:#FF8080
}
</STYLE>
```

上述代码在 IE 9.0 浏览器中的显示效果如图 22-20 所示。从中可以看到鼠标在页面中移动时文字跟着鼠标移动，但是文字的大小和颜色都发生了变化。

图 22-20　添加 CSS 修饰文字

22.5　时　间　特　效

在网页中添加时间特效，可以方便用户查询时间和日历，使用 JavaScript 可以制作多种时间特效。本节以制作时钟和简单日历表为例，介绍网页时间特效的制作方法。

22.5.1　案例——设置时钟特效

在 HTML 5 技术中，新增了一个容器画布 canvas，用来在页面上绘制一些图形。利用这个新的特性，并结合 JavaScript 的相关代码，可以在网页上创建一个类似于钟表的特效。

本实例是在画布上绘制时钟，需要绘制几个必要的图形，如表盘、时针、分针、秒针和中心圆这几个图形。这样将上面几个图形组合起来，就构成一个时钟界面，然后使用 JavaScript 代码，根据时间确定秒针、分针和时针位置。具体步骤如下。

step 01 创建 HTML 页面。

```
<!DOCTYPE html>
<html>
```

```
<head>
<title>canvas 时钟</title>
</head>
<body>
<canvas id="canvas" width="200" height="200" style="border:1px solid
#000;">您的浏览器不支持 Canvas。</canvas>
</body>
</html>
```

上述代码创建了一个画布，其宽度为 200 像素，高度为 200 像素，带有边框，颜色为黑色，样式为直线型。在 IE 9.0 浏览器中上述代码的显示效果如图 22-21 所示。从中可以看到显示了一个带有黑色边框的画布，画布中没有任何信息。

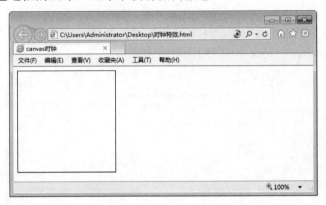

图 22-21　定义画布

step 02　添加 JavaScript，绘制不同图形。

```
<script type="text/javascript" language="javascript" charset="utf-8">
 var canvas = document.getElementById('canvas');
 var ctx = canvas.getContext('2d');
 if(ctx){
  var timerId;
  var frameRate = 60;
  function canvObject(){
   this.x = 0;
   this.y = 0;
   this.rotation = 0;
   this.borderWidth = 2;
   this.borderColor = '#000000';
   this.fill = false;
   this.fillColor = '#ff0000';
   this.update = function(){
    if(!this.ctx)throw new Error('你没有指定 ctx 对象。');
    var ctx = this.ctx
    ctx.save();
    ctx.lineWidth = this.borderWidth;
    ctx.strokeStyle = this.borderColor;
    ctx.fillStyle = this.fillColor;
    ctx.translate(this.x, this.y);
    if(this.rotation)ctx.rotate(this.rotation * Math.PI/180);
    if(this.draw)this.draw(ctx);
```

```
  if(this.fill)ctx.fill();
  ctx.stroke();
  ctx.restore();
 }
};
function Line(){};
Line.prototype = new canvObject();
Line.prototype.fill = false;
Line.prototype.start = [0,0];
Line.prototype.end = [5,5];
Line.prototype.draw = function(ctx){
 ctx.beginPath();
 ctx.moveTo.apply(ctx,this.start);
 ctx.lineTo.apply(ctx,this.end);
 ctx.closePath();
};

function Circle(){};
Circle.prototype = new canvObject();
Circle.prototype.draw = function(ctx){
 ctx.beginPath();
 ctx.arc(0, 0, this.radius, 0, 2 * Math.PI, true);
 ctx.closePath();
};

var circle = new Circle();
circle.ctx = ctx;
circle.x = 100;
circle.y = 100;
circle.radius = 90;
circle.fill = true;
circle.borderWidth = 6;
circle.fillColor = '#ffffff';

var hour = new Line();
hour.ctx = ctx;
hour.x = 100;
hour.y = 100;
hour.borderColor = "#000000";
hour.borderWidth = 10;
hour.rotation = 0;
hour.start = [0,20];
hour.end = [0,-50];

var minute = new Line();
minute.ctx = ctx;
minute.x = 100;
minute.y = 100;
minute.borderColor = "#333333";
minute.borderWidth = 7;
minute.rotation = 0;
minute.start = [0,20];
minute.end = [0,-70];
```

```
var seconds = new Line();
seconds.ctx = ctx;
seconds.x = 100;
seconds.y = 100;
seconds.borderColor = "#ff0000";
seconds.borderWidth = 4;
seconds.rotation = 0;
seconds.start = [0,20];
seconds.end = [0,-80];

var center = new Circle();
center.ctx = ctx;
center.x = 100;
center.y = 100;
center.radius = 5;
center.fill = true;
center.borderColor = 'orange';

for(var i=0,ls=[],cache;i<12;i++){
 cache = ls[i] = new Line();
 cache.ctx = ctx;
 cache.x = 100;
 cache.y = 100;
 cache.borderColor = "orange";
 cache.borderWidth = 2;
 cache.rotation = i * 30;
 cache.start = [0,-70];
 cache.end = [0,-80];
}

timerId = setInterval(function(){
 // 清除画布
 ctx.clearRect(0,0,200,200);
 // 填充背景色
 ctx.fillStyle = 'orange';
 ctx.fillRect(0,0,200,200);
 // 表盘
 circle.update();
 // 刻度
 for(var i=0;cache=ls[i++];)cache.update();
 // 时针
 hour.rotation = (new Date()).getHours() * 30;
 hour.update();
 // 分针
 minute.rotation = (new Date()).getMinutes() * 6;
 minute.update();
 // 秒针
 seconds.rotation = (new Date()).getSeconds() * 6;
 seconds.update();
 // 中心圆
 center.update();
},(1000/frameRate)|0);
}else{
 alert('您的浏览器不支持 Canvas 无法预览.\n 跟我一起说："很遗憾!"');
}
</script>
```

上述代码由于篇幅比较长，只显示了部分，其详细代码可以在光盘中查询。上述代码首先绘制不同类型的图形，例如时针、秒针和分针等。然后再将其组合在一起，并根据时间定义时针等指向。在 IE 浏览器中上述代码的显示效果如图 22-22 所示。从中可以看到页面中出现了一个时钟，其秒针在不停地移动。

图 22-22　最终特效

22.5.2　案例——制作日历表

日历是网页当中常添加的模块，本实例将使用 JavaScript 的相关内容创建一个简单的日历表。日历分为年、月、日并添加有星期数。本实例使用数组定义月数和天数，然后使用 JavaScript 的日期对象获取系统当中的时间。

具体实现步骤如下。

step 01　创建 HTML 页面。

```
<!DOCTYPE html>
<html>
<head>
<title>简单日历</title>
</head>
<body>
</body>
</html>
```

运行上述代码，效果如图 22-23 所示，实现了一个 HTML 页面结构。

图 22-23　页面结构效果

step 02 添加 JavaScript 代码，实现简单日历效果。

```javascript
<script language="JavaScript">
monthnames = new Array(
"1 月",
"2 月",
"3 月",
"4 月",
"5 月",
"6 月",
"7 月",
"8 月",
"10 月",
"11 月",
"12 月"); <!--声明数组变量，存储月份表-->
var linkcount=0;
function addlink(month, day, href) {
var entry = new Array(3);<!--声明一个数组变量-->
entry[0] = month;
entry[1] = day;
entry[2] = href;
this[linkcount++] = entry;<!--返回链接对象-->
}
Array.prototype.addlink = addlink;
linkdays = new Array();
monthdays = new Array(12);<!--声明变量，存储每个月的天数-->
monthdays[0]=31;
monthdays[1]=28;
monthdays[2]=31;
monthdays[3]=30;
monthdays[4]=31;
monthdays[5]=30;
monthdays[6]=31;
monthdays[7]=31;
monthdays[8]=30;
monthdays[9]=31;
monthdays[10]=30;
monthdays[11]=31;
todayDate=new Date();           <!--获得当前时间-->
thisday=todayDate.getDay();      <!--获得当前日-->
thismonth=todayDate.getMonth();<!--获得当前月份-->
thisdate=todayDate.getDate();    <!--获得当前日期-->
thisyear=todayDate.getYear();    <!--获得当前年份-->
thisyear = thisyear % 100;
thisyear = ((thisyear < 50) ? (2000 + thisyear) : (1900 + thisyear));
<!--年份转换成标准格式-->
if (((thisyear % 4 == 0) <!--判断今年是否为闰年-->
&& !(thisyear % 100 == 0))<!--如果不是闰年，monthdays 中的第二项＋1-->
||(thisyear % 400 == 0)) monthdays[1]++;
startspaces=thisdate;
while (startspaces > 7) startspaces-=7;     <!--求出当前日期对应的星期几-->
startspaces = thisday - startspaces + 1;
if (startspaces < 0) startspaces+=7;         <!--计算本月 1 号对应星期几-->
document.write("<table border=2 bgcolor=white ");<!--开始画表格的第一行-->
```

```
document.write("bordercolor=black><font color=black>");
document.write("<tr><td colspan=7><center>"
+ thisyear
+"年"+monthnames[thismonth]+"</center></font></td></tr>");
<!--显示当前年份和月份-->
document.write("<tr>");<!--画表格的第二行-->
document.write("<td align=center>日</td>");
document.write("<td align=center>一</td>");
document.write("<td align=center>二</td>");
document.write("<td align=center>三</td>");
document.write("<td align=center>四</td>");
document.write("<td align=center>五</td>");
document.write("<td align=center>六</td>");
document.write("</tr>");
document.write("<tr>");
for (s=0;s<startspaces;s++) {
document.write("<td> </td>");<!--本月1号以前的几列空白-->
}
count=1;
while (count <= monthdays[thismonth]) {<!--依次将本月的每一天填入到表格中-->
for (b = startspaces;b<7;b++) {
linktrue=false;
document.write("<td>");         <!--写入表格符-->
for (c=0;c<linkdays.length;c++) {
if (linkdays[c] != null) { <!--填入相应的链接-->
if ((linkdays[c][0]==thismonth + 1) && (linkdays[c][1]==count)) {
document.write("<a href=\"" + linkdays[c][2] + "\">");
linktrue=true;
}
}
}
if (count==thisdate) {
document.write("<font color='FF0000'><strong>");
<!--如果是当前日期，则用特殊的颜色来显示-->
}
if (count <= monthdays[thismonth]) {<!--如果没有超出本月的范围-->
document.write(count);<!--显示日期-->
}
else {
document.write(" ");<!--否则，显示空格-->
}
if (count==thisdate) {
document.write("</strong></font>");<!--如果是当前日期，则用特殊的字体来显示-->
}
if (linktrue)
document.write("</a>");
document.write("</td>");
count++;
}
document.write("</tr>");
document.write("<tr>");
startspaces=0;
}
document.write("</table></p>");
</script>
```

运行上述代码，在 IE 9.0 浏览器中查看添加的日历效果，如图 22-24 所示。

图 22-24　日历效果

22.6　页面特效

在制作网页时，有些页面特效可以使用 JavaScript 来完成。使用 JavaScript 能够制作的网页特效有很多种。下面介绍两种使用 JavaScript 制作的网页特效实例。

22.6.1　案例——设置颜色选择器

在页面中定义背景色和字体颜色是一种比较常见的操作。

本实例将创建一个可以自由获取颜色值的颜色选择器。其实现原理非常简单，即将几个常用的颜色值进行组合，合并后，就是所要选择的颜色值。这些都是利用 JavaScript 代码完成的。具体实现步骤如下。

step 01　创建基本 HTML 页面。

```
<!DOCTYPE html>
<html>
<head><title>背景色选择器</title>
</head>
<body bgcolor="#FFFFFF">
</body>
</html
```

上述代码比较简单，只是实现了一个页面框架，如图 22-25 所示。

图 22-25　页面框架效果

step 02　添加 JavaScript 代码，实现颜色选择。

```
<script language="JavaScript">
<!--
var hex = new Array(6)
hex[0] = "FF"
hex[1] = "CC"
hex[2] = "99"
hex[3] = "66"
hex[4] = "33"
hex[5] = "00"
function display(triplet)
{
  document.bgColor = '#' + triplet
  alert('现在的背景色是 #'+triplet)
}
function drawCell(red, green, blue)
{
  document.write('<TD BGCOLOR="#' + red + green + blue + '">')
  document.write('<A HREF="javascript:display(\'' + (red + green + blue) +
  '\')">')
  document.write('<IMG SRC="place.gif" BORDER=0 HEIGHT=12 WIDTH=12>')
  document.write('</A>')
  document.write('</TD>')
}
function drawRow(red, blue)
{
  document.write('<TR>')
  for (var i = 0; i < 6; ++i)
  {
    drawCell(red, hex[i], blue)
  } document.write('</TR>')
}function drawTable(blue)
{
  document.write('<TABLE CELLPADDING=0 CELLSPACING=0 BORDER=0>')
  for (var i = 0; i < 6; ++i)
  {
    drawRow(hex[i], blue)
  }
  document.write('</TABLE>')
}
function drawCube()
{
  document.write('<TABLE CELLPADDING=5 CELLSPACING=0 BORDER=1><TR>')
  for (var i = 0; i < 6; ++i)
  {
    document.write('<TD BGCOLOR="#FFFFFF">')
    drawTable(hex[i])
    document.write('</TD>')
  } document.write('</TR></TABLE>')
}drawCube()
// --></script>
```

在上述代码中，创建了一个数组对象 hex 用来存放不同的颜色值。之后的几个函数分别将数组中的颜色组合在一起，并在页面中显示，display 函数完成定义背景颜色和显示颜色值。

上述代码在 IE 9.0 浏览器中的显示效果如图 22-26 所示。从中可以看到页面显示多个表格，每个单元格代表一种颜色。

图 22-26　最终效果

22.6.2　案例——设置网页自动滚屏

网页的自动滚屏是页面特效当中常见的一种特效，本实例将使用 JavaScript 与 CSS 相结合的方式制作网页自动滚屏效果。

具体实现步骤如下。

step 01　创建基本 HTML 页面。

```
<html>
<head>
<title>自动滚屏</title>
</head>
<body bgcolor="#ffffff" leftmargin="0" topmargin="0" marginwidth="0"
  marginheight="0">
 <div id=layer2
    style="z-index: 2; left: 317px; width: 137px; position: absolute; top:
      8px; height: 24px"><input onclick=scrollit() type=button value=向下滚屏
      name=button>
    </div>
<table width="282" border="0" align="center" cellpadding="0"
cellspacing="0">
 <!-- fwtable fwsrc="未命名" fwbase="list_01.jpg" fwstyle="dreamweaver"
fwdocid = "742308039" fwnested="0" -->
 <tr>
  <td><img src="spacer.gif" width="25" height="1" border="0" alt=""></td>
  <td><img src="spacer.gif" width="58" height="1" border="0" alt=""></td>
  <td><img src="spacer.gif" width="86" height="1" border="0" alt=""></td>
  <td><img src="spacer.gif" width="56" height="1" border="0" alt=""></td>
  <td><img src="spacer.gif" width="15" height="1" border="0" alt=""></td>
  <td><img src="spacer.gif" width="42" height="1" border="0" alt=""></td>
  <td><img src="spacer.gif" width="1" height="1" border="0" alt=""></td>
 </tr>

 <tr>
  <td colspan="2"><img name="list 01 r1 c1" src="list 01 r1 c1.jpg"
    width="83" height="102" border="0" alt=""></td>
```

```
    <td colspan="2" background="list_01_r1_c3.jpg"><img
      src="list_01_r1_c3.jpg" width="548" height="102"></td>
    <td colspan="2"><img name="list 01 r1 c5" src="list 01 r1 c5.jpg"
      width="57" height="102" border="0" alt=""></td>
    <td><img src="spacer.gif" width="1" height="102" border="0" alt=""></td>
  </tr>
  <tr>
    <td background="list_01_r2_c1.jpg"> </td>
    <td colspan="4" valign="top">
      <div align="center">
        <table width="100%" border="0" cellpadding="5" cellspacing="5">
          <tr>
            <td bgcolor="#ffe495">
              <div align="center"><b>自动滚屏</b> </div></td>
          </tr>
          <tr>
            <td bgcolor="#ffffdd">
              <div align="center"><strong>演示效果</strong></div></td>
          </tr>
          <tr>
            <td><div align="center">点一下向下滚屏按钮，屏幕会自动向下滚动，到页面底
              端，再按一下向上滚屏，就又上来了</div></td>
          </tr>
          <tr>
            <td bgcolor="#ffffdd">
          </tr>
        </table>
      </div></td>
    <td background="list_01_r2_c6.jpg"> </td>
    <td><img src="spacer.gif" width="1" height="450" border="0" alt=""></td>
  </tr>
  <tr>
    <td background="list 01 r3 c2.jpg">
      <div align="left"><img name="list_01_r3_c1" src="list_01_r3_c1.jpg"
      width="25" height="166" border="0" alt=""></div></td>
    <td colspan="2" background="list 01 r3 c2.jpg"> </td>
    <td colspan="3" background="list_01_r3_c2.jpg">
      <div align="right"><img name="list_01_r3_c4" src="list_01_r3_c4.jpg"
      width="113" height="166" border="0" alt=""></div></td>
    <td><img src="spacer.gif" width="1" height="166" border="0" alt=""></td>
  </tr>
</table>  <div id=layer1
    style="z-index: 1; left: 335px; width: 100px; position: absolute; top:
    671px; height: 20px"><input onclick=scrollit1() type=button value=向
    上滚屏 name=button2>
    </div>
</body>
</html>
```

运行上述代码，将显示如图 22-27 所示的静态页面。当单击【向下滚屏】按钮后，页面
并不滚动。

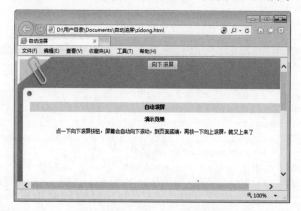

图 22-27 创建静态网页架构效果

step 02 ▶ 添加 CSS 代码，修饰网页中的文字效果。

```
<style type=text/css>A {
color: white; font-style: normal; text-decoration: none}
a:hover {background: red; color: yellow; font-style: normal; text-
decoration: none}
.white {color: #ffffff}
table {font-size: 9pt}
</style>
```

运行上述代码，可以看到网页中文字发生了变化，如图 22-28 所示。

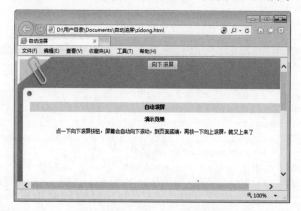

图 22-28 添加 CSS 代码效果

step 03 ▶ 添加 JavaScript 代码，实现动态滚屏效果。

```
<script language=JavaScript>
function scrollit() {
for (I=1; I<=750; I++){
parent.scroll(1,I)
    }
}
function scrollit1() {
for (I=750; I>1; I=I-1){
parent.scroll(1,I)
    }
```

```
}
</script>
```

运行上述代码，单击【向下滚屏】按钮，网页自动向下滚动至底部，如图 22-29 所示。再单击【向上滚屏】按钮，网页将自动向上滚动至顶部，如图 22-30 所示。

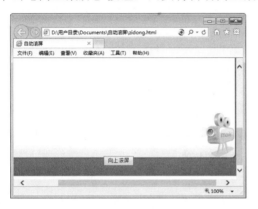

图 22-29　滚动至底部

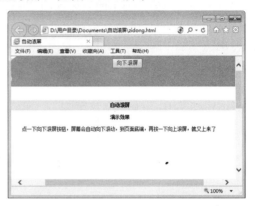

图 22-30　滚动至顶部

22.7　跟我练练手

1. 练习目标

能够熟练掌握本章所讲内容。

2. 上机练习

练习 1：制作文字上下弹跳特效。
练习 2：制作文本闪烁效果。
练习 3：在网页中实现图片浮动效果。
练习 4：在网页中实现向下滚动的菜单特效。
练习 5：在网页中实现鼠标光标三色光跟随效果。
练习 6：在网页中添加带倒影的时钟。
练习 7：在页面中添加飘雪效果。

22.8　高　手　甜　点

甜点 1：如何实现禁止鼠标右键的特效？

通过禁止鼠标右键操作，可以防止网页内容被复制，该特效的代码如下：

```
<SCRIPT language=javascript>
function click() {
if (event.button==2) {
alert('对不起，本页的内容不经允许不得拷备。')
```

```
}
}
document.onmousedown=click
</SCRIPT>`
```

运行上述代码最终弹出的效果如图 22-31 所示。

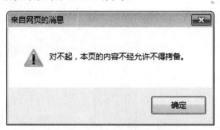

图 22-31 禁止鼠标右键的特效

甜点 2：如何实现图片的淡出和淡隐特效？

通过控制图片的属性，可以实现图片的淡出和淡隐特效，具体代码如下：

```
<IMG style="FILTER: alpha(opacity=0)" alt=Image src="123.gif" border=0
name=u>
<SCRIPT language=JavaScript>var b = 1;
var c = true;function fade(){
if(document.all);
if(c == true) {
    b++;
}
if(b==100) {
    b--;
    c = false
}
if(b==10) {
    b++;
    c = true;
}
if(c == false) {
    b--;
}
u.filters.alpha.opacity=0 + b;
setTimeout("fade()",50);
}
</SCRIPT>
```

其中 123.gif 为添加淡出和淡隐特效的图片。